高等学校网络教育规划教材

线性代数

吕全义　安晓虹　主编

西北工业大学出版社

【内容简介】 本书分为6章，内容包括行列式、矩阵及其运算、矩阵的初等变换、线性方程组、矩阵的相似变换和二次型等. 各章前配有知识要点，节后配有适量的习题，同时各章配有典型习题，以便对整章内容的综合理解. 书后配有习题答案，另外还专门编写有与本书配套的练习册等.

本书可用于教学与自学，也可供科研工作者参考.

图书在版编目（CIP）数据

线性代数/吕全义，安晓虹主编. —西安：西北工业大学出版社，2015.1
ISBN 978-7-5612-4233-9

Ⅰ.①线… Ⅱ.①吕…②安… Ⅲ.①线性代数—高等学校—教材
Ⅳ.①O151.2

中国版本图书馆CIP数据核字(2015)第004050号

出版发行：西北工业大学出版社
通信地址：西安市友谊西路127号 邮编710072
电　　话：(029)88493844 88491757
网　　址：www.nwpup.com
印 刷 者：兴平市博闻印务有限公司
开　　本：727 mm×960 mm 1/16
印　　张：10.875
字　　数：194千字
版　　次：2015年1月第1版 2015年1月第1次印刷
定　　价：28.00元

前　言

线性代数是高等院校理工科和经济学科等有关专业的一门数学基础课，它不仅是其他数学课程的基础，也是物理、力学、控制学等课程的基础. 实际上，任何与数学有关的课程都涉及线性代数的知识.

本书内容包括行列式、矩阵及其运算、矩阵的初等变换、线性方程组、矩阵的相似变换和二次型等. 编写本书的目的，就是希望将抽象的代数理论用简单、具体、形象的方式展现出来，使其如同科普知识一样容易接受与掌握，便于自学. 本书主要有下述特点：

(1)每章前都有学习基本要求与内容要点，明确需要掌握的知识，学生很容易抓住每章的主题，在短时间内形成初略的知识框架. 当然，线性代数所使用的各种推证方法、公理化定义、抽象化思维、计算与运算技巧及应用能力等都很有特色，是其他课程无法替代的，是提高学生数学素质不可缺少的一环. 为了既能有适当的理论深度，又能便于理解，我们对线性代数中教学难度较大的内容作了适当处理，尽量减少抽象的理论叙述.

(2)突出矩阵以及它的应用. 矩阵已成为应用广泛的高级工具，主要依赖于它的运算和变换. 本书除了介绍矩阵的各种运算外，还突出了矩阵的三大变换，即初等变换、相似变换和合同变换.

(3) 强化线性方程组，弱化向量的相关性理论. 线性方程组是线性代数研究的基本内容，本书单独列为一章，完整地描述了解的存在性与解的结构的推理过程，阐述了一个整体的理论构架. 有益于学生整体把握解决此问题的思路，潜移默化地培养学生分析问题与解决问题的能力，提高学生的数学素质. 同时，将向量线性相关性的内容采用直观、具体与形象的描述方式，淡化理论，便于学生理解掌握.

(4) 题目典型，教辅配套. 每个概念都配有相应的例题，以配合对概念的理解；每节配有一定数量的习题，这些题目均经过精选，配合加深对知识的掌握，书末附有习题答案与提示. 另外，还有《线性代数课程练习册》相配合，构成了比较完整的线性代数学习体系.

在编写本书过程中，参阅了相关文献资料，在此谨向文献的作者深表谢忱。

由于水平所限，书中疏漏和不妥之处，恳请同行、读者指正.

编　者

2014 年 9 月

目　录

第 1 章　行列式 …………………………………………………… 1

1.1　行列式的定义 …………………………………………… 3
1.2　行列式的性质 …………………………………………… 8
1.3　Cramer 法则 …………………………………………… 17
总习题 1 ………………………………………………………… 22

第 2 章　矩阵 ……………………………………………………… 26

2.1　矩阵的概念 ……………………………………………… 27
2.2　矩阵的基本运算 ………………………………………… 31
2.3　逆矩阵 …………………………………………………… 40
2.4　分块矩阵及其运算 ……………………………………… 46
总习题 2 ………………………………………………………… 51

第 3 章　矩阵的初等变换 ……………………………………… 54

3.1　矩阵的初等变换 ………………………………………… 55
3.2　初等矩阵 ………………………………………………… 61
3.3　逆矩阵的初等变换算法 ………………………………… 63
总习题 3 ………………………………………………………… 67

第 4 章　线性方程组 …………………………………………… 70

4.1　线性方程组解的存在性 ………………………………… 72
4.2　n 维向量的概念与运算 ………………………………… 77
4.3　向量组的线性相关性 …………………………………… 80
4.4　线性方程组解的结构 …………………………………… 92
总习题 4 ………………………………………………………… 99

第5章　矩阵的相似变换 ······ 103

5.1　矩阵的特征值和特征向量 ······ 105
5.2　相似矩阵 ······ 110
5.3　正交矩阵 ······ 114
5.4　实对称矩阵的相似对角化 ······ 120
总习题5 ······ 126

第6章　二次型 ······ 129

6.1　二次型的矩阵形式 ······ 130
6.2　化二次型为标准形 ······ 134
6.3　正定二次型 ······ 144
总习题6 ······ 151

习题答案 ······ 154

第1章 行 列 式

※学习基本要求

1. 理解行列式的定义与性质,熟练计算2,3阶行列式,上三角或下三角行列式.

2. 掌握计算一些特殊的行列式:行(列)和相等的行列式、箭形行列式、块三角行列式、Vandermonde行列式的算法.

3. 理解Cramer法则,能用此判断特殊线性方程组解是否唯一,且能以此求唯一解.

※内容要点

1. 行列式的概念

(1)2阶行列式 $D=\begin{vmatrix} a_{11} & a_{12} \\ a_{21} & a_{22} \end{vmatrix}=a_{11}a_{22}-a_{12}a_{21}$.

(2)n阶行列式 $D=\begin{vmatrix} a_{11} & a_{12} & \cdots & a_{1n} \\ a_{21} & a_{22} & \cdots & a_{2n} \\ \vdots & \vdots & & \vdots \\ a_{n1} & a_{n2} & \cdots & a_{nn} \end{vmatrix}=\sum_{k=1}^{n} a_{ik}A_{ik}$,其中 A_{ik} 是 a_{ik} 的代数余子式.

2. 行列式性质

(1)$D=D^{\mathrm{T}}$.

(2)$D\xlongequal{r_i\leftrightarrow r_j}\overline{D}$.

(3)$\begin{vmatrix} \cdots & \cdots & \cdots & \cdots \\ ka_{i1} & ka_{i2} & \cdots & ka_{in} \\ \cdots & \cdots & \cdots & \cdots \end{vmatrix}=kD$ 或 $\begin{vmatrix} \vdots & ka_{1j} & \vdots \\ \vdots & ka_{2j} & \vdots \\ \vdots & \vdots & \vdots \\ \vdots & ka_{nj} & \vdots \end{vmatrix}=kD$,且有

1) 当 $a_{is}=ka_{js}$,或 $a_{sj}=ka_{sj}$ $(s=1,2,\cdots,n)$ 时,$D=0$.

2）当 $a_{ik}=0$，或 $a_{kj}=0(k=1,2,\cdots,n)$ 时，$D=0$.

(4) $$\begin{vmatrix} \cdots & \cdots & \cdots & \cdots \\ b_{i1}+c_{i1} & b_{i2}+c_{i2} & \cdots & b_{in}+c_{in} \\ \cdots & \cdots & \cdots & \cdots \end{vmatrix} = \begin{vmatrix} \cdots & \cdots & \cdots & \cdots \\ b_{i1} & b_{i2} & \cdots & b_{in} \\ \cdots & \cdots & \cdots & \cdots \end{vmatrix} + \begin{vmatrix} \cdots & \cdots & \cdots & \cdots \\ c_{i1} & c_{i2} & \cdots & c_{in} \\ \cdots & \cdots & \cdots & \cdots \end{vmatrix}$$

或 $$\begin{vmatrix} \vdots & b_{1j}+c_{1j} & \vdots \\ \vdots & b_{2j}+c_{2j} & \vdots \\ \vdots & \vdots & \vdots \\ \vdots & b_{nj}+c_{nj} & \vdots \end{vmatrix} = \begin{vmatrix} \vdots & b_{1j} & \vdots \\ \vdots & b_{2j} & \vdots \\ \vdots & \vdots & \vdots \\ \vdots & b_{nj} & \vdots \end{vmatrix} + \begin{vmatrix} \vdots & c_{1j} & \vdots \\ \vdots & c_{2j} & \vdots \\ \vdots & \vdots & \vdots \\ \vdots & c_{nj} & \vdots \end{vmatrix}.$$

(5) $D \xlongequal{r_i+kr_j} D_1$.

3. Cramer（克莱姆）法则

(1) 线性方程组

$$\begin{cases} a_{11}x_1+a_{12}x_2+\cdots+a_{1n}x_n=b_1 \\ a_{21}x_1+a_{22}x_2+\cdots+a_{2n}x_n=b_2 \\ \cdots\cdots \\ a_{n1}x_1+a_{n2}x_2+\cdots+a_{nn}x_n=b_n \end{cases}$$

当系数行列式 $D\neq 0$ 时，方程组有唯一解：

$$x_1=\frac{D^{(1)}}{D},\quad x_2=\frac{D^{(2)}}{D},\quad \cdots,\quad x_n=\frac{D^{(n)}}{D}$$

其中，$D^{(i)}=\begin{vmatrix} \cdots & a_{1i-1} & b_1 & a_{1i+1} & \cdots \\ \cdots & a_{2i-1} & b_2 & a_{2i+1} & \cdots \\ & \vdots & \vdots & \vdots & \\ \cdots & a_{ni-1} & b_n & a_{ni+1} & \cdots \end{vmatrix}$.

(2) 齐次线性方程组

$$\begin{cases} a_{11}x_1+a_{12}x_2+\cdots+a_{1n}x_n=0 \\ a_{21}x_1+a_{22}x_2+\cdots+a_{2n}x_n=0 \\ \cdots\cdots \\ a_{n1}x_1+a_{n2}x_2+\cdots+a_{nn}x_n=0 \end{cases}$$

① 当系数行列式 $D\neq 0$ 时，方程组只有零解；② 如果有非零解，则 $D=0$.

※ 知识结构图

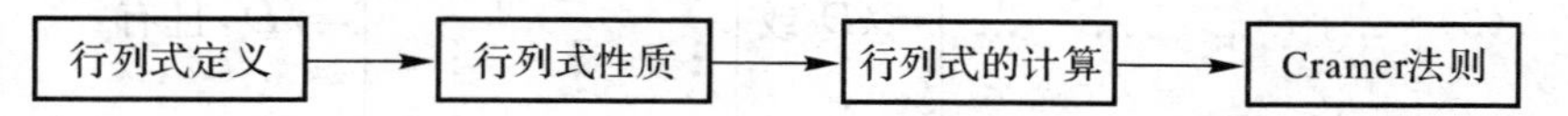

1.1　行列式的定义

行列式是线性代数中一个基本概念，其理论起源于求解线性方程组的问题，它在自然科学的许多领域里都有广泛的应用. 曾为此做出重大贡献的科学家有 Gauss，Cramer，Vandermon，Cauchy，Laplace 等.

在这节，通过归纳推理的方式，由 2 阶行列式定义 n 阶行列式.

1.1.1　2 阶行列式

考虑二元一次方程组

$$\left.\begin{aligned} a_{11}x_1 + a_{12}x_2 = b_1 \\ a_{21}x_1 + a_{22}x_2 = b_2 \end{aligned}\right\} \tag{1-1}$$

求解问题. 采用消元法得

$$\begin{cases} (a_{11}a_{22} - a_{12}a_{21})x_1 = b_1a_{22} - b_2a_{12} \\ (a_{11}a_{22} - a_{12}a_{21})x_2 = b_2a_{11} - b_1a_{21} \end{cases}$$

当 $a_{11}a_{22} - a_{12}a_{21} \neq 0$ 时，方程组(1－1) 有唯一解

$$\left.\begin{aligned} x_1 = \frac{b_1a_{22} - b_2a_{12}}{a_{11}a_{22} - a_{12}a_{21}} \\ x_2 = \frac{b_2a_{11} - b_1a_{21}}{a_{11}a_{22} - a_{12}a_{21}} \end{aligned}\right\} \tag{1-2}$$

为了便于记忆，此求解公式引入 2 阶行列式的概念.

定义 1.1　由 2^2 个数组成的符号

$$\begin{vmatrix} a_{11} & a_{12} \\ a_{21} & a_{22} \end{vmatrix}$$

称为 2 阶行列式，其表示的数值为 $a_{11}a_{22} - a_{12}a_{21}$，即

$$\begin{vmatrix} a_{11} & a_{12} \\ a_{21} & a_{22} \end{vmatrix} = a_{11}a_{22} - a_{12}a_{21}$$

式中，$a_{ij}\ (i,j=1,2)$ 称为行列式第 i 行第 j 列的元素，横排称行，竖排称列.

在这个 2 阶行列式中有两条对角线，从左上角到右下角的对角线称为主对角线，即连接图 1－1 中 a_{11} 与 a_{22} 的连线；从右上角到左下角的对角线称为次对角线，即连接图 1－1 中 a_{12} 与 a_{21} 的连线. 2 阶行列式的数值就是主对角线上的元素乘积减次对角线元素的乘积，这种计算方法称为对角线法，可根据图 1－1 记忆.

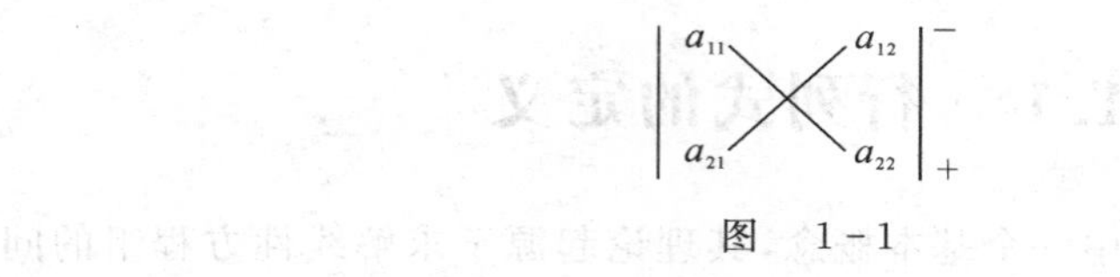

图 1-1

由定义 1.1,方程组(1-1)的解可简记为

$$x_1=\frac{D^{(1)}}{D},\quad x_2=\frac{D^{(2)}}{D}$$

式中,$D=\begin{vmatrix}a_{11} & a_{12}\\ a_{21} & a_{22}\end{vmatrix}$,$D^{(1)}=\begin{vmatrix}b_1 & a_{12}\\ b_2 & a_{22}\end{vmatrix}$,$D^{(2)}=\begin{vmatrix}a_{11} & b_1\\ a_{21} & b_2\end{vmatrix}$,行列式 D 称为方程组的系数行列式.

例 1.1 计算下列 2 阶行列式:

(1)$\begin{vmatrix}1 & 3\\ 2 & -1\end{vmatrix}$　　(2)$\begin{vmatrix}\cos\theta & \sin\theta\\ -\sin\theta & \cos\theta\end{vmatrix}$

解 (1)$\begin{vmatrix}1 & 3\\ 2 & -1\end{vmatrix}=-1-6=-7.$

(2)$\begin{vmatrix}\cos\theta & \sin\theta\\ -\sin\theta & \cos\theta\end{vmatrix}=\cos^2\theta+\sin^2\theta=1.$

例 1.2 求解二元一次方程组:

$$\begin{cases}x_1-2x_2=1\\ 2x_1+4x_2=3\end{cases}$$

解 因为 $D=\begin{vmatrix}1 & -2\\ 2 & 4\end{vmatrix}=8\neq 0$,$D^{(1)}=\begin{vmatrix}1 & -2\\ 3 & 4\end{vmatrix}=10$,$D^{(2)}=\begin{vmatrix}1 & 1\\ 2 & 3\end{vmatrix}=1$,所以

$$x_1=\frac{D^{(1)}}{D}=\frac{5}{4},\quad x_2=\frac{D^{(2)}}{D}=\frac{1}{8}$$

1.1.2 *n* 阶行列式

下面以 2 阶行列式为基础定义 n 阶行列式.

1.3 阶行列式

定义 1.2 由 3^2 个数组成的符号

$$\begin{vmatrix}a_{11} & a_{12} & a_{13}\\ a_{21} & a_{22} & a_{23}\\ a_{31} & a_{32} & a_{33}\end{vmatrix}$$

称为 3 阶行列式,其表示的数值为

$$a_{11}\begin{vmatrix} a_{22} & a_{23} \\ a_{32} & a_{33} \end{vmatrix} - a_{12}\begin{vmatrix} a_{21} & a_{23} \\ a_{31} & a_{33} \end{vmatrix} + a_{13}\begin{vmatrix} a_{21} & a_{22} \\ a_{31} & a_{32} \end{vmatrix}, \text{即}$$

$$\begin{vmatrix} a_{11} & a_{12} & a_{13} \\ a_{21} & a_{22} & a_{23} \\ a_{31} & a_{32} & a_{33} \end{vmatrix} = a_{11}\begin{vmatrix} a_{22} & a_{23} \\ a_{32} & a_{33} \end{vmatrix} - a_{12}\begin{vmatrix} a_{21} & a_{23} \\ a_{31} & a_{33} \end{vmatrix} + a_{13}\begin{vmatrix} a_{21} & a_{22} \\ a_{31} & a_{32} \end{vmatrix}$$

它的规律是:将行列式的第一行各元素乘以划掉该元素所在的行和列之后剩下的 2 阶行列式,前面加上正负相间的符号,然后再求它们的代数和.如果把从行列式中划去第 i 行第 j 列 $(i,j=1,2,3)$ 后剩下的 2 阶行列式记为 M_{ij},那么有

$$M_{11} = \begin{vmatrix} a_{22} & a_{23} \\ a_{32} & a_{33} \end{vmatrix},\quad M_{12} = \begin{vmatrix} a_{21} & a_{23} \\ a_{31} & a_{33} \end{vmatrix},\quad M_{13} = \begin{vmatrix} a_{21} & a_{22} \\ a_{31} & a_{32} \end{vmatrix}$$

故

$$\begin{vmatrix} a_{11} & a_{12} & a_{13} \\ a_{21} & a_{22} & a_{23} \\ a_{31} & a_{32} & a_{33} \end{vmatrix} = a_{11}M_{11} - a_{12}M_{12} + a_{13}M_{13}$$

若令 $A_{ij} = (-1)^{i+j}M_{ij}$,则

$$\begin{vmatrix} a_{11} & a_{12} & a_{13} \\ a_{21} & a_{22} & a_{23} \\ a_{31} & a_{32} & a_{33} \end{vmatrix} = a_{11}A_{11} + a_{12}A_{12} + a_{13}A_{13}$$

这里 M_{ij} 称为元素 a_{ij} 的余子式,A_{ij} 称为元素 a_{ij} 的代数余子式.

类似地,定义 4 阶行列式为

$$\begin{vmatrix} a_{11} & a_{12} & a_{13} & a_{14} \\ a_{21} & a_{22} & a_{23} & a_{24} \\ a_{31} & a_{32} & a_{33} & a_{34} \\ a_{41} & a_{42} & a_{43} & a_{44} \end{vmatrix} = a_{11}\begin{vmatrix} a_{22} & a_{23} & a_{24} \\ a_{32} & a_{33} & a_{34} \\ a_{42} & a_{43} & a_{44} \end{vmatrix} - a_{12}\begin{vmatrix} a_{21} & a_{23} & a_{24} \\ a_{31} & a_{33} & a_{34} \\ a_{41} & a_{43} & a_{44} \end{vmatrix} +$$

$$a_{13}\begin{vmatrix} a_{21} & a_{22} & a_{24} \\ a_{31} & a_{32} & a_{34} \\ a_{41} & a_{42} & a_{44} \end{vmatrix} - a_{14}\begin{vmatrix} a_{21} & a_{22} & a_{23} \\ a_{31} & a_{32} & a_{33} \\ a_{41} & a_{42} & a_{43} \end{vmatrix}$$

如果同样用 M_{ij} 表示划去第 i 行第 j 列 $(i,j=1,2,3,4)$ 后剩下的 3 阶行列式,仍令 $A_{ij} = (-1)^{i+j}M_{ij}$,那么 4 阶行列式的定义可简写为

$$\begin{vmatrix} a_{11} & a_{12} & a_{13} & a_{14} \\ a_{21} & a_{22} & a_{23} & a_{24} \\ a_{31} & a_{32} & a_{33} & a_{34} \\ a_{41} & a_{42} & a_{43} & a_{44} \end{vmatrix} = a_{11}A_{11} + a_{12}A_{12} + a_{13}A_{13} + a_{14}A_{14}$$

这个定义是以 3 阶行列式的定义为基础的. 显然,有了 4 阶行列式的定义,就可以类似地定义 5 阶行列式,6 阶行列式等. 一般 n 阶行列式可用数学归纳法定义如下.

2. n 阶行列式

定义 1.3 2 阶行列式定义为

$$\begin{vmatrix} a_{11} & a_{12} \\ a_{21} & a_{22} \end{vmatrix} = a_{11}a_{22} - a_{12}a_{21}$$

设 $n-1$ 阶行列式已经定义,则 n 阶行列式定义为

$$\begin{vmatrix} a_{11} & a_{12} & \cdots & a_{1n} \\ a_{21} & a_{22} & \cdots & a_{2n} \\ \vdots & \vdots & & \vdots \\ a_{n1} & a_{n2} & \cdots & a_{nn} \end{vmatrix} = a_{11}A_{11} + a_{12}A_{12} + \cdots + a_{1n}A_{1n}$$

式中,$A_{ij} = (-1)^{i+j}M_{ij}$,$M_{ij}$ 表示划去第 i 行第 j 列 $(i,j=1,2,\cdots,n)$ 后剩下的 $n-1$ 阶行列式. M_{ij} 称为元素 a_{ij} 的余子式,A_{ij} 称为元素 a_{ij} 的代数余子式,n 阶行列式常用 D 或 D_n 表示. 在不混淆的情况下,也可以将 n 阶行列式简记为 $D=|a_{ij}|$ 或 $D=|a_{ij}|_n$,规定 1 阶行列式 $|a_{11}|=a_{11}$.

例 1.3 计算下列 3 阶行列式:

(1) $D=\begin{vmatrix} 2 & 0 & 0 \\ 2 & 1 & 1 \\ 1 & 4 & 5 \end{vmatrix}$ (2) $D=\begin{vmatrix} 2 & 1 & 1 \\ 3 & 1 & 2 \\ 1 & 2 & 3 \end{vmatrix}$

解 (1) $D = 2 \times \begin{vmatrix} 1 & 1 \\ 4 & 5 \end{vmatrix} = 2.$

(2) $D = 2 \times \begin{vmatrix} 1 & 2 \\ 2 & 3 \end{vmatrix} - \begin{vmatrix} 3 & 2 \\ 1 & 3 \end{vmatrix} + \begin{vmatrix} 3 & 1 \\ 1 & 2 \end{vmatrix} = 2 \times (-1) - 7 + 5 = -4.$

注 上面是利用行列式的第 1 行元素定义行列式的,这个式子通常称为行列式按第 1 行元素的展开式. 可以证明,行列式按第 1 列元素展开也有同样的结果,即

$$D = a_{11}A_{11} + a_{21}A_{21} + \cdots + a_{n1}A_{n1}$$

还可以证明，行列式按任意一行（列）元素展开都有同样的结果，其展开式为

$$D=|a_{ij}|=a_{i1}A_{i1}+a_{i2}A_{i2}+\cdots+a_{in}A_{in}=\sum_{k=1}^{n}a_{ik}A_{ik}\ (i=1,2,\cdots,n)$$

$$D=|a_{ij}|=a_{1j}A_{1j}+a_{2j}A_{2j}+\cdots+a_{nj}A_{nj}=\sum_{k=1}^{n}a_{kj}A_{kj}\ (j=1,2,\cdots,n)$$

综合上述，有以下结论：

定理 1.1 设 n 阶行列式 $D=|a_{ij}|$，则有

$$D=|a_{ij}|=\sum_{k=1}^{n}a_{ik}A_{ik}\quad (i=1,2,\cdots,n)$$

$$D=|a_{ij}|=\sum_{k=1}^{n}a_{kj}A_{kj}\quad (j=1,2,\cdots,n)$$

例 1.4 计算行列式 $D=\begin{vmatrix}1&2&4\\2&0&1\\3&0&4\end{vmatrix}$.

解 按第 2 列元素展开，则有

$$D=2\times(-1)^{2+1}\begin{vmatrix}2&1\\3&4\end{vmatrix}=-10$$

例 1.5 计算下列行列式：

(1) $D=\begin{vmatrix}a_{11}&0&\cdots&0\\a_{21}&a_{22}&\cdots&0\\\vdots&\vdots&&\vdots\\a_{n1}&a_{n2}&\cdots&a_{nn}\end{vmatrix}$ (2) $D=\begin{vmatrix}a_{11}&a_{12}&\cdots&a_{1n}\\0&a_{22}&\cdots&a_{2n}\\\vdots&\vdots&&\vdots\\0&0&\cdots&a_{nn}\end{vmatrix}$

解 (1) 按第 1 行展开后，再按同一方法继续下去，有

$$D=a_{11}\begin{vmatrix}a_{22}&0&\cdots&0\\a_{32}&a_{33}&\cdots&0\\\vdots&\vdots&&\vdots\\a_{n2}&a_{n3}&\cdots&a_{nn}\end{vmatrix}=\cdots\cdots=a_{11}a_{22}\cdots a_{nn}$$

这个行列式称为下三角行列式，由上面结果可知下三角行列式等于主对角线上元素的乘积.

(2) 按第 1 列展开后，再按同一方法继续下去，有

$$D=a_{11}\begin{vmatrix} a_{22} & a_{23} & \cdots & a_{2n} \\ 0 & a_{33} & \cdots & a_{3n} \\ \vdots & \vdots & & \vdots \\ 0 & 0 & \cdots & a_{nn} \end{vmatrix}=\cdots\cdots=a_{11}a_{22}\cdots a_{nn}$$

这个行列式称为上三角行列式，上三角行列式也等于主对角线上元素的乘积.

可见，下(上)三角行列式的值就是主对角线上元素的乘积，计算非常简单.而一般情况下，行列式的计算将非常繁琐.为了化简行列式的计算，需要研究行列式的性质.

习　题　1.1

1. 计算以下行列式：

(1) $\begin{vmatrix} 2 & 1 \\ 2 & 3 \end{vmatrix}$　　(2) $\begin{vmatrix} 2\sin\theta & 2\cos\theta \\ \cos\theta & -\sin\theta \end{vmatrix}$

(3) $\begin{vmatrix} 1 & 2 & 3 \\ 1 & 1 & 0 \\ 1 & 2 & 0 \end{vmatrix}$　　(4) $\begin{vmatrix} 2 & 3 & 1 \\ 1 & 0 & 2 \\ 1 & 1 & 1 \end{vmatrix}$

(5) $\begin{vmatrix} 1 & 0 & 0 & 0 \\ 2 & -2 & 0 & 0 \\ 3 & -3 & 3 & 0 \\ 4 & -4 & 4 & -4 \end{vmatrix}$　　(6) $\begin{vmatrix} 0 & 0 & 0 & 1 \\ 0 & 0 & 2 & -2 \\ 0 & -3 & 3 & -3 \\ 4 & -4 & 4 & -4 \end{vmatrix}$

2. 求解下列方程：

(1) $\begin{vmatrix} 1 & 2 & 3 \\ 0 & x & 1 \\ 0 & 1 & 1 \end{vmatrix}=0$　　(2) $\begin{vmatrix} x & x & 1 \\ 1 & 0 & 1 \\ 2 & 1 & 3 \end{vmatrix}=0$

3. 求解下列线性方程组：

(1) $\begin{cases} 3x_1+2x_2=0 \\ x_1+x_2=1 \end{cases}$　　(2) $\begin{cases} x_1-x_2=1 \\ x_1+2x_2=3 \end{cases}$

1.2　行列式的性质

若一个行列式中没有零元素(或零元素很少)，那么按定义计算行列式时，运算量很大，因而需要研究计算行列式的方法.为此，本节讨论行列式的性质，这些性质对行列式的计算及理论研究都有重要的作用.

设 n 阶行列式

$$D=\begin{vmatrix} a_{11} & a_{12} & \cdots & a_{1n} \\ a_{21} & a_{22} & \cdots & a_{2n} \\ \vdots & \vdots & & \vdots \\ a_{n1} & a_{n2} & \cdots & a_{nn} \end{vmatrix} \tag{1-3}$$

定义 1.4 将行列式 D 的行变成同序号的列后,得到的行列式称为 D 的转置行列式,记为 D^{T},即

$$D^{\mathrm{T}}=\begin{vmatrix} a_{11} & a_{21} & \cdots & a_{n1} \\ a_{12} & a_{22} & \cdots & a_{n2} \\ \vdots & \vdots & & \vdots \\ a_{1n} & a_{2n} & \cdots & a_{nn} \end{vmatrix}$$

由上面定理 1.1 可知,行列式的行与列具有相同的地位,所以应该有下面的性质.

性质 1 行列式与其转置行列式相等,即 $D=D^{\mathrm{T}}$.

证 设 $D^{\mathrm{T}}=|b_{ij}|$,则有 $b_{ij}=a_{ji}$. 下面采用数学归纳法证明.

当 $n=2$ 时,显然成立;假设 $n-1$ 阶时成立,下面证明 n 阶时成立.

因为 D^{T} 的 b_{ij} 的余子式为 M_{ji}^{T},其中,M_{ji} 是行列式 D 的元素 a_{ji} 的余子式. 由假设可知:$M_{ji}^{\mathrm{T}}=M_{ji}$,所以 b_{ij} 的代数余子式 $B_{ij}=(-1)^{j+i}M_{ji}^{\mathrm{T}}=(-1)^{i+j}M_{ji}=A_{ji}$,所以

$$D^{\mathrm{T}}=|b_{ij}|=b_{i1}B_{i1}+b_{i2}B_{i2}+\cdots+b_{in}B_{in}=a_{1i}A_{1i}+a_{2i}A_{2i}+\cdots+a_{ni}A_{ni}=D$$

证毕

既然行列式的行与列具有相同的特性,即对行成立的结论对列也一定成立,所以下面所有的性质只需要证明对行或列成立即可.

性质 2 互换行列式的任意两行(列),行列式的值改变符号,即

$$\begin{vmatrix} \vdots & \vdots & & \vdots \\ a_{i1} & a_{i2} & \cdots & a_{in} \\ \vdots & \vdots & & \vdots \\ a_{j1} & a_{j2} & \cdots & a_{jn} \\ \vdots & \vdots & & \vdots \end{vmatrix} \xlongequal{r_i \leftrightarrow r_j} -\begin{vmatrix} \vdots & \vdots & & \vdots \\ a_{j1} & a_{j2} & \cdots & a_{jn} \\ \vdots & \vdots & & \vdots \\ a_{i1} & a_{i2} & \cdots & a_{in} \\ \vdots & \vdots & & \vdots \end{vmatrix}$$

式中,$r_i \leftrightarrow r_j$ 表示第 i 行与第 j 行交换位置(若第 i 列与第 j 例交换位置,则记 $c_i \leftrightarrow c_j$).

证 只对行证明,采用数学归纳法. 当 $n=2$ 时,显然成立;假设当 $n-1$ 阶

时结论成立，下面证明 n 阶时，结论成立. 设

$$\overline{D}=\begin{vmatrix} \vdots & \vdots & & \vdots \\ a_{j1} & a_{j2} & \cdots & a_{jn} \\ \vdots & \vdots & & \vdots \\ a_{i1} & a_{i2} & \cdots & a_{in} \\ \vdots & \vdots & & \vdots \end{vmatrix}$$

由归纳假设可知，$\overline{D}$ 的第 $s(s\neq i,j)$ 行的 a_{sj} 余子式 $\overline{M}_{sj}=-M_{sj}$（$D$ 的 a_{sj} 的余子式），将 $\overline{D}$ 按第 $s(s\neq i,j)$ 行展开，则有

$$\overline{D}=a_{s1}(-1)^{s+1}\overline{M}_{s1}+a_{s2}(-1)^{s+2}\overline{M}_{s2}+\cdots+a_{sn}(-1)^{s+n}\overline{M}_{sn}=$$
$$-a_{s1}(-1)^{s+1}M_{s1}-a_{s2}(-1)^{s+2}M_{s2}-\cdots-a_{sn}(-1)^{s+n}M_{sn}=-D$$

故
$$\begin{vmatrix} \vdots & \vdots & & \vdots \\ a_{i1} & a_{i2} & \cdots & a_{in} \\ \vdots & \vdots & & \vdots \\ a_{j1} & a_{j2} & \cdots & a_{jn} \\ \vdots & \vdots & & \vdots \end{vmatrix} \xlongequal{r_i\leftrightarrow r_j} -\begin{vmatrix} \vdots & \vdots & & \vdots \\ a_{j1} & a_{j2} & \cdots & a_{jn} \\ \vdots & \vdots & & \vdots \\ a_{i1} & a_{i2} & \cdots & a_{in} \\ \vdots & \vdots & & \vdots \end{vmatrix}.$$

证毕

如果行列式 D 某两行元素相等，不妨设是第 i 行与第 j 行，由性质 2，便有 $D\xlongequal{r_i\leftrightarrow r_j}-D$，即 $D=0$；所以得出下述结论.

推论 如果行列式的某两行（列）元素对应相等，则该行列式的值为零.

例 1.6 如果行列式 $D=\begin{vmatrix} 2 & 4 & a \\ 3 & 1 & b \\ 1 & 2 & c \end{vmatrix}=3$，求下列行列式.

(1) $\begin{vmatrix} a & 4 & 2 \\ b & 1 & 3 \\ c & 2 & 1 \end{vmatrix}$　　(2) $\begin{vmatrix} 1 & 2 & c \\ 2 & 4 & a \\ 3 & 1 & b \end{vmatrix}$

解 (1) $\begin{vmatrix} a & 4 & 2 \\ b & 1 & 3 \\ c & 2 & 1 \end{vmatrix}\xlongequal{c_1\leftrightarrow c_3}-\begin{vmatrix} 2 & 4 & a \\ 3 & 1 & b \\ 1 & 2 & c \end{vmatrix}=-3.$

(2) $\begin{vmatrix} 1 & 2 & c \\ 2 & 4 & a \\ 3 & 1 & b \end{vmatrix}\xlongequal{r_1\leftrightarrow r_3}-\begin{vmatrix} 3 & 1 & b \\ 2 & 4 & a \\ 1 & 2 & c \end{vmatrix}\xlongequal{r_1\leftrightarrow r_2}\begin{vmatrix} 2 & 4 & a \\ 3 & 1 & b \\ 1 & 2 & c \end{vmatrix}=3.$

例 1.7 求行列式 $D=\begin{vmatrix}1 & 2 & 3\\ a & b & c\\ 1 & 2 & 3\end{vmatrix}$.

解 因为 D 的第 1 行与第 3 行元素对应相等,所以 $D=0$.

性质 3 若 k 是行列式的某一行元素的公因子,则 k 可提到行列式的记号之外,即

$$\begin{vmatrix}\vdots & \vdots & & \vdots\\ ka_{i1} & ka_{i2} & \cdots & ka_{in}\\ \vdots & \vdots & & \vdots\end{vmatrix}=k\begin{vmatrix}\vdots & \vdots & & \vdots\\ a_{i1} & a_{i2} & \cdots & a_{in}\\ \vdots & \vdots & & \vdots\end{vmatrix}$$

按第 i 行展开,便有公因子 k,即可得到上面的等式. 例如

$$\begin{vmatrix}1 & 1 & 2\\ 2 & 2 & 8\\ 3 & 5 & 6\end{vmatrix}=2\begin{vmatrix}1 & 1 & 2\\ 1 & 1 & 4\\ 3 & 5 & 6\end{vmatrix}=4\begin{vmatrix}1 & 1 & 1\\ 1 & 1 & 2\\ 3 & 5 & 3\end{vmatrix}$$

采用这个性质可以化简行列式的元素值,在理论推导中也有重要的应用. 由于正命题与其逆反命题等价,所以便有:

推论 1 数 k 乘行列式 D 等于 k 乘行列式 D 的某一行(列) 的所有元素.

此推论往往应用于理论证明过程. 由上述性质还可推出以下结论.

推论 2 如果行列式的某两行(列) 元素对应成比列,则该行列式为零.

例如 $\begin{vmatrix}a & 2a & 2\\ b & 2b & 8\\ c & 2c & 6\end{vmatrix}=2\begin{vmatrix}a & a & 2\\ b & b & 8\\ c & c & 6\end{vmatrix}=0$, $\begin{vmatrix}a & b & c\\ 1 & 3 & 8\\ 3a & 3b & 3c\end{vmatrix}=3\begin{vmatrix}a & b & c\\ 1 & 3 & 8\\ a & b & c\end{vmatrix}=0$.

性质 4 若行列式 D 的第 i 行(列) 各元素都分解成两数之和,即 $a_{sj}=b_{ij}+c_{ij}\ (j=1,2,\cdots,n)$,则行列式 D 可分解为两个行列式 $\overline{D}$ 与 $\widetilde{D}$ 之和. 其中 $\overline{D}$ 的第 i 行是 $b_{i1},b_{i2},\cdots,b_{in}$,而 $\widetilde{D}$ 的第 i 行是 $c_{i1},c_{i2},\cdots,c_{in}$,其他各行都与原行列式对应行的元素相同,即

$$\begin{vmatrix}\vdots & \vdots & & \vdots\\ b_{i1}+c_{i1} & b_{i2}+c_{i2} & \cdots & b_{in}+c_{in}\\ \vdots & \vdots & & \vdots\end{vmatrix}=\begin{vmatrix}\vdots & \vdots & & \vdots\\ b_{i1} & b_{i2} & \cdots & b_{in}\\ \vdots & \vdots & & \vdots\end{vmatrix}+\begin{vmatrix}\vdots & \vdots & & \vdots\\ c_{i1} & c_{i2} & \cdots & c_{in}\\ \vdots & \vdots & & \vdots\end{vmatrix}=\overline{D}+\widetilde{D}$$

证 将 D 按第 i 行展开,则有

$$\begin{vmatrix} \vdots & \vdots & & \vdots \\ b_{i1}+c_{i1} & b_{i2}+c_{i2} & \cdots & b_{in}+c_{in} \\ \vdots & \vdots & & \vdots \end{vmatrix} = (b_{i1}+c_{i1})A_{i1}+(b_{i2}+c_{i2})A_{i2}+$$

$$\cdots+(b_{in}+c_{in})A_{in}=(b_{i1}A_{i1}+b_{i2}A_{i2}+\cdots+a_{in}A_{in})+$$

$$(c_{i1}A_{i1}+c_{i2}A_{i2}+\cdots+c_{in}A_{in})=\overline{D}+\widetilde{D}$$

证毕

该性质同样可以化简行列式的计算.

例 1.8 已知行列式 $D=\begin{vmatrix} a_{11} & a_{12} \\ a_{21} & a_{22} \end{vmatrix}=2,\overline{D}=\begin{vmatrix} a_{11} & a_{12} \\ b_{21} & b_{22} \end{vmatrix}=3$，求行列式$\begin{vmatrix} a_{11} & a_{12} \\ 2a_{21}+b_{21} & 2a_{22}+b_{22} \end{vmatrix}$.

解 $\begin{vmatrix} a_{11} & a_{12} \\ 2a_{21}+b_{21} & 2a_{22}+b_{22} \end{vmatrix}=\begin{vmatrix} a_{11} & a_{12} \\ 2a_{21} & 2a_{22} \end{vmatrix}+\begin{vmatrix} a_{11} & a_{12} \\ b_{21} & b_{22} \end{vmatrix}=$

$$2\begin{vmatrix} a_{11} & a_{12} \\ a_{21} & a_{22} \end{vmatrix}+\begin{vmatrix} a_{11} & a_{12} \\ b_{21} & b_{22} \end{vmatrix}=2D+\overline{D}=7$$

例 1.9 已知 $\begin{vmatrix} a & 1 & 4 \\ b & 2 & 3 \\ c & 3 & 1 \end{vmatrix}=2,\begin{vmatrix} a & 2 & 4 \\ b & 4 & 3 \\ c & 1 & 1 \end{vmatrix}=3$，计算行列式$\begin{vmatrix} a & 3 & 8 \\ b & 6 & 6 \\ c & 4 & 2 \end{vmatrix}$.

解 $\begin{vmatrix} a & 3 & 8 \\ b & 6 & 6 \\ c & 4 & 2 \end{vmatrix}=\begin{vmatrix} a & 1+2 & 2\times 4 \\ b & 2+4 & 2\times 3 \\ c & 3+1 & 2\times 1 \end{vmatrix}=2\left(\begin{vmatrix} a & 1 & 4 \\ b & 2 & 3 \\ c & 3 & 1 \end{vmatrix}+\begin{vmatrix} a & 2 & 4 \\ b & 4 & 3 \\ c & 1 & 1 \end{vmatrix}\right)=$

$$2(2+3)=10.$$

性质5 将行列式D中某一行(列)各元素的k倍加到另一行(列)对应的元素上,行列式的值不变,即

$$D=\begin{vmatrix} \vdots & \vdots & & \vdots \\ a_{i1} & a_{i2} & \cdots & a_{in} \\ \vdots & \vdots & & \vdots \\ a_{j1} & a_{j2} & \cdots & a_{jn} \\ \vdots & \vdots & & \vdots \end{vmatrix} \xlongequal{r_i+kr_j} \begin{vmatrix} \vdots & \vdots & & \vdots \\ a_{i1}+ka_{j1} & a_{i2}+ka_{j2} & \cdots & a_{in}+ka_{jn} \\ \vdots & \vdots & & \vdots \\ a_{j1} & a_{j2} & \cdots & a_{jn} \\ \vdots & \vdots & & \vdots \end{vmatrix}$$

式中 r_i+kr_j 表示第j行各元素的k倍加到第i行上(若是第j列各元素的k倍加到第i列上,则记为c_i+kc_j).

证 利用性质 4,则有

$$D_1=\begin{vmatrix} \vdots & \vdots & & \vdots \\ a_{i1}+ka_{j1} & a_{i2}+ka_{j2} & \cdots & a_{in}+ka_{jn} \\ \vdots & \vdots & & \vdots \\ a_{j1} & a_{j2} & \cdots & a_{jn} \\ \vdots & \vdots & & \vdots \end{vmatrix}=\begin{vmatrix} \vdots & \vdots & & \vdots \\ a_{i1} & a_{i2} & \cdots & a_{in} \\ \vdots & \vdots & & \vdots \\ a_{j1} & a_{j2} & \cdots & a_{jn} \\ \vdots & \vdots & & \vdots \end{vmatrix}+$$

$$\begin{vmatrix} \vdots & \vdots & & \vdots \\ ka_{j1} & ka_{j2} & \cdots & ka_{jn} \\ \vdots & \vdots & & \vdots \\ a_{j1} & a_{j2} & \cdots & a_{jn} \\ \vdots & \vdots & & \vdots \end{vmatrix}=D+0=D$$

证毕

性质 5 对于化简行列式的计算起着最重要的作用. 至此,行列式的性质已基本完成讨论. 下面便利用这 5 个性质计算行列式,其中性质 5 的利用率最高.

例 1.10 计算行列式.

$$(1)D=\begin{vmatrix} 1 & 2 & 4 & -1 \\ 2 & 0 & 1 & 3 \\ -1 & 1 & 0 & 2 \\ 4 & 3 & 1 & 5 \end{vmatrix} \qquad (2)D=\begin{vmatrix} 3 & 2 & 2 & 2 \\ 2 & 3 & 2 & 2 \\ 2 & 2 & 3 & 2 \\ 2 & 2 & 2 & 3 \end{vmatrix}$$

解 (1) 用上面性质将行列式某行(列) 化成 3 个零元,按该行展开,不断进行下去,计算行列式的值.

$$D\xlongequal[c_4+2c_1]{c_1+c_2}\begin{vmatrix} 1 & 3 & 4 & 1 \\ 2 & 2 & 1 & 7 \\ -1 & 0 & 0 & 0 \\ 4 & 7 & 1 & 13 \end{vmatrix}=(-1)\begin{vmatrix} 3 & 4 & 1 \\ 2 & 1 & 7 \\ 7 & 1 & 13 \end{vmatrix}\xlongequal[r_3-r_2]{r_1-4r_2}$$

$$(-1)\begin{vmatrix} -5 & 0 & -27 \\ 2 & 1 & 7 \\ 5 & 0 & 6 \end{vmatrix}=-\begin{vmatrix} -5 & -27 \\ 5 & 6 \end{vmatrix}=-105$$

(2) 由于行列式的每行之和相等,所以可将每列加到第 1 列上;然后 $r_i-r_1(i=2,3,4)$.

$$D \xlongequal[j=2,3,4]{c_1+c_j} \begin{vmatrix} 9 & 2 & 2 & 2 \\ 9 & 3 & 2 & 2 \\ 9 & 2 & 3 & 2 \\ 9 & 2 & 2 & 3 \end{vmatrix} \xlongequal[i=2,3,4]{r_i-r_1} \begin{vmatrix} 9 & 2 & 2 & 2 \\ 0 & 1 & 0 & 0 \\ 0 & 0 & 1 & 0 \\ 0 & 0 & 0 & 1 \end{vmatrix} = 9$$

例 1.11 计算行列式：

$$D = \begin{vmatrix} 1 & 2 & \cdots & n \\ 2 & 1 & 0 & 0 \\ \vdots & 0 & \ddots & 0 \\ n & 0 & 0 & 1 \end{vmatrix}$$

解 利用性质 5，将 D 的第 1 列中的非零元 $2,3,\cdots,n$ 化为零，即可求解.

$$D \xlongequal[j=2,3,\cdots,n]{c_1-jc_j} \begin{vmatrix} 1-2^2-\cdots-n^2 & 2 & \cdots & n \\ 0 & 1 & 0 & 0 \\ \vdots & 0 & \ddots & 0 \\ 0 & 0 & 0 & 1 \end{vmatrix} = 1-\sum_{i=2}^{n} i^2$$

这类非零元素在行列式中所表示的形状象一个箭头，称为箭形行列式，由于箭头的方向不同可有 4 种箭形行列式：$|\nwarrow|$，$|\nearrow|$，$|\searrow|$，$|\swarrow|$.

例 1.12 证明

$$D = \begin{vmatrix} a_{11} & a_{12} & c_{11} & c_{12} \\ a_{21} & a_{22} & c_{21} & c_{22} \\ 0 & 0 & b_{11} & b_{12} \\ 0 & 0 & b_{21} & b_{22} \end{vmatrix} = \begin{vmatrix} a_{11} & a_{12} \\ a_{21} & a_{22} \end{vmatrix} \begin{vmatrix} b_{11} & b_{12} \\ b_{21} & b_{22} \end{vmatrix}.$$

证 按第 1 列展开，有

$$D = a_{11} \begin{vmatrix} a_{22} & c_{21} & c_{22} \\ 0 & b_{11} & b_{12} \\ 0 & b_{21} & b_{22} \end{vmatrix} - a_{21} \begin{vmatrix} a_{12} & c_{11} & c_{12} \\ 0 & b_{11} & b_{12} \\ 0 & b_{21} & b_{22} \end{vmatrix} =$$

$$a_{11}a_{22} \begin{vmatrix} b_{11} & b_{12} \\ b_{21} & b_{22} \end{vmatrix} - a_{21}a_{12} \begin{vmatrix} b_{11} & b_{12} \\ b_{21} & b_{22} \end{vmatrix} = \begin{vmatrix} a_{11} & a_{12} \\ a_{21} & a_{22} \end{vmatrix} \begin{vmatrix} b_{11} & b_{12} \\ b_{21} & b_{22} \end{vmatrix}$$

注 上面类型的行列式称为上三角行列式，一般形式的上三角行列式，主对角上的阶数没有限制；它等于主对角线上行列式的乘积. 当然下三角行列式有同样的结论.

例 1.13 证明 Vandermonde 行列式：

$$D=\begin{vmatrix}1&1&\cdots&1\\x_1&x_2&\cdots&x_n\\\vdots&\vdots&&\vdots\\x_1^{n-1}&x_2^{n-1}&\cdots&x_n^{n-1}\end{vmatrix}=\prod_{n\geqslant i>j\geqslant 1}(x_i-x_j)$$

证 采用数学归纳法证明，归纳行列式的阶数 n. 当 $n=2$ 时，$D=\begin{vmatrix}1&1\\x_1&x_2\end{vmatrix}=x_2-x_1$，等式成立；假设 D 的阶数是 $n-1$ 时等式成立，即

$$\begin{vmatrix}1&1&\cdots&1\\x_1&x_2&\cdots&x_{n-1}\\\vdots&\vdots&&\vdots\\x_1^{n-2}&x_2^{n-2}&\cdots&x_{n-1}^{n-2}\end{vmatrix}=\prod_{n-1\geqslant i>j\geqslant 1}(x_i-x_j)$$

下面证明 n 时成立.

$$D\xlongequal[i=n,n-1,\cdots,2]{r_i-x_nr_{i-1}}\begin{vmatrix}1&1&\cdots&1\\x_1-x_n&x_2-x_n&\cdots&0\\\vdots&\vdots&&\vdots\\x_1^{n-2}(x_1-x_n)&x_2^{n-2}(x_2-x_n)&\cdots&0\end{vmatrix}=$$

$$(-1)^{n+1}\begin{vmatrix}x_1-x_n&x_2-x_n&\cdots&x_{n-1}-x_n\\x_1(x_1-x_n)&x_2(x_2-x_n)&\cdots&x_{n-1}(x_{n-1}-x_n)\\\vdots&\vdots&&\vdots\\x_1^{n-2}(x_1-x_n)&x_2^{n-2}(x_2-x_n)&\cdots&x_{n-1}^{n-2}(x_{n-1}-x_n)\end{vmatrix}=$$

$$(-1)^{n+1}(x_1-x_n)(x_2-x_n)\cdots(x_{n-1}-x_n)\begin{vmatrix}1&1&\cdots&1\\x_1&x_2&\cdots&x_{n-1}\\\vdots&\vdots&&\vdots\\x_1^{n-2}&x_2^{n-2}&\cdots&x_{n-1}^{n-2}\end{vmatrix}$$

由假设可知：

$$D=(-1)^{n+1}(x_1-x_n)(x_2-x_n)\cdots(x_{n-1}-x_n)\prod_{n-1\geqslant i>j\geqslant 1}(x_i-x_j)=$$

$$(-1)^{n+1}(-1)^{n-1}(x_n-x_1)(x_n-x_2)\cdots(x_n-x_{n-1})\prod_{n-1\geqslant i>j\geqslant 1}(x_i-x_j)=$$

$$(x_n-x_1)(x_n-x_2)\cdots(x_n-x_{n-1})\prod_{n-1\geqslant i>j\geqslant 1}(x_i-x_j)=$$

$$\prod_{n\geqslant i>j\geqslant 1}(x_i-x_j)$$

故等式成立.

此 Vandermonde 行列式的结果可以在计算行列式中直接使用，且从结果中可以发现：若 $x_1, x_2, \cdots, x_n$ 互异，Vandermonde 行列式的值不为零.

例 1.14 计算下列行列式：

(1) $D=\begin{vmatrix} 1 & 1 & 1 \\ -1 & 2 & 3 \\ 1 & 4 & 9 \end{vmatrix}$　　(2) $D=\begin{vmatrix} 1 & -2 & 4 \\ 1 & 1 & 1 \\ 1 & 2 & 4 \end{vmatrix}$

解 (1) D 是 Vandermonde 行列式，利用该行列式的结果，有

$$D=(3-(-1))(3-2)(2-(-1))=12$$

(2) 此行列式是 Vandermonde 行列式的转置，则有

$$D=D^{\mathrm{T}}=\begin{vmatrix} 1 & 1 & 1 \\ -2 & 1 & 2 \\ 4 & 1 & 4 \end{vmatrix}=(2-(-2))(2-1)(1-(-2))=12$$

上面的例子所采用的计算方法都是行列式计算中所采用的典型算法，一般情况下，采用上述方法计算行列式的值.

习　题　1.2

1. 计算下列行列式：

(1) $D=\begin{vmatrix} 2 & 1 & 1 \\ -1 & 2 & 2 \\ 1 & 4 & 3 \end{vmatrix}$　　(2) $D=\begin{vmatrix} 100 & 101 & 103 \\ 200 & 201 & 311 \\ 300 & 302 & 112 \end{vmatrix}$

(3) $D=\begin{vmatrix} 4 & 3 & 3 & 3 \\ 3 & 4 & 3 & 3 \\ 3 & 3 & 4 & 3 \\ 3 & 3 & 3 & 4 \end{vmatrix}$　　(4) $D=\begin{vmatrix} 1 & 2 & 3 & 4 \\ 1 & 2 & 0 & 0 \\ 1 & 0 & 3 & 0 \\ 1 & 0 & 0 & 4 \end{vmatrix}$

(5) $D=\begin{vmatrix} 4 & 3 & 0 & 0 \\ 3 & 4 & 0 & 0 \\ 3 & 2 & 1 & -2 \\ -1 & 1 & 3 & 4 \end{vmatrix}$　　(6) $D=\begin{vmatrix} 1 & 1 & 1 & 1 \\ 2 & -1 & 3 & -2 \\ 4 & 1 & 9 & 4 \\ 8 & -1 & 27 & -8 \end{vmatrix}$

2. 计算下列 n 阶行列式：

(1) $D_n=\begin{vmatrix} a+1 & 2 & \cdots & n \\ 1 & a+2 & \cdots & n \\ \vdots & \vdots & & \vdots \\ 1 & 2 & \cdots & a+n \end{vmatrix}$

$$(2)D_n=\begin{vmatrix} a_1+1 & 2 & \cdots & n \\ 1 & a_2+2 & \cdots & n \\ \vdots & \vdots & & \vdots \\ 1 & 2 & \cdots & a_n+n \end{vmatrix} \quad (a_1a_2\cdots a_n\neq 0)$$

$$(3)D_n=\begin{vmatrix} a & b & \cdots & 0 \\ 0 & a & \ddots & \vdots \\ \vdots & \vdots & \ddots & b \\ b & 0 & \cdots & a \end{vmatrix}$$

$$(4)D_n=\begin{vmatrix} 1 & -1 & 0 & \cdots & 0 \\ 0 & 1 & -1 & \cdots & 0 \\ \vdots & \vdots & \ddots & \ddots & \vdots \\ 0 & 0 & \cdots & 1 & -1 \\ 1 & 2 & \cdots & n-1 & n \end{vmatrix}$$

3. 设

$$f(x)=\begin{vmatrix} 1 & 1 & \cdots & 1 & 1 \\ 2 & 3 & \cdots & n & x \\ \vdots & \vdots & & \vdots & \vdots \\ 2^{n-2} & 3^{n-2} & \cdots & n^{n-2} & x^{n-2} \\ 2^{n-1} & 3^{n-1} & \cdots & n^{n-1} & x^{n-1} \end{vmatrix}$$

(1) 证明 $f(x)$ 是 $n-1$ 次多项式；

(2) 求方程 $f(x)=0$ 的 $n-1$ 个根.

1.3 Cramer 法 则

本节讨论关于行列式在求解特殊线性方程组的应用.

1.3.1 线性方程组的概念

线性方程组的一般形式为

$$\left.\begin{aligned} a_{11}x_1+a_{12}x_2+\cdots+a_{1n}x_n&=b_1 \\ a_{21}x_1+a_{22}x_2+\cdots+a_{2n}x_n&=b_2 \\ &\cdots\cdots \\ a_{m1}x_1+a_{m2}x_2+\cdots+a_{mn}x_n&=b_m \end{aligned}\right\} \tag{1-4}$$

式 中，$x_1,x_2,\cdots,x_n$ 表 示 n 个 未 知 量，m 是 方 程 的 个 数，

a_{ij} $(i=1,2,\cdots,m;j=1,2,\cdots,n)$ 称为线性方程组(1-4)的系数,a_{ij} 的第一个下标 i 表示第 i 个方程,第二个下标 j 表示它是 x_j 的系数,b_i $(i=1,2,\cdots,m)$ 称为常数项.如果 $b_i=0$ $(i=1,2,\cdots,m)$,则称线性方程组(1-4)为齐次线性方程组;如果 b_i $(i=1,2,\cdots,m)$ 不全为零,则称之为非齐次线性方程组.

线性方程组(1-4)的解是指有这一组数 c_i $(i=1,2,\cdots,n)$,当 $x_1,x_2,\cdots,x_n$ 分别用 $c_1,c_2,\cdots,c_n$ 代入后,方程组(1-4)中各方程都成为恒等式.方程组(1-4)的解的全体形成的集合称为解集合,而能表示解集合中任一元素的表达式称为通解或一般解.如果两个线性方程组有相同的解集合,就称它们是同解的.如果线性方程组的解存在,则称之为有解或相容,否则称之为无解或矛盾.

对于齐次线性方程组,$x_1=x_2=\cdots=x_n=0$ 显然是它们的解,称之为零解;如果齐次线性方程组还有解 $c_1,c_2,\cdots,c_n$,且这组数不全为零,则称之为非零解.我们关心的是齐次线性方程组在什么情况下有非零解,如何求解,解之间的关系如何.

对于非齐次线性方程组,所遇到的问题是判断它是否有解;如果有解,有多少解;如何求出全部解;解之间的关系如何.

本节对于未知数个数 n 与方程个数 m 相同(即 $n=m$)的一类特殊线性方程组应用行列式判断解的情况以及求解.

1.3.2 Cramer 法则

对于线性方程组(1-4),当 $n=m$ 时,方程组为

$$\left.\begin{array}{c} a_{11}x_1+a_{12}x_2+\cdots+a_{1n}x_n=b_1 \\ a_{21}x_1+a_{22}x_2+\cdots+a_{2n}x_n=b_2 \\ \cdots\cdots \\ a_{n1}x_1+a_{n2}x_2+\cdots+a_{nn}x_n=b_n \end{array}\right\} \tag{1-5}$$

其系数行列式记为 D,即

$$D=\begin{vmatrix} a_{11} & a_{12} & \cdots & a_{1n} \\ a_{21} & a_{22} & \cdots & a_{2n} \\ \vdots & \vdots & & \vdots \\ a_{n1} & a_{n2} & \cdots & a_{nn} \end{vmatrix}$$

类似于二元线性方程组的行列式求解公式,对 n 元线性方程组(1-5)的求解有如下法则.

定理 1.2 (Cramer 法则)如果线性方程组(1-5)的系数行列式 $D\neq 0$,

则线性方程组(1-5)有唯一解,即

$$x_1=\frac{D^{(1)}}{D},x_2=\frac{D^{(2)}}{D},\cdots,x_n=\frac{D^{(n)}}{D}$$

其中,$D^{(i)}$ 表示常数列 $b_1,b_2,\cdots,b_n$ 代替系数行列式 D 中第 i 列元素而得到的行列式,即

$$D^{(i)}=\begin{vmatrix}\cdots & a_{1i-1} & b_1 & a_{1i+1} & \cdots \\ \cdots & a_{2i-1} & b_2 & a_{2i+1} & \cdots \\ & \vdots & \vdots & \vdots & \\ \cdots & a_{ni-1} & b_n & a_{ni+1} & \cdots\end{vmatrix}(i=1,2,\cdots,n)$$

证 存在性:构造行列式

$$\overline{D}=\begin{vmatrix}a_{i1} & a_{i2} & \cdots & a_{in} & b_i \\ a_{11} & a_{12} & \cdots & a_{1n} & b_1 \\ a_{21} & a_{22} & \cdots & a_{2n} & b_2 \\ \vdots & \vdots & & \vdots & \vdots \\ a_{n1} & a_{n2} & \cdots & a_{nn} & b_n\end{vmatrix}(i=1,2,\cdots,n)$$

因为第1行与第 $i+1$ 行元素对应相等,所以 $\overline{D}=0$,又将 $\overline{D}$ 按第1行展开,得

$$\overline{D}=a_{i1}\ (-1)^2\begin{vmatrix}a_{12} & a_{13} & \cdots & a_{1n} & b_1 \\ a_{22} & a_{23} & \cdots & a_{2n} & b_2 \\ \vdots & \vdots & & \vdots & \vdots \\ a_{n2} & a_{n3} & \cdots & a_{nn} & b_n\end{vmatrix}+$$

$$a_{i2}\ (-1)^3\begin{vmatrix}a_{11} & a_{13} & \cdots & a_{1n} & b_1 \\ a_{21} & a_{23} & \cdots & a_{2n} & b_2 \\ \vdots & \vdots & & \vdots & \vdots \\ a_{n1} & a_{n3} & \cdots & a_{nn} & b_n\end{vmatrix}+\cdots+(-1)^{n+2}b_1D$$

因为 $\begin{vmatrix}a_{11} & \cdots & a_{1j-1} & a_{1j+1} & \cdots & a_{1n} & b_1 \\ a_{21} & \cdots & a_{2j-1} & a_{2j+1} & \cdots & a_{2n} & b_2 \\ \vdots & & \vdots & \vdots & & \vdots & \vdots \\ a_{n1} & \cdots & a_{nj-1} & a_{nj+1} & \cdots & a_{nn} & b_n\end{vmatrix}=(-1)^{n-j}D^{(i)}$

所以 $\overline{D}=a_{i1}\ (-1)^{n+1}D^{(1)}+a_{i2}\ (-1)^{n+1}D^{(2)}+\cdots+a_{in}\ (-1)^{n+1}D^{(n)}+(-1)^{n+2}b_iD=0$,即

$$a_{i1}D^{(1)}+a_{i2}D^{(2)}+\cdots+a_{in}D^{(n)}=b_iD$$

因为 $D \neq 0$，所以 $a_{i1}\dfrac{D^{(1)}}{D}+a_{i2}\dfrac{D^{(2)}}{D}+\cdots+a_{in}\dfrac{D^{(n)}}{D}=b_i$，即

$$x_1=\frac{D^{(1)}}{D},\quad x_2=\frac{D^{(2)}}{D},\quad \cdots,\quad x_n=\frac{D^{(n)}}{D}$$

是线性方程组(1 - 5) 的解.

唯一性：设 $z_1,z_2,\cdots,z_n$ 是线性方程组(1 - 5) 的另一组解，因为

$$z_iD=\begin{vmatrix} a_{11} & \cdots & z_ia_{1i} & \cdots & a_{1n} \\ a_{21} & \cdots & z_ia_{2i} & \cdots & a_{2n} \\ \vdots & & \vdots & & \vdots \\ a_{n1} & \cdots & z_ia_{ni} & \cdots & a_{nn} \end{vmatrix} \xlongequal[j\neq i]{c_i+z_jc_j} \begin{vmatrix} a_{11} & \cdots & \sum\limits_{i=1}^{n} z_ia_{1i} & \cdots & a_{1n} \\ a_{21} & \cdots & \sum\limits_{i=1}^{n} z_ia_{2i} & \cdots & a_{2n} \\ \vdots & & \vdots & & \vdots \\ a_{n1} & \cdots & \sum\limits_{i=1} z_ia_{ni} & \cdots & a_{nn} \end{vmatrix}=$$

$$\begin{vmatrix} a_{11} & \cdots & b_1 & \cdots & a_{1n} \\ a_{21} & \cdots & b_2 & \cdots & a_{2n} \\ \vdots & & \vdots & & \vdots \\ a_{n1} & \cdots & b_n & \cdots & a_{nn} \end{vmatrix}=D^{(i)}$$

所以 $z_i=\dfrac{D^{(i)}}{D}(i=1,2,\cdots,n)$，故方程组有唯一解.

证毕

例 1.15　求解线性方程组：

$$\begin{cases} x_1-x_2+2x_3=1 \\ x_1+x_2+x_3=2 \\ x_2+2x_3=1 \end{cases}$$

解　方程组的系数行列式为

$$D=\begin{vmatrix} 1 & -1 & 2 \\ 1 & 1 & 1 \\ 0 & 1 & 2 \end{vmatrix} \xlongequal{r_2-r_1} \begin{vmatrix} 1 & -1 & 2 \\ 0 & 2 & -1 \\ 0 & 1 & 2 \end{vmatrix}=5\neq 0$$

由 Cramer 法则，方程组有唯一解，而

$$D^{(1)}=\begin{vmatrix} 1 & -1 & 2 \\ 2 & 1 & 1 \\ 1 & 1 & 2 \end{vmatrix} \xlongequal[r_3-r_1]{r_2-2r_1} \begin{vmatrix} 1 & -1 & 2 \\ 0 & 3 & -3 \\ 0 & 2 & 0 \end{vmatrix}=6$$

$$D^{(2)}=\begin{vmatrix}1&1&2\\1&2&1\\0&1&2\end{vmatrix}\xlongequal{r_2-r_1}\begin{vmatrix}1&1&2\\0&1&-1\\0&1&2\end{vmatrix}=3$$

$$D^{(3)}=\begin{vmatrix}1&-1&1\\1&1&2\\0&1&1\end{vmatrix}\xlongequal{r_2-r_1}\begin{vmatrix}1&-1&1\\0&2&1\\0&1&1\end{vmatrix}=1$$

故 $$x_1=\frac{D^{(1)}}{D}=\frac{6}{5},\quad x_2=\frac{D^{(2)}}{D}=\frac{3}{5},\quad x_1=\frac{D^{(3)}}{D}=\frac{1}{5}$$

注 Cramer 法则只有在系数行列式满足 $D\neq 0$ 时才能应用，至于 $D=0$ 以及其他情况将在第 4 章讨论.

当 n 元线性方程组(1-5) 的常数项 $b_i=0(i=1,2,\cdots,n)$ 时，方程组变为

$$\left.\begin{aligned}a_{11}x_1+a_{12}x_2+\cdots+a_{1n}x_n=0\\a_{21}x_1+a_{22}x_2+\cdots+a_{2n}x_n=0\\\cdots\cdots\\a_{n1}x_1+a_{n2}x_2+\cdots+a_{nn}x_n=0\end{aligned}\right\}\qquad(1-6)$$

对于方程个数与未知量个数相同的齐次线性方程组(1-6)，应用 Cramer 法则，有如下结论.

定理 1.3 如果齐次线性方程组(1-6) 的系数行列式 $D\neq 0$，那么它只有零解.

证 应用 Cramer 法则，因为行列式 $D^{(j)}$ 必有一列为零，所以 $D^{(j)}=0$，即它的唯一解为

$$x_1=0,\quad x_2=0,\quad \cdots,\quad x_n=0$$

证毕

当然，定理 1.3 的逆否命题也成立，即有以下推论.

推论 如果齐次线性方程组(1-6) 有非零解，那么必有 $D=0$.

例 1.16 确定 λ 的值，使方程组

$$\begin{cases}\lambda x_1+2x_2=0\\x_1+2\lambda x_2=0\end{cases}$$

有非零解.

解 根据推论，如果方程组有非零解，那么系数行列式

$$\begin{vmatrix}\lambda&2\\1&2\lambda\end{vmatrix}=2\lambda^2-2=0$$

得 $\lambda=\pm 1$，不难验证 $\lambda=\pm 1$ 时，方程组确有非零解.

Cramer 法则的主要意义在于从理论上给出了线性方程组的解与系数的明确关系，这点对以后许多问题的理论推导都是非常重要的. 但用 Cramer 法则进行计算是不方便的，因为当 n 比较大时，要计算 $n+1$ 个 n 阶行列式，其计算量是非常大的，后面将介绍求解线性方程组的更简便的算法.

习　题　1.3

1. 用 Cramer 法则解下列线性方程组：

(1) $\begin{cases} 2x_1+x_2+x_3=1 \\ x_1+2x_2+x_3=1 \\ x_1+x_2+2x_3=1 \end{cases}$

(2) $\begin{cases} x_1+x_2+x_3+x_4=1 \\ x_1+2x_2+x_3+x_4=2 \\ x_1+x_2+2x_3+x_4=3 \\ x_1+x_2+x_3+2x_4=4 \end{cases}$

2. 设二次多项式 $f(x)=ax^2+bx+c$，又 $f(1)=1, f(2)=3, f(3)=-1$，求该二次多项式.

3. 当 λ 取何值时，齐次线性方程组

$$\begin{cases} \lambda x_1-2x_2-4x_3=0 \\ 2x_1-(\lambda+6)x_2+x_3=0 \\ x_1+x_2+x_3=0 \end{cases}$$

有非零解？

总习题 1

1. 判断题（对的打 √，错的打 ×）

(1) 如果 n 阶行列式中有一行元素都为零，则该行列式的值为 0.（　　）

(2) 如果 n 阶行列式的值为 0，则该行列式中一定有某一行元素都为零.（　　）

(3) 如果 n 阶行列式中某两列元素对应成比例，则该行列式的值为 0.（　　）

(4) 如果 n 阶行列式中非零元的个数少于 n 个，则该行列式的值为 0.（　　）

(5) 如果2阶行列式 $\begin{vmatrix} a_{11} & a_{12} \\ a_{21} & a_{22} \end{vmatrix}=2$,则2阶行列式 $\begin{vmatrix} 2a_{11} & 2a_{12} \\ 2a_{21} & 2a_{22} \end{vmatrix}=8$.

( )

(6) 如果2阶行列式 $\begin{vmatrix} a_{11} & a_{12} \\ a_{21} & a_{22} \end{vmatrix}=2$, 则2阶行列式 $\begin{vmatrix} 2a_{11}+a_{21} & 2a_{12}+a_{22} \\ a_{21} & a_{22} \end{vmatrix}=2$

( )

(7) 设线性方程组 $\begin{cases} x_1+x_2=1 \\ x_1+tx_2=2 \end{cases}$,如果 $t=1$,则该线性方程组有唯一解.

( )

(8) 设齐次线性方程组 $\begin{cases} x_1+x_2=0 \\ x_1+tx_2=0 \end{cases}$,如果 $t=1$,则该齐次线性方程组有非零解.

( )

2. 选择题

(1) 如果行列式 $\begin{vmatrix} t & 2 \\ 1 & 2 \end{vmatrix}=0$,则 $t=$( ).

A. 1　　B. -1　　C. 2　　D. 0

(2) 如果行列式 $\begin{vmatrix} 1 & t & 1 \\ 0 & 1 & 0 \\ 2 & 1 & 2 \end{vmatrix}=0$,则 $t=$( ).

A. $\frac{1}{2}$　　B. -1　　C. 任意数　　D. 0

(3) 如果行列式 $\begin{vmatrix} a_{11} & a_{12} \\ a_{21} & a_{22} \end{vmatrix}=2$, $\begin{vmatrix} a_{11} & ta_{12} \\ a_{21} & ta_{22} \end{vmatrix}=1$,则 $t=$( ).

A. 2　　B. -1　　C. $\frac{1}{2}$　　D. $-\frac{1}{2}$

(4) 如果行列式 $\begin{vmatrix} a_{11} & a_{12} \\ a_{21} & a_{22} \end{vmatrix}=2$, $\begin{vmatrix} a_{11} & a_{12}+ta_{11} \\ a_{21} & a_{22}+ta_{21} \end{vmatrix}=2$,则 $t=$( ).

A. 1　　B. -1　　C. 0　　D. 任意数

(5) 如果线性方程组 $\begin{cases} x_1+tx_2=1 \\ 2x_1+3x_2=2 \end{cases}$ 有唯一解,则 $t\neq$( ).

A. $\frac{3}{2}$　　B. $-\frac{3}{2}$　　C. $\frac{2}{3}$　　D. $-\frac{2}{3}$

(6) 如果齐次线性方程组$\begin{cases}x_1+tx_2=0\\x_1-x_2=0\end{cases}$有非零解，则 $t=$(　　).

A. 1　　B. -1　　C. 0　　D. 任意数

3. 填空题

(1) 如果 2 阶行列式 $\begin{vmatrix}a & 2\\3 & 1\end{vmatrix}=2$，则 $a=$________.

(2) 如果 3 阶行列式 $\begin{vmatrix}1 & 2 & 1\\2 & 4 & 3\\3 & a & 6\end{vmatrix}=0$，则 $a=$________.

(3) 如果 2 阶行列式 $\begin{vmatrix}a_{11} & a_{12}\\a_{21} & a_{22}\end{vmatrix}=2$，则 2 阶行列式 $\begin{vmatrix}a_{11} & 2a_{12}\\a_{21} & 2a_{22}\end{vmatrix}=$________，$\begin{vmatrix}a_{21} & a_{22}\\a_{11} & a_{12}\end{vmatrix}=$________，$\begin{vmatrix}a_{11}+2a_{12} & 2a_{12}\\a_{21}+2a_{22} & 2a_{22}\end{vmatrix}=$________.

(4) 如果 2 阶行列式 $\begin{vmatrix}a_{11} & a_{12}\\a_{21} & a_{22}\end{vmatrix}=2$，$\begin{vmatrix}a_{11} & b_{12}\\a_{21} & b_{22}\end{vmatrix}=1$，则 2 阶行列式 $\begin{vmatrix}a_{11} & a_{12}+b_{12}\\a_{21} & a_{22}+b_{22}\end{vmatrix}=$____________，$\begin{vmatrix}a_{11} & 2a_{12}+b_{12}\\a_{21} & 2a_{22}+b_{22}\end{vmatrix}=$____________，$\begin{vmatrix}2a_{12}+b_{12} & 2a_{11}\\2a_{22}+b_{22} & 2a_{21}\end{vmatrix}=$________.

(5) 如果 3 阶行列式 $\begin{vmatrix}a_{11} & a_{12} & a_{13}\\a_{21} & a_{22} & a_{23}\\a_{31} & a_{32} & a_{33}\end{vmatrix}=2$，则 3 阶行列式 $\begin{vmatrix}a_{11} & a_{12} & a_{13}\\a_{31} & a_{32} & a_{33}\\a_{21} & a_{22} & a_{23}\end{vmatrix}=$____________，$\begin{vmatrix}a_{31} & a_{32} & a_{33}\\a_{21} & a_{22} & a_{23}\\a_{11}+a_{21} & a_{12}+a_{22} & a_{13}+a_{23}\end{vmatrix}=$____________，

$\begin{vmatrix}a_{11}-2a_{21} & a_{12}-2a_{22} & a_{13}-2a_{23}\\2a_{21} & 2a_{22} & 2a_{23}\\3a_{31} & 3a_{32} & 3a_{33}\end{vmatrix}=$________.

(6) 设线性方程组$\begin{cases}x_1+2x_2=1\\tx_1+x_2=2\end{cases}$，当 t 满足________时，该线性方程组有唯一解.

(7) 设齐次线性方程组$\begin{cases}x_1+x_2=0\\tx_1+3x_2=0\end{cases}$，当 $t=$________时，该齐次线性方

程组有非零解.

4. 计算下列行列式：

(1) $\begin{vmatrix} 1+a & -a^2 \\ 1 & 1-a \end{vmatrix}$　　(2) $\begin{vmatrix} a & 0 & 0 \\ 2 & b_1 & b_2 \\ 3 & c_1 & c_2 \end{vmatrix}$

(3) $\begin{vmatrix} 2 & 2 & 195 \\ -1 & 2 & 201 \\ 4 & 2 & 199 \end{vmatrix}$　　(4) $\begin{vmatrix} a & b & a+b \\ b & a+b & a \\ a+b & a & b \end{vmatrix}$

(5) $\begin{vmatrix} 1 & a & b & c+d \\ 1 & b & c & d+a \\ 1 & c & d & a+b \\ 1 & d & a & b+c \end{vmatrix}$　　(6) $\begin{vmatrix} 1 & 1 & 1 & 1 \\ 1 & 1+x & 1 & 1 \\ 1 & 1 & 1-x & 1 \\ 1 & 1 & 1 & 1+x \end{vmatrix}$

5. 证明下列等式：

(1) $\begin{vmatrix} 1 & 1 & 1 \\ x_1 & x_2 & x_3 \\ x_1^2 & x_2^2 & x_3^2 \end{vmatrix} = (x_3-x_2)(x_3-x_1)(x_2-x_1)$

(2) $\begin{vmatrix} a & 1 & 1 & 1 \\ 1 & a & 1 & 1 \\ 1 & 1 & a & 1 \\ 1 & 1 & 1 & a \end{vmatrix} = (a+3)(a-1)^3$

6. 求解下列线性方程组：

(1) $\begin{cases} x_1+x_2-x_3=1 \\ x_1+2x_2+x_3=2 \\ 2x_1+x_3=4 \end{cases}$　　(2) $\begin{cases} x_1+x_2+x_3=2 \\ x_1-x_2+2x_3=2 \\ 2x_1-2x_2+3x_3=1 \end{cases}$

7. 当 k 取何值时，齐次线性方程组

$$\begin{cases} kx_1+x_2+x_3=0 \\ x_1+kx_2+x_3=0 \\ 2x_1+x_2+x_3=0 \end{cases}$$

有非零解？

第2章　矩　　阵

※学习基本要求

1. 理解矩阵的概念及一些特殊矩阵：行矩阵、列矩阵、零矩阵、单位矩阵、对角矩阵、对称矩阵与反对称矩阵.

2. 熟练掌握矩阵的加法、数乘、乘法、幂、转置、方阵的行列式等运算与运算规律.

3. 理解矩阵的逆的概念与判别逆存在的充分必要条件，且掌握计算矩阵逆的方法.

4. 了解分块矩阵的概念，掌握其运算规律，尤其是块对角矩阵的特殊运算性质.

※内容要点

1. 矩阵的运算规律

矩阵的加法、数乘与乘法运算规律见表2.1（k,l为常数，$\boldsymbol{A},\boldsymbol{B},\boldsymbol{C}$为满足相应运算的矩阵）

表　2.1

交换律	结合律	分配律	其它
$\boldsymbol{A}+\boldsymbol{B}=\boldsymbol{B}+\boldsymbol{A}$ $k\boldsymbol{A}=\boldsymbol{A}k$	$(\boldsymbol{A}+\boldsymbol{B})+\boldsymbol{C}=\boldsymbol{A}+(\boldsymbol{B}+\boldsymbol{C})$ $k(l\boldsymbol{A})=(kl)\boldsymbol{A}$ $(\boldsymbol{AB})\boldsymbol{C}=\boldsymbol{A}(\boldsymbol{BC})$ $(k\boldsymbol{A})(l\boldsymbol{B})=(kl)(\boldsymbol{AB})$	$(k+l)\boldsymbol{A}=k\boldsymbol{A}+l\boldsymbol{A}$ $k(\boldsymbol{A}+\boldsymbol{B})=k\boldsymbol{A}+k\boldsymbol{B}$ $\boldsymbol{A}(\boldsymbol{B}+\boldsymbol{C})=\boldsymbol{AB}+\boldsymbol{AC}$ $(\boldsymbol{B}+\boldsymbol{C})\boldsymbol{A}=\boldsymbol{BA}+\boldsymbol{CA}$	$\boldsymbol{A}+\boldsymbol{O}=\boldsymbol{A}$ $\boldsymbol{A}+(-\boldsymbol{A})=\boldsymbol{O}$ $\boldsymbol{AE}=\boldsymbol{A},\boldsymbol{EA}=\boldsymbol{A}$ $1\boldsymbol{A}=\boldsymbol{A},0\boldsymbol{A}=\boldsymbol{O}$

2. 相关变换矩阵的运算规律

转置矩阵、方阵的行列式、逆矩阵及伴随矩阵运算规律及主要结论见表2.2（k为常数，$\boldsymbol{A},\boldsymbol{B}$为满足相应运算的矩阵）

表 2.2

矩阵的转置	方阵的行列式	逆矩阵	伴随矩阵
$(A^T)^T = A$ $(A+B)^T = A^T + B^T$ $(kA)^T = kA^T$ $(AB)^T = B^T A^T$	$\det A^T = \det A$ $\det A^{-1} = (\det A)^{-1}$ $\det(A+B) \neq \det A + \det B$ $\det(kA) = k^n \det A$ $\det(AB) = \det A \det B$	$(A^{-1})^{-1} = A$ $(A^T)^{-1} = (A^{-1})^T$ $(A+B)^{-1} \neq A^{-1} + B^{-1}$ $(AB)^{-1} = B^{-1}A^{-1}$	$AA^* = (\det A)E$ $A^*A = (\det A)E$ $(A+B)^* \neq A^* + B^*$ $(AB)^* = B^*A^*$

3. 方阵 A 可逆的主要结论

(1) 如果 A 可逆,则 A 的逆唯一.

(2) 方阵 A 可逆 $\Leftrightarrow \det A \neq 0 \Leftrightarrow$ 存在矩阵 B,使 $AB = E$ 或 $BA = E$.

4. 分块矩阵

(1) $\det(\mathrm{diag}(A_1, A_2, \cdots, A_m)) = \det A_1 \det A_2 \cdots \det A_m$.

(2) $\mathrm{diag}(A_1, A_2, \cdots, A_m)$ 可逆 $\Leftrightarrow A_i\ (i = 1, 2, \cdots, m)$ 可逆,且

$(\mathrm{diag}(A_1, A_2, \cdots, A_m))^{-1} = \mathrm{diag}(A_1^{-1}, A_2^{-1}, \cdots, A_m^{-1})$.

※知识结构图

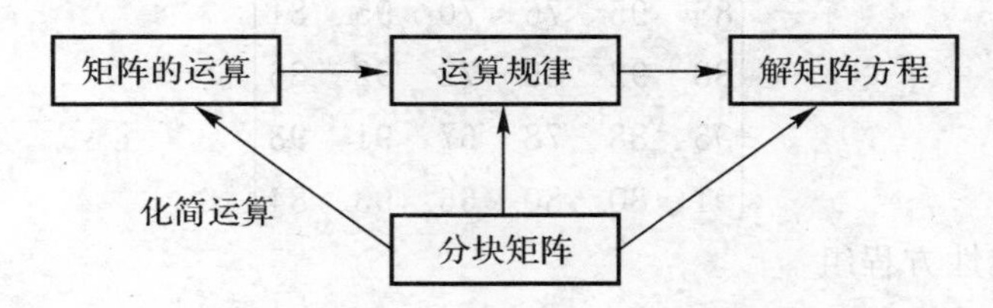

2.1 矩阵的概念

据资料记载,矩阵的概念是1850年由西尔维斯特(J. J. Sylvester,1814—1897)提出来的,1858年凯莱(A. Cayley,1821—1895)建立了矩阵运算规律.从此矩阵成为线性代数中一项重要内容,是其主要研究对象之一.

矩阵的应用在我们的生活中随处可见,矩阵的引入使得许多问题变得简洁.掌握矩阵的概念对于我们解决许多实际问题有着很大的帮助.

2.1.1 矩阵的定义

在引入矩阵的概念之前,先看以下实例.

设7个中学生的数、理、化、语、英、生物的成绩见表2.3

表 2.3

学生＼科目	数学	物理	化学	语文	英语	生物
1	91	81	77	60	90	88
2	95	85	80	65	94	90
3	90	82	78	63	91	87
4	85	95	76	70	95	81
5	88	92	85	72	92	86
6	95	88	78	67	91	93
7	91	80	80	66	93	84

7 个学生的各科成绩可以用下列矩形数组表示为

$$\begin{pmatrix} 91 & 81 & 77 & 60 & 90 & 88 \\ 95 & 85 & 80 & 65 & 94 & 90 \\ 90 & 82 & 78 & 63 & 91 & 87 \\ 85 & 95 & 76 & 70 & 95 & 81 \\ 88 & 92 & 85 & 72 & 92 & 86 \\ 95 & 88 & 78 & 67 & 91 & 93 \\ 91 & 80 & 80 & 66 & 93 & 84 \end{pmatrix}$$

又如线性方程组

$$\begin{cases} a_{11}x_1 + a_{12}x_2 + \cdots + a_{1n}x_n = b_1 \\ a_{21}x_1 + a_{22}x_2 + \cdots + a_{2n}x_n = b_2 \\ \cdots\cdots \\ a_{m1}x_1 + a_{m2}x_2 + \cdots + a_{mn}x_n = b_m \end{cases}$$

如果给出了一个线性方程组的全部系数和常数项，那么这个线性方程组就给定了，至于用什么符号来代表未知量不是实质性的，线性方程组可以用下面的矩形数组表示为

$$\begin{pmatrix} a_{11} & a_{12} & \cdots & a_{1n} & b_1 \\ a_{21} & a_{22} & \cdots & a_{2n} & b_2 \\ \vdots & \vdots & & \vdots & \vdots \\ a_{m1} & a_{m2} & \cdots & a_{mn} & b_m \end{pmatrix}$$

定义 2.1 由 $m\times n$ 个数 $a_{ij}\ (i=1,2,\cdots,m;j=1,2,\cdots,n)$ 排成 m 行 n 列

的数表

$$\begin{pmatrix} a_{11} & a_{12} & \cdots & a_{1n} \\ a_{21} & a_{22} & \cdots & a_{21} \\ \vdots & \vdots & & \vdots \\ a_{m1} & a_{m2} & \cdots & a_{mn} \end{pmatrix}$$

称为 $m \times n$ 矩阵.

在一个矩阵中,横的各排称为矩阵的行,纵的各排称为矩阵的列,矩阵中的每个数称为矩阵的元素,a_{ij} 称为矩阵的第 i 行第 j 列元素.元素都是实数的矩阵称为实矩阵,元素是复数的矩阵称为复矩阵.通常以大写字母 $\boldsymbol{A},\boldsymbol{B}$ 等表示矩阵,有时也简记为 $\boldsymbol{A}=(a_{ij})_{m\times n}$ 或 $\boldsymbol{A}=(a_{ij})$,当无需指明元素时,$m\times n$ 矩阵 $\boldsymbol{A}$ 也记作 $\boldsymbol{A}_{m\times n}$.

例 2.1 写出下列矩阵 $\boldsymbol{A}=(a_{ij})_{m\times n}$:

(1) $m=2,n=3,a_{ij}=i-j$.

(2) $m=3,n=2,a_{ij}=i+j$.

解 (1) 因为 $a_{11}=1-1=0,a_{12}=1-2=-1,a_{13}=1-3=-2,a_{21}=2-1=1,a_{22}=2-2=0,a_{23}=2-3=-1$,所以

$$\boldsymbol{A}_{2\times 3}=\begin{pmatrix} 0 & -1 & -2 \\ 1 & 0 & -1 \end{pmatrix}$$

(2) 类似地,可得

$$\boldsymbol{A}_{3\times 2}=\begin{pmatrix} 2 & 3 \\ 3 & 4 \\ 4 & 5 \end{pmatrix}$$

注 矩阵与行列式不同,行列式要求行数与列数相同,而矩阵不要求;行列式表示一个数值,而矩阵仅是一个数表.

2.1.2 几种特殊的矩阵

这里介绍一些常用的特殊矩阵.

1. n 阶方阵

当 $m=n$ 时,$\boldsymbol{A}_{n\times n}$ 称为 n 阶**方阵**,一个 n 阶方阵从左上角元素到右下角元素间的连线(由 $a_{11},a_{22},\cdots,a_{nn}$ 组成)称为它的**主对角线**.

2. 对角矩阵

除了主对角线上的元素($a_{11},a_{22},\cdots,a_{nn}$)外,其余元素都为零的 n 阶方

阵,称为 n 阶**对角矩阵**,其形式为

$$A_{n\times n}=\begin{pmatrix} a_{11} & & & \\ & a_{22} & & \\ & & \ddots & \\ & & & a_{nn} \end{pmatrix}$$

简记为 $\mathrm{diag}(a_{11},a_{22},\cdots,a_{nn})$.

3. 单位矩阵

主对角线上的元素都是 1 的 n 阶对角矩阵,称为**单位矩阵**,记作 $\boldsymbol{E}_n$ 或 $\boldsymbol{E}$,即

$$\boldsymbol{E}=\begin{pmatrix} 1 & & & \\ & 1 & & \\ & & \ddots & \\ & & & 1 \end{pmatrix}$$

4. 三角矩阵

主对角线一侧的所有元素都为零的方阵,称为**三角矩阵**. 三角矩阵分为**上三角矩阵**与**下三角矩阵**,其形式为

$$\boldsymbol{L}_{上}=\begin{pmatrix} a_{11} & a_{12} & \cdots & a_{1n} \\ & a_{22} & \cdots & a_{2n} \\ & & \ddots & \vdots \\ & & & a_{nn} \end{pmatrix},\quad \boldsymbol{L}_{下}=\begin{pmatrix} a_{11} & & \cdots & \\ a_{21} & a_{22} & \cdots & \\ & & \ddots & \vdots \\ a_{n1} & a_{n2} & \cdots & a_{nn} \end{pmatrix}$$

5. 零矩阵

元素都是零的矩阵,称为**零矩阵**,记作 $\boldsymbol{O}_{m\times n}$ 或 $\boldsymbol{O}$.

6. 行矩阵与列矩阵

当 $m=1$ 时,即仅由一行构成的矩阵

$$A_{1\times n}=(a_{11}\quad a_{12}\quad \cdots\quad a_{1n})$$

是一个 $1\times n$ 矩阵,称为**行矩阵**.

当 $n=1$ 时,即仅由一列构成的矩阵

$$A_{m\times 1}=\begin{pmatrix} a_{11} \\ a_{21} \\ \vdots \\ a_{m1} \end{pmatrix}$$

是一个 $m\times 1$ 矩阵,称为**列矩阵**.

2.1.3 矩阵的相等

两个矩阵的行数相等,列数也相等,就称它们是**同型矩阵**,如果两个同型矩阵 $\boldsymbol{A}=(a_{ij})_{m\times n}$,$\boldsymbol{B}=(b_{ij})_{m\times n}$ 的对应元素相等,即

$$a_{ij}=b_{ij}\ (i=1,2,\cdots,m;j=1,2,\cdots,n)$$

则称矩阵 $\boldsymbol{A}$ 与 $\boldsymbol{B}$ **相等**,记作 $\boldsymbol{A}=\boldsymbol{B}$.

例 2.2 已知矩阵 $\boldsymbol{A}=\begin{pmatrix}a & 2a+b\\ c & 1\end{pmatrix}$,$\boldsymbol{B}=\begin{pmatrix}2 & b+c\\ b & 1\end{pmatrix}$,又 $\boldsymbol{A}=\boldsymbol{B}$,求 a,b,c.

解 因为 $\boldsymbol{A}=\boldsymbol{B}$,所以$\begin{cases}a=2\\ 2a+b=b+c\\ c=b\end{cases}$,解得 $a=2,b=4,c=4$.

习 题 2.1

1. 求下列矩阵 $\boldsymbol{A}=(a_{ij})_{m\times n}$:

(1)$m=2,n=3,a_{ij}=i-2j$ (2)$m=4,n=3,a_{ij}=2i+j$.

2. 已知矩阵 $\boldsymbol{A}=\begin{pmatrix}a & a+b\\ 2 & 1\end{pmatrix}$,$\boldsymbol{B}=\begin{pmatrix}2 & b+c\\ b+c & 1\end{pmatrix}$,又 $\boldsymbol{A}=\boldsymbol{B}$,求 a,b,c.

3. 已知 $\boldsymbol{A}=\begin{pmatrix}a & a-b & 0 & 0\\ c-d & c & 0 & 0\\ 0 & 0 & 2 & 0\\ 0 & 0 & 0 & 1\end{pmatrix}=\mathrm{diag}(4,3,2,1)$,求 a,b,c,d.

2.2 矩阵的基本运算

在这节介绍矩阵的基本运算及运算的规律.

2.2.1 矩阵的线性运算

定义 2.2 设有两个 $m\times n$ 矩阵 $\boldsymbol{A}=(a_{ij})$,$\boldsymbol{B}=(b_{ij})$,矩阵 $\boldsymbol{A}$ 与 $\boldsymbol{B}$ 的**加法**记作 $\boldsymbol{A}+\boldsymbol{B}$,规定为

$$\boldsymbol{A}+\boldsymbol{B}=(a_{ij}+b_{ij})_{m\times n} \tag{2-1}$$

从矩阵的加法定义看出,只有两个同型矩阵才能相加,其结果仍为同型矩阵;矩阵的加法满足以下运算规律($\boldsymbol{A},\boldsymbol{B},\boldsymbol{C},\boldsymbol{O}$ 是同型矩阵):

(1)$\boldsymbol{A}+\boldsymbol{B}=\boldsymbol{B}+\boldsymbol{A}$.

(2)$(\boldsymbol{A}+\boldsymbol{B})+\boldsymbol{C}=\boldsymbol{A}+(\boldsymbol{B}+\boldsymbol{C})$.

(3)$\boldsymbol{A}+\boldsymbol{O}=\boldsymbol{O}+\boldsymbol{A}=\boldsymbol{A}$.

例 2.3 已知两个 2×3 矩阵 $\boldsymbol{A}=\begin{pmatrix}1 & 2 & -1\\ 3 & 0 & 4\end{pmatrix}$，$\boldsymbol{B}=\begin{pmatrix}2 & 3 & 4\\ 1 & -1 & -1\end{pmatrix}$，求 $\boldsymbol{A}+\boldsymbol{B}$.

解 $\boldsymbol{A}+\boldsymbol{B}=\begin{pmatrix}1+2 & 2+3 & -1+4\\ 3+1 & 0-1 & 4-1\end{pmatrix}=\begin{pmatrix}3 & 5 & 3\\ 4 & -1 & 3\end{pmatrix}$.

定义 2.3 数 k 与矩阵 $\boldsymbol{A}=(a_{ij})_{m\times n}$ 的乘积，规定为

$$k\boldsymbol{A}=\boldsymbol{A}k=(ka_{ij})_{m\times n} \tag{2-2}$$

简称**数乘**.

由上面定义可规定 $-\boldsymbol{A}=(-1)\boldsymbol{A}$，从而便有减法，即 $\boldsymbol{A}-\boldsymbol{B}=\boldsymbol{A}+(-1)\boldsymbol{B}$.

数乘运算满足以下运算规律（$\boldsymbol{A},\boldsymbol{B}$ 为 $m\times n$ 矩阵，k,l 为常数）：

(1)$k(\boldsymbol{A}+\boldsymbol{B})=k\boldsymbol{A}+k\boldsymbol{B}$.

(2)$(k+l)\boldsymbol{A}=k\boldsymbol{A}+l\boldsymbol{A}$.

(3)$(kl)\boldsymbol{A}=k(l\boldsymbol{A})$.

(4)$1\boldsymbol{A}=\boldsymbol{A}$.

例 2.4 设矩阵 $\boldsymbol{A}=\begin{pmatrix}1 & 2 & -1\\ 3 & 0 & 4\end{pmatrix}$，$\boldsymbol{B}=\begin{pmatrix}2 & 3 & 4\\ 1 & -1 & -1\end{pmatrix}$，求 $\boldsymbol{A}+2\boldsymbol{B}$，$2\boldsymbol{A}-3\boldsymbol{B}$.

解 因为 $2\boldsymbol{B}=\begin{pmatrix}4 & 6 & 8\\ 2 & -2 & -2\end{pmatrix}$，所以 $\boldsymbol{A}+2\boldsymbol{B}=\begin{pmatrix}5 & 8 & 7\\ 5 & -2 & 2\end{pmatrix}$.

因为 $2\boldsymbol{A}=\begin{pmatrix}2 & 4 & -2\\ 6 & 0 & 8\end{pmatrix}$，$3\boldsymbol{B}=\begin{pmatrix}6 & 9 & 12\\ 3 & -3 & -3\end{pmatrix}$，所以

$$2\boldsymbol{A}-3\boldsymbol{B}=\begin{pmatrix}2-6 & 4-9 & -2-12\\ 6-3 & 0+3 & 8+3\end{pmatrix}=\begin{pmatrix}-4 & -5 & -14\\ 3 & 3 & 11\end{pmatrix}.$$

由于矩阵加法与数乘运算规律与数的加法与乘法的运算规律相同，故得线性矩阵方程与线性方程的求解方法相同.

例 2.5 设矩阵 $\boldsymbol{A}=\begin{pmatrix}1 & 2 & -1\\ 3 & 0 & 4\end{pmatrix}$，$\boldsymbol{B}=\begin{pmatrix}2 & 3 & 4\\ 1 & -1 & -1\end{pmatrix}$，并且 $2\boldsymbol{X}+\boldsymbol{A}=2\boldsymbol{B}-\boldsymbol{X}$，求 $\boldsymbol{X}$.

解 因为 $3\boldsymbol{X}=2\boldsymbol{B}-\boldsymbol{A}$，所以 $\boldsymbol{X}=\frac{1}{3}(2\boldsymbol{B}-\boldsymbol{A})$. 又因为 $2\boldsymbol{B}-\boldsymbol{A}$

$$=\begin{pmatrix}3 & 4 & 9\\ -1 & -2 & -6\end{pmatrix},$$

故 $\boldsymbol{X}=\dfrac{1}{3}\begin{pmatrix}3 & 4 & 9\\ -1 & -2 & -6\end{pmatrix}=\begin{bmatrix}1 & \dfrac{4}{3} & 3\\ -\dfrac{1}{3} & -\dfrac{2}{3} & -2\end{bmatrix}.$

上面的两个运算称为矩阵的线性运算.

2.2.2　矩阵的乘法

定义 2.4　设 $\boldsymbol{A}=(a_{ij})$ 是一个 $m\times s$ 矩阵,$\boldsymbol{B}=(b_{ij})$ 是一个 $s\times n$ 矩阵,规定矩阵 $\boldsymbol{A}$ 与矩阵 $\boldsymbol{B}$ 的乘积是一个 $m\times n$ 矩阵 $\boldsymbol{C}=(c_{ij})$,其中

$$c_{ij}=\sum_{k=1}^{s}a_{ik}b_{kj}\ (i=1,2,\cdots,m;j=1,2,\cdots,n) \tag{2-3}$$

并将此乘积记作 $\boldsymbol{C}=\boldsymbol{AB}$.

由定义可知,只有当 $\boldsymbol{A}$ 的列数等于 $\boldsymbol{B}$ 的行数时,$\boldsymbol{AB}$ 才有意义,并且 $\boldsymbol{AB}$ 是 $m\times n$ 矩阵;而乘积 $\boldsymbol{AB}$ 的第 i 行第 j 列元素是矩阵 $\boldsymbol{A}$ 的第 i 行各元素分别与矩阵 $\boldsymbol{B}$ 的第 j 列各对应元素的乘积之和,即

$$c_{ij}=(a_{i1}\quad a_{i2}\quad \cdots\quad a_{is})\begin{pmatrix}b_{1j}\\ b_{2j}\\ \vdots\\ b_{sj}\end{pmatrix}$$

例 2.6　已知 $\boldsymbol{A}=\begin{pmatrix}1 & -2\\ 2 & 3\end{pmatrix}$,$\boldsymbol{B}=\begin{pmatrix}2 & 3 & 4\\ 1 & -1 & -1\end{pmatrix}$,求 $\boldsymbol{AB}$,并问 $\boldsymbol{B}$ 与 $\boldsymbol{A}$ 是否可以相乘?

解　由于 $\boldsymbol{A}$ 是 2×2 矩阵,$\boldsymbol{B}$ 是 2×3 矩阵,$\boldsymbol{A}$ 的列数与 $\boldsymbol{B}$ 的行数都等于2,所以 $\boldsymbol{A}$ 与 $\boldsymbol{B}$ 可以相乘,其乘积 $\boldsymbol{AB}$ 是 2×3 矩阵,按式(2-3),有

$$\boldsymbol{C}=\boldsymbol{AB}=\begin{pmatrix}1 & -2\\ 2 & 3\end{pmatrix}\begin{pmatrix}2 & 3 & 4\\ 1 & -1 & -1\end{pmatrix}=(c_{ij})_{2\times 3}$$

其中　$c_{11}=1\times 2+(-2)\times 1=0,c_{12}=1\times 3+(-2)\times(-1)=5$

$c_{13}=1\times 4+(-2)\times(-1)=6,c_{21}=2\times 2+3\times 1=7$

$c_{22}=2\times 3+3\times(-1)=3,c_{23}=2\times 4+3\times(-1)=5$

故

$$\boldsymbol{C}=\begin{pmatrix}0 & 5 & 6\\ 7 & 3 & 5\end{pmatrix}$$

因为 $\boldsymbol{B}$ 的列数是 3,$\boldsymbol{A}$ 的行数是 2,所以 $\boldsymbol{B}$ 与 $\boldsymbol{A}$ 不能相乘.

例 2.7 已知矩阵 $\boldsymbol{A}=(1\ \ 1\ \ 2)$,$\boldsymbol{B}=\begin{pmatrix}1\\2\\3\end{pmatrix}$,求 $\boldsymbol{AB}$ 及 $\boldsymbol{BA}$.

解 $\boldsymbol{AB}=(1\ \ 1\ \ 2)\begin{pmatrix}1\\2\\3\end{pmatrix}=9$, $\boldsymbol{BA}=\begin{pmatrix}1\\2\\3\end{pmatrix}(1\ \ 1\ \ 2)=\begin{pmatrix}1&1&2\\2&2&4\\3&3&6\end{pmatrix}$.

例 2.8 已知 $\boldsymbol{A}=\begin{pmatrix}1&-1\\-1&1\end{pmatrix}$, $\boldsymbol{B}=\begin{pmatrix}1&-1\\1&-1\end{pmatrix}$,求 $\boldsymbol{AB}$ 及 $\boldsymbol{BA}$.

解

$$\boldsymbol{AB}=\begin{pmatrix}1&-1\\-1&1\end{pmatrix}\begin{pmatrix}1&-1\\1&-1\end{pmatrix}=\boldsymbol{O},$$

$$\boldsymbol{BA}=\begin{pmatrix}1&-1\\1&-1\end{pmatrix}\begin{pmatrix}1&-1\\-1&1\end{pmatrix}=\begin{pmatrix}2&-2\\2&-2\end{pmatrix}.$$

注 (1) 在一般情况下,$\boldsymbol{AB}\neq\boldsymbol{BA}$,即矩阵乘法不满足交换律,这是因为,当 $\boldsymbol{AB}$ 有意义时,$\boldsymbol{B}$ 与 $\boldsymbol{A}$ 可能无法相乘;当 $\boldsymbol{AB}$ 与 $\boldsymbol{BA}$ 都有意义时,它们的型可能不同;当 $\boldsymbol{AB}$ 与 $\boldsymbol{BA}$ 均有意义且同型时,仍可能 $\boldsymbol{AB}\neq\boldsymbol{BA}$;因此作乘法运算一定要注意先后次序.

(2) 由 $\boldsymbol{AB}=\boldsymbol{O}$,且 $\boldsymbol{A}\neq\boldsymbol{O}$,不能推出 $\boldsymbol{B}=\boldsymbol{O}$,进而即使 $\boldsymbol{AB}=\boldsymbol{AC}$,且 $\boldsymbol{A}\neq\boldsymbol{O}$,也不一定有 $\boldsymbol{B}=\boldsymbol{C}$.

矩阵的乘法满足以下运算规律(假设运算可行,k 是常数):

(1) $(\boldsymbol{AB})\boldsymbol{C}=\boldsymbol{A}(\boldsymbol{BC})$.

(2) $\boldsymbol{A}(\boldsymbol{B}+\boldsymbol{C})=\boldsymbol{AB}+\boldsymbol{AC}$.

(3) $(\boldsymbol{B}+\boldsymbol{C})\boldsymbol{A}=\boldsymbol{BA}+\boldsymbol{CA}$.

(4) $k(\boldsymbol{AB})=(k\boldsymbol{A})\boldsymbol{B}=\boldsymbol{A}(k\boldsymbol{B})$.

在实际应用中,有很多问题可以用矩阵运算表示.

例 2.9 某班 m 名学生在一学期所学的 n 门课程的成绩构成一个 $m\times n$ 矩阵 $\boldsymbol{A}=(a_{ij})$. (1) 求每个学生的加权平均成绩;(2) 求班级的平均成绩.

解 设第 i 门课的学分是 $b_i\,(i=1,2,\cdots,n)$,第 j 个学生的加权平均值为 $c_j\,(j=1,2,\cdots,m)$,

(1) 构造矩阵 $\boldsymbol{B}=\begin{pmatrix}b_1\\b_2\\\vdots\\b_n\end{pmatrix}$,$\boldsymbol{C}=\begin{pmatrix}c_1\\c_2\\\vdots\\c_m\end{pmatrix}$,则有

$$C=\frac{1}{\sum_{i=1}^{n} b_i}AB$$

(2) 设班级平均成绩为 x,构造矩阵 $F=(1\quad 1\quad \cdots\quad 1)_{1\times m}$,则有

$$x=\frac{1}{m}FC$$

例 2.10　设线性方程组

$$\begin{cases} a_{11}x_1+a_{12}x_2+\cdots+a_{1n}x_n=b_1 \\ a_{21}x_1+a_{22}x_2+\cdots+a_{2n}x_n=b_2 \\ \cdots\cdots \\ a_{m1}x_1+a_{m2}x_2+\cdots+a_{mn}x_n=b_m \end{cases}$$

若令

$$A=\begin{pmatrix} a_{11} & a_{12} & \cdots & a_{1n} \\ a_{21} & a_{22} & \cdots & a_{2n} \\ \vdots & \vdots & & \vdots \\ a_{m1} & a_{m2} & \cdots & a_{mn} \end{pmatrix},\quad x=\begin{pmatrix} x_1 \\ x_2 \\ \vdots \\ x_n \end{pmatrix},\quad b=\begin{pmatrix} b_1 \\ b_2 \\ \vdots \\ b_m \end{pmatrix}$$

那么线性方程组可表示为矩阵形式

$$Ax=b$$

有了乘法运算,便可定义方阵的幂运算.

定义 2.5　设 A 是一个 n 阶方阵,k 是正整数,则 A 的 k 次幂规定为

$$A^k=\underbrace{AA\cdots A}_{k个} \tag{2-4}$$

显然,只有方阵的幂才有意义.

方阵的幂满足以下运算规律:

$$A^kA^l=A^{k+l},\quad (A^k)^l=A^{kl}$$

式中,k,l 为正整数.又因为矩阵乘法一般不满足交换律,所以对于两个 n 阶方阵 A 与 B,有

$$(AB)^k\neq A^kB^k,\quad (A+B)^k\neq A^k+C_k^1A^{k-1}B+\cdots+C_k^{k-1}AB^{k-1}+B^k$$

式中,$C_k^i=\frac{k!}{i!\,(k-i)!}$,但是当 $AB=BA$ 时,等式却是成立的.

例 2.11　已知下列矩阵 A,求 A^k.

(1) $A=\begin{pmatrix} 3 & 0 \\ 0 & 5 \end{pmatrix}$　　(2) $A=\begin{pmatrix} 0 & 1 \\ 0 & 0 \end{pmatrix}$

解 (1)$A^2=\begin{pmatrix}3&0\\0&5\end{pmatrix}\begin{pmatrix}3&0\\0&5\end{pmatrix}=\begin{pmatrix}3^2&0\\0&5^2\end{pmatrix}$,猜想,$A^k=\begin{pmatrix}3^k&0\\0&5^k\end{pmatrix}$,用数学归纳法证明.当$k=1$时,显然成立;假设$k-1$时成立,证$k$时成立.因为

$$A^k=A^{k-1}A=\begin{pmatrix}3^{k-1}&0\\0&5^{k-1}\end{pmatrix}\begin{pmatrix}3&0\\0&5\end{pmatrix}=\begin{pmatrix}3^k&\\&5^k\end{pmatrix}$$

所以
$$A^k=\begin{pmatrix}3^k&0\\0&5^k\end{pmatrix}.$$

(2)$A^2=\begin{pmatrix}0&1\\0&0\end{pmatrix}\begin{pmatrix}0&1\\0&0\end{pmatrix}=\begin{pmatrix}0&0\\0&0\end{pmatrix}$,当$k\geqslant 2$时,$A^k=\begin{pmatrix}0&0\\0&0\end{pmatrix}$.

例 2.12 设矩阵$A=\begin{pmatrix}1\\1\\1\end{pmatrix}$,$B=(1\quad 2\quad 3)$,求$(AB)^n$.

解 因为

$$(AB)^k=(AB)(AB)\cdots(AB)=A\underbrace{(BA)(BA)\cdots(BA)}_{n-1}B=6^{n-1}AB,$$

所以
$$(AB)^k=6^{n-1}\begin{pmatrix}1&2&3\\1&2&3\\1&2&3\end{pmatrix}.$$

注 (1)对角矩阵的幂等于每个元素的幂.

(2)$A\neq O$,但可以有$A^2=O$.

(3)利用矩阵乘法的结合律,可以化简计算.

2.2.3 矩阵的转置

定义 2.6 设A是$m\times n$矩阵,即

$$A=\begin{pmatrix}a_{11}&a_{12}&\cdots&a_{1n}\\a_{21}&a_{22}&\cdots&a_{2n}\\\vdots&\vdots&&\vdots\\a_{m1}&a_{m2}&\cdots&a_{mn}\end{pmatrix}$$

则$n\times m$矩阵

$$\begin{pmatrix}a_{11}&a_{21}&\cdots&a_{m1}\\a_{12}&a_{22}&\cdots&a_{m2}\\\vdots&\vdots&&\vdots\\a_{1n}&a_{2n}&\cdots&a_{mn}\end{pmatrix}$$

称为矩阵 $\boldsymbol{A}$ 的**转置矩阵**,记为 $\boldsymbol{A}^{\mathrm{T}}$.

矩阵的转置运算满足下述运算规律(假设运算都是可行的):

(1) $(\boldsymbol{A}^{\mathrm{T}})^{\mathrm{T}}=\boldsymbol{A}$.

(2) $(\boldsymbol{A}+\boldsymbol{B})^{\mathrm{T}}=\boldsymbol{A}^{\mathrm{T}}+\boldsymbol{B}^{\mathrm{T}}$.

(3) $(k\boldsymbol{A})^{\mathrm{T}}=k\boldsymbol{A}^{\mathrm{T}}$($k$ 为常数).

(4) $(\boldsymbol{AB})^{\mathrm{T}}=\boldsymbol{B}^{\mathrm{T}}\boldsymbol{A}^{\mathrm{T}}$.

例 2.13 已知

$$\boldsymbol{A}=\begin{pmatrix}1&2&3\\-1&0&1\\2&1&-1\end{pmatrix},\quad \boldsymbol{B}=\begin{pmatrix}1&2\\-1&1\\0&1\end{pmatrix}$$

求$(\boldsymbol{AB})^{\mathrm{T}}$.

解法 1 因为

$$\boldsymbol{AB}=\begin{pmatrix}1&2&3\\-1&0&1\\2&1&-1\end{pmatrix}\begin{pmatrix}1&2\\-1&1\\0&1\end{pmatrix}=\begin{pmatrix}-1&7\\-1&-1\\1&4\end{pmatrix}$$

所以

$$(\boldsymbol{AB})^{\mathrm{T}}=\begin{pmatrix}-1&-1&1\\7&-1&4\end{pmatrix}$$

解法 2

$$(\boldsymbol{AB})^{\mathrm{T}}=\boldsymbol{B}^{\mathrm{T}}\boldsymbol{A}^{\mathrm{T}}=\begin{pmatrix}1&-1&0\\2&1&1\end{pmatrix}\begin{pmatrix}1&-1&2\\2&0&1\\3&1&-1\end{pmatrix}=\begin{pmatrix}-1&-1&1\\7&-1&4\end{pmatrix}$$

定义 2.7 如果 n 阶方阵 $\boldsymbol{A}=(a_{ij})$ 满足 $\boldsymbol{A}^{\mathrm{T}}=\boldsymbol{A}$,即 $a_{ij}=a_{ji}\,(i,j=1,2,\cdots,n)$,则称 $\boldsymbol{A}$ 为**对称矩阵**,如果 n 阶方阵 $\boldsymbol{A}=(a_{ij})$ 满足 $\boldsymbol{A}^{\mathrm{T}}=-\boldsymbol{A}$,即 $a_{ij}=-a_{ji}\,(i,j=1,2,\cdots,n)$,则称 $\boldsymbol{A}$ 为**反对称矩阵**.

对称矩阵的特点是:它的元素以主对角线为对称轴对应相等,例如矩阵

$$\begin{pmatrix}1&2&3\\2&0&1\\3&1&-1\end{pmatrix},\quad \begin{pmatrix}1&-1&3&2\\-1&2&0&-2\\3&0&-3&3\\2&-2&3&1\end{pmatrix}$$

等.

反对称矩阵的特点是:主对角元素全为零(因为当 $i=j$ 时,$a_{ii}=-a_{ii}\,(i=1,2,\cdots,n)$,即 $a_{ii}=0$),而其它元素以主对角线为对称轴对应相差一个符号,例如矩阵

$$\begin{pmatrix} 0 & -2 & 3 \\ 2 & 0 & 1 \\ -3 & -1 & 0 \end{pmatrix},\quad \begin{pmatrix} 0 & 1 & -3 & 2 \\ -1 & 0 & -4 & -2 \\ 3 & 4 & 0 & 3 \\ -2 & 2 & -3 & 0 \end{pmatrix}$$

等.

对称矩阵与反对称矩阵在一些问题中经常遇到，了解这两种特殊矩阵有着非常重要的意义. 在第 5 章中，还将专门讨论对称矩阵的一些特性.

2.2.4 方阵的行列式

定义 2.8 由方阵 $\boldsymbol{A}$ 的元素按原位置所构成的行列式，称为方阵 $\boldsymbol{A}$ 的行列式，记作 $\det\boldsymbol{A}$ 或 $|\boldsymbol{A}|$.

由方阵 $\boldsymbol{A}$ 确定 $\det\boldsymbol{A}$ 的运算满足下述运算规律（设 $\boldsymbol{A}$ 与 $\boldsymbol{B}$ 为 n 阶方阵，l 为常数，k 为正整数）：

(1) $\det\boldsymbol{A}^{\mathrm{T}} = \boldsymbol{A}$.

(2) $\det(l\boldsymbol{A}) = l^n\det\boldsymbol{A}$.

(3) $\det(\boldsymbol{AB}) = \det\boldsymbol{A}\det\boldsymbol{B}$.

(4) $\det\boldsymbol{A}^k = (\det\boldsymbol{A})^k$.

对于 n 阶方阵 $\boldsymbol{A}$ 与 $\boldsymbol{B}$，一般来说 $\boldsymbol{AB} \neq \boldsymbol{BA}$，但由规律(3)可知

$$\det(\boldsymbol{AB}) = \det(\boldsymbol{BA})$$

例 2.14 设 $\boldsymbol{A} = \begin{pmatrix} 1 & 2 & 3 \\ -1 & 0 & 1 \\ 2 & 1 & -1 \end{pmatrix}$，$\boldsymbol{B} = \begin{pmatrix} 1 & 0 & 3 \\ 2 & 2 & 0 \\ 1 & 0 & 1 \end{pmatrix}$，求 $\det(\boldsymbol{BA})$.

解法 1 因为

$$\boldsymbol{AB} = \begin{pmatrix} 1 & 2 & 3 \\ -1 & 0 & 1 \\ 2 & 1 & -1 \end{pmatrix}\begin{pmatrix} 1 & 0 & 3 \\ 2 & 2 & 0 \\ 1 & 0 & 1 \end{pmatrix} = \begin{pmatrix} 8 & 4 & 6 \\ 0 & 0 & -2 \\ 3 & 2 & 5 \end{pmatrix}$$

所以

$$\det(\boldsymbol{AB}) = \begin{vmatrix} 8 & 4 & 6 \\ 0 & 0 & -2 \\ 3 & 2 & 5 \end{vmatrix} = (-2)\,(-1)^{2+3}\begin{vmatrix} 8 & 4 \\ 3 & 2 \end{vmatrix} = 8$$

解法 2

$$\det(\boldsymbol{AB}) = \det\boldsymbol{A}\det\boldsymbol{B} = \begin{vmatrix} 1 & 2 & 3 \\ -1 & 0 & 1 \\ 2 & 1 & -1 \end{vmatrix}\begin{vmatrix} 1 & 0 & 3 \\ 2 & 2 & 0 \\ 1 & 0 & 1 \end{vmatrix} =$$

$$\begin{vmatrix} 4 & 2 & 3 \\ 0 & 0 & 1 \\ 1 & 1 & -1 \end{vmatrix} \times 2 \times (-2) = 8.$$

注 $\det(\boldsymbol{AB}) = \det\boldsymbol{A}\det\boldsymbol{B}$ 的条件是 $\boldsymbol{A},\boldsymbol{B}$ 均为方阵.

习 题 2.2

1. 计算下列乘积:

(1) $\begin{pmatrix} 1 & 2 \\ 3 & 4 \end{pmatrix}\begin{pmatrix} 1 & -1 & 4 \\ 2 & 0 & -1 \end{pmatrix}$ (2) $(1 \quad 1 \quad -1)\begin{pmatrix} 1 \\ 2 \\ 3 \end{pmatrix}$

(3) $\begin{pmatrix} 1 \\ 2 \\ 3 \end{pmatrix}(1 \quad 1 \quad -1)$ (4) $(1 \quad 1 \quad -1)\begin{pmatrix} 2 & 1 & 0 \\ -1 & 3 & 2 \\ 1 & 0 & 4 \end{pmatrix}\begin{pmatrix} 1 \\ 2 \\ 3 \end{pmatrix}$

2. 设 $\boldsymbol{A} = \begin{pmatrix} 1 & -1 & 3 \\ -1 & 0 & 1 \\ 2 & 1 & -1 \end{pmatrix}, \boldsymbol{B} = \begin{pmatrix} 1 & 0 & 3 \\ -1 & 2 & 0 \\ 1 & 0 & 1 \end{pmatrix}$,求 $3\boldsymbol{AB} - \boldsymbol{B}$ 及 $2\boldsymbol{A}^{\mathrm{T}}\boldsymbol{B} + 3\boldsymbol{A}$.

3. 下面命题是否成立?若成立给出证明,若不成立举反例说明.

(1) 若 $\boldsymbol{A}^2 = \boldsymbol{O}$,则 $\boldsymbol{A} = \boldsymbol{O}$.

(2) 若 $\boldsymbol{A}^2 = \boldsymbol{A}$,则 $\boldsymbol{A} = \boldsymbol{O}$ 或 $\boldsymbol{A} = \boldsymbol{E}$.

(3) 若 $\boldsymbol{AX} = \boldsymbol{AY}$,且 $\boldsymbol{A} \neq \boldsymbol{O}$,则 $\boldsymbol{X} = \boldsymbol{Y}$.

4. 已知 $\boldsymbol{A} = \begin{pmatrix} 2 & 0 \\ 1 & 1 \end{pmatrix}$,求 $\boldsymbol{A}^2 - 3\boldsymbol{A} + \boldsymbol{E}$.

5. 解下列矩阵方程:

设矩阵 $\boldsymbol{A} = \begin{pmatrix} 1 & -1 & 3 \\ -1 & 0 & 1 \\ 2 & 1 & -1 \end{pmatrix}, \boldsymbol{B} = \begin{pmatrix} 1 & 0 & 3 \\ -1 & 2 & 0 \\ 1 & 0 & 1 \end{pmatrix}$

(1) $\boldsymbol{A} + 2\boldsymbol{X} = 3\boldsymbol{B}$;

(2) $3\boldsymbol{B} - \boldsymbol{X} = 2\boldsymbol{A}$.

6. 求下列方阵 $\boldsymbol{X}$ 的行列式 $\det\boldsymbol{X}$:

设矩阵 $\boldsymbol{A} = \begin{pmatrix} 1 & -1 & 3 \\ -1 & 0 & 1 \\ 2 & 1 & -1 \end{pmatrix}, \boldsymbol{B} = \begin{pmatrix} 1 & 0 & 3 \\ -1 & 2 & 0 \\ 1 & 0 & 1 \end{pmatrix}$

(1) $\boldsymbol{A} + \boldsymbol{X} = 2\boldsymbol{BA}$.

(2) $\boldsymbol{A}+2\boldsymbol{X}=3\boldsymbol{B}$.

(3) $2\boldsymbol{A}+\boldsymbol{XA}=\boldsymbol{B}$.

2.3 逆矩阵

对于矩阵，已定义了加法、减法、乘法运算，现在讨论矩阵乘法的逆运算.

2.3.1 逆矩阵的定义

在数的运算中，如果一个数 $a\neq 0$，则存在相应的数 $b=a^{-1}$，使得 $ab=ba=1$. 由于单位矩阵在矩阵乘法中的作用类似于 1 在数的乘法中的作用，因此，相仿地引入逆矩阵的概念.

定义 2.9 对于 n 阶方阵 $\boldsymbol{A}$，如果存在方阵 $\boldsymbol{B}$，使得

$$\boldsymbol{AB}=\boldsymbol{BA}=\boldsymbol{E}$$

则称 n 阶方阵 $\boldsymbol{A}$ 是可逆的，且将 $\boldsymbol{B}$ 称为 $\boldsymbol{A}$ 的**逆矩阵**，记作 $\boldsymbol{B}=\boldsymbol{A}^{-1}$.

可见，矩阵可逆的必要条件是方阵，只有方阵才有资格可逆. 如果矩阵 $\boldsymbol{A}$ 的逆矩阵存在，是否唯一？

定理 2.1 如果 n 阶方阵 $\boldsymbol{A}$ 可逆，则 $\boldsymbol{A}$ 的逆矩阵唯一.

证 设 $\boldsymbol{B}$ 与 $\boldsymbol{C}$ 都是 $\boldsymbol{A}$ 的逆矩阵，则有

$$\boldsymbol{AB}=\boldsymbol{BA}=\boldsymbol{E},\quad \boldsymbol{AC}=\boldsymbol{CA}=\boldsymbol{E}$$

又

$$\boldsymbol{B}=\boldsymbol{BE}=\boldsymbol{B}(\boldsymbol{AC})=(\boldsymbol{BA})\boldsymbol{C}=\boldsymbol{EC}=\boldsymbol{C}$$

所以 $\boldsymbol{A}$ 的逆矩阵是唯一的.

证毕

显然，单位矩阵 $\boldsymbol{E}$ 是可逆的，且 $\boldsymbol{E}^{-1}=\boldsymbol{E}$. 对于一个一般的方阵如何确定它是否可逆，单从定义出发进行判断，是相当困难的，因而需要研究更好的方法.

2.3.2 逆矩阵的判别定理与计算

首先引入一个特别的矩阵及相应的理论.

设矩阵 $\boldsymbol{A}=(a_{ij})_{n\times n}$，则矩阵

$$\boldsymbol{A}^{*}=\begin{pmatrix} A_{11} & A_{21} & \cdots & A_{n1} \\ A_{12} & A_{22} & \cdots & A_{n2} \\ \vdots & \vdots & & \vdots \\ A_{1n} & A_{2n} & \cdots & A_{nn} \end{pmatrix} \qquad (2-5)$$

称为矩阵 $\boldsymbol{A}$ 的伴随矩阵，其中 A_{ij} 是 $\det\boldsymbol{A}$ 中的元素 a_{ij} 的代数余子式.

注 矩阵 $\boldsymbol{A}$ 的伴随矩阵 $\boldsymbol{A}^*$ 的第 i 行第 j 列元素为 A_{ji}.

例 2.15 求下列矩阵 $\boldsymbol{A}$ 的伴随矩阵 $\boldsymbol{A}^*$.

(1)$\boldsymbol{A}=\begin{pmatrix}3 & 2\\ 4 & 5\end{pmatrix}$ (2)$\boldsymbol{A}=\begin{pmatrix}1 & -1 & 3\\ -1 & 0 & 1\\ 2 & 1 & -1\end{pmatrix}$

解 (1) 因为 $\det\boldsymbol{A}$ 的元素 a_{ij} 的代数余子式为

$$A_{11}=5,\quad A_{12}=-4,\quad A_{21}=-2,\quad A_{22}=3$$

故得 $\boldsymbol{A}$ 的伴随矩阵 $\boldsymbol{A}^*=\begin{pmatrix}5 & -2\\ -4 & 3\end{pmatrix}$.

(2) 因为 $\det\boldsymbol{A}$ 的元素 a_{ij} 的代数余子式为

$$A_{11}=(-1)^{1+1}\begin{vmatrix}0 & 1\\ 1 & -1\end{vmatrix}=-1,\quad A_{12}=(-1)^{1+2}\begin{vmatrix}-1 & 1\\ 2 & -1\end{vmatrix}=1,$$

$$A_{13}=(-1)^{1+3}\begin{vmatrix}-1 & 0\\ 2 & 1\end{vmatrix}=-1,$$

$$A_{21}=(-1)^{2+1}\begin{vmatrix}-1 & 3\\ 1 & -1\end{vmatrix}=2,\quad A_{22}=(-1)^{2+2}\begin{vmatrix}1 & 3\\ 2 & -1\end{vmatrix}=-7,$$

$$A_{23}=(-1)^{2+3}\begin{vmatrix}1 & -1\\ 2 & 1\end{vmatrix}=-3,$$

$$A_{31}=(-1)^{3+1}\begin{vmatrix}-1 & 3\\ 0 & 1\end{vmatrix}=-1,\quad A_{32}=(-1)^{2+3}\begin{vmatrix}1 & 3\\ -1 & 1\end{vmatrix}=-4,$$

$$A_{33}=(-1)^{3+3}\begin{vmatrix}1 & -1\\ -1 & 0\end{vmatrix}=-1$$

所以 $\boldsymbol{A}$ 的伴随矩阵 $\boldsymbol{A}^*=\begin{pmatrix}-1 & 2 & -1\\ 1 & -7 & -4\\ -1 & -3 & -1\end{pmatrix}$

引理 设 $\boldsymbol{A}$ 是 n 阶方阵,则 $\boldsymbol{A}\boldsymbol{A}^*=\boldsymbol{A}^*\boldsymbol{A}=(\det\boldsymbol{A})\boldsymbol{E}$.

证 只证 $\boldsymbol{A}\boldsymbol{A}^*=(\det\boldsymbol{A})\boldsymbol{E}$,设 $\boldsymbol{A}\boldsymbol{A}^*=\boldsymbol{C}=(c_{ij})$,则有

$$c_{ij}=\sum_{k=1}^{n}a_{ik}A_{jk}=\begin{cases}\det\boldsymbol{A} & i=j\\ 0 & i\neq j\end{cases}$$

故得 $\boldsymbol{C}=\mathrm{diag}(\det\boldsymbol{A},\det\boldsymbol{A},\cdots,\det\boldsymbol{A})=(\det\boldsymbol{A})\boldsymbol{E}$,即 $\boldsymbol{A}\boldsymbol{A}^*=(\det\boldsymbol{A})\boldsymbol{E}$

证毕

由此引理可以得到以下定理.

定理 2.2 设 $\boldsymbol{A}$ 是 n 阶方阵,则 $\boldsymbol{A}$ 可逆的充分必要条件是 $\det\boldsymbol{A}\neq 0$,且

$$A^{-1}=\frac{1}{\det A}A^*$$

证 必要性:因为 A 可逆,所以存在方阵 B 使得 $AB=BA=E$. 将两端取行列式,则有 $\det(AB)=\det E=1$,又 $\det(AB)=\det A\det B$,所以 $\det A\neq 0$.

充分性:由引理可知,$AA^*=A^*A=(\det A)E$,又 $\det A\neq 0$,则有

$$A\left(\frac{1}{\det A}A^*\right)=\left(\frac{1}{\det A}A^*\right)A=E$$

故 A 可逆,且

$$A^{-1}=\frac{1}{\det A}A^*$$

证毕

定理 2.2 不仅给出了矩阵可逆的充分必要条件,而且还从理论上推导出一个求矩阵的逆矩阵的方法,称之为求逆矩阵的**公式法**或**伴随矩阵法**;同时也可以得到以下推论:

推论 若 $AB=E$(或 $BA=E$),则 $B=A^{-1}$.

证 因为 $AB=E$,所以 $\det(AB)=\det E=1$,即 $\det A\det B=1$,故 $\det A\neq 0$,所以 A 可逆. 又 $B=(A^{-1}A)B=A^{-1}(AB)=A^{-1}$,所以 $B=A^{-1}$.

证毕

这个推论表明,检验 B 是否是 A 的逆矩阵,只需验证 $AB=E$ 或 $BA=E$ 成立即可.

方阵的逆矩阵满足下述运算规律:

(1) 若 A 可逆,则 A^{-1} 也可逆,且 $(A^{-1})^{-1}=A$.

(2) 若 A 可逆,数 $k\neq 0$,则 kA 也可逆,且 $(kA)^{-1}=\frac{1}{k}A^{-1}$.

(3) 若 A,B 为同阶方阵且均可逆,则 AB 也可逆,且 $(AB)^{-1}=B^{-1}A^{-1}$.

(4) 若 A 可逆,则 A^{T} 也可逆,且 $(A^{\mathrm{T}})^{-1}=(A^{-1})^{\mathrm{T}}$.

(5) 若 A 可逆,则 $\det A^{-1}=(\det A)^{-1}$.

证 (1) 因为 $A^{-1}A=E$,所以 A^{-1} 也可逆,且 $(A^{-1})^{-1}=A$.

(2) 因为 $kA\left(\frac{1}{k}A^{-1}\right)=E$,所以 kA 也可逆,且 $(kA)^{-1}=\frac{1}{k}A^{-1}$.

(3) 因为 $(AB)(B^{-1}A^{-1})=E$,所以 AB 也可逆,且 $(AB)^{-1}=B^{-1}A^{-1}$.

(4) 因为 $A^{\mathrm{T}}(A^{-1})^{\mathrm{T}}=(A^{-1}A)^{\mathrm{T}}=E$,所以 A^{T} 也可逆,且 $(A^{\mathrm{T}})^{-1}=(A^{-1})^{\mathrm{T}}$.

(5) 因为 $A^{-1}A=E$,两端取行列式,则有 $\det A\det A^{-1}=1$,所以

$$\det A^{-1}=(\det A)^{-1}$$

证毕

例 2.16 判断例 2.15 中矩阵 $\boldsymbol{A}$ 是否可逆，如果可逆，求 $\boldsymbol{A}$ 的逆矩阵 $\boldsymbol{A}^{-1}$.

解 (1) 因为 $\det\boldsymbol{A}=3\times5-2\times4=7\neq0$，所以 $\boldsymbol{A}$ 可逆；且

$$\boldsymbol{A}^{-1}=\frac{1}{\det\boldsymbol{A}}\boldsymbol{A}^{*}=\frac{1}{7}\begin{pmatrix}5&-2\\-4&3\end{pmatrix}$$

(2) 因为

$$\det\boldsymbol{A}=\begin{vmatrix}1&-1&3\\-1&0&1\\2&1&-1\end{vmatrix}=\begin{vmatrix}4&-1&3\\0&0&1\\1&1&-1\end{vmatrix}=(-1)^{2+3}\begin{vmatrix}4&-1\\1&1\end{vmatrix}=-5$$

所以 $\boldsymbol{A}$ 可逆；且

$$\boldsymbol{A}^{-1}=\frac{1}{\det\boldsymbol{A}}\boldsymbol{A}^{*}=\left(-\frac{1}{5}\right)\begin{pmatrix}-1&2&-1\\1&-7&-4\\-1&-3&-1\end{pmatrix}$$

例 2.17 设线性方程组

$$\begin{cases}a_{11}x_1+a_{12}x_2+\cdots+a_{1n}x_n=b_1\\a_{21}x_1+a_{22}x_2+\cdots+a_{2n}x_n=b_2\\\quad\cdots\cdots\\a_{n1}x_1+a_{n2}x_2+\cdots+a_{nn}x_n=b_n\end{cases}$$

若系数行列式 $D\neq0$，则该方程组有唯一解.

证 将方程组表示成矩阵形式，则有

$$\boldsymbol{Ax}=\boldsymbol{b}$$

式中，$\boldsymbol{A}=\begin{pmatrix}a_{11}&a_{12}&\cdots&a_{1n}\\a_{21}&a_{22}&\cdots&a_{2n}\\\vdots&\vdots&&\vdots\\a_{n1}&a_{n2}&\cdots&a_{nn}\end{pmatrix}$，$\boldsymbol{x}=\begin{pmatrix}x_1\\x_2\\\vdots\\x_n\end{pmatrix}$，$\boldsymbol{b}=\begin{pmatrix}b_1\\b_2\\\vdots\\b_n\end{pmatrix}$.

因为 $\det\boldsymbol{A}=D\neq0$，所以 $\boldsymbol{A}$ 可逆，且有

$$\boldsymbol{x}=\boldsymbol{A}^{-1}\boldsymbol{b}$$

由于 $\boldsymbol{A}^{-1}$ 是唯一的，因此 $\boldsymbol{x}=\boldsymbol{A}^{-1}\boldsymbol{b}$ 是唯一的.

这样，又利用逆矩阵的唯一性证明了第 1 章中 Cramer 法则关于解的唯一性.

例 2.18 解线性方程组

$$\begin{cases} x_1 - x_2 + 3x_3 = 1 \\ \quad -x_1 + x_3 = 2 \\ 2x_1 + x_2 - x_n = 1 \end{cases}$$

解 将方程组表示成矩阵形式，则有

$$\boldsymbol{Ax} = \boldsymbol{b}$$

式中，$\boldsymbol{A} = \begin{pmatrix} 1 & -1 & 3 \\ -1 & 0 & 1 \\ 2 & 1 & -1 \end{pmatrix}$，$\boldsymbol{x} = \begin{pmatrix} x_1 \\ x_2 \\ x_3 \end{pmatrix}$，$\boldsymbol{b} = \begin{pmatrix} 1 \\ 2 \\ 1 \end{pmatrix}$.

因为 $\det\boldsymbol{A} = \begin{vmatrix} 1 & -1 & 3 \\ -1 & 0 & 1 \\ 2 & 1 & -1 \end{vmatrix} = -5 \neq 0$，所以 $\boldsymbol{A}^{-1}$ 存在且 $\boldsymbol{x} = \boldsymbol{A}^{-1}\boldsymbol{b}$，又因为

$$\boldsymbol{A}^{-1} = \frac{1}{\det\boldsymbol{A}}\boldsymbol{A}^* = \left(-\frac{1}{5}\right)\begin{pmatrix} -1 & 2 & -1 \\ 1 & -7 & -4 \\ -1 & -3 & -1 \end{pmatrix}$$

所以 $$\boldsymbol{x} = \boldsymbol{A}^{-1}\boldsymbol{b} = \left(-\frac{1}{5}\right)\begin{pmatrix} -1 & 2 & -1 \\ 1 & -7 & -4 \\ -1 & -3 & -1 \end{pmatrix}\begin{pmatrix} 1 \\ 2 \\ 1 \end{pmatrix} = \frac{1}{5}\begin{pmatrix} -2 \\ 17 \\ 8 \end{pmatrix}.$$

即此方程组的解为

$$x_1 = -\frac{2}{5}, \quad x_2 = \frac{17}{5}, \quad x_3 = \frac{8}{5}$$

例 2.19 解矩阵方程 $\boldsymbol{XA} = \boldsymbol{B}$，其中

$$\boldsymbol{A} = \begin{pmatrix} 1 & -1 & 3 \\ -1 & 0 & 1 \\ 2 & 1 & -1 \end{pmatrix}, \quad \boldsymbol{B} = \begin{pmatrix} 1 & 1 & 2 \\ -1 & 3 & 1 \end{pmatrix}$$

解 因为 $\det\boldsymbol{A} = \begin{vmatrix} 1 & -1 & 3 \\ -1 & 0 & 1 \\ 2 & 1 & -1 \end{vmatrix} = -5 \neq 0$，所以 $\boldsymbol{A}^{-1}$ 存在且 $\boldsymbol{X} = \boldsymbol{BA}^{-1}$，又因为

$$\boldsymbol{A}^{-1} = \frac{1}{\det\boldsymbol{A}}\boldsymbol{A}^* = \left(-\frac{1}{5}\right)\begin{pmatrix} -1 & 2 & -1 \\ 1 & -7 & -4 \\ -1 & -3 & -1 \end{pmatrix}$$

故 $X=BA^{-1}=\begin{pmatrix}1 & 1 & 2\\ -1 & 3 & 1\end{pmatrix}\left(-\frac{1}{5}\right)\begin{bmatrix}-1 & 2 & -1\\ 1 & -7 & -4\\ -1 & -3 & -1\end{bmatrix}=\frac{1}{5}\begin{pmatrix}2 & 11 & 7\\ -3 & 26 & 12\end{pmatrix}$

例 2.20 若方阵 $\boldsymbol{A}$ 满足 $\boldsymbol{A}^2+3\boldsymbol{A}+\boldsymbol{E}=\boldsymbol{O}$，证明 $\boldsymbol{A}+2\boldsymbol{E}$ 可逆并求 $(\boldsymbol{A}+2\boldsymbol{E})^{-1}$.

证 设 $(\boldsymbol{A}+2\boldsymbol{E})(\boldsymbol{A}+a\boldsymbol{E})=b\boldsymbol{E}$，其中 a,b 是待定系数，则有

$$\boldsymbol{A}^2+(2+a)\boldsymbol{A}+(2a-b)\boldsymbol{E}=\boldsymbol{O}$$

因为方阵 $\boldsymbol{A}$ 满足 $\boldsymbol{A}^2+3\boldsymbol{A}+\boldsymbol{E}=\boldsymbol{O}$，所以有 $2+a=3, 2a-b=1$，即 $a=1$，$b=1$.

因而有
$$(\boldsymbol{A}+2\boldsymbol{E})(\boldsymbol{A}+\boldsymbol{E})=\boldsymbol{E}$$
由推论可知 $\boldsymbol{A}+2\boldsymbol{E}$ 可逆，且 $(\boldsymbol{A}+2\boldsymbol{E})^{-1}=\boldsymbol{A}+\boldsymbol{E}$.

习 题 2.3

1. 计算下列方阵的伴随矩阵：

(1) $\boldsymbol{A}=\begin{pmatrix}1 & 2\\ 4 & -3\end{pmatrix}$　　(2) $\boldsymbol{A}=\begin{pmatrix}3 & 4\\ -1 & 5\end{pmatrix}$

2. 判断下列矩阵是否可逆，若可逆求其逆矩阵.

(1) $\boldsymbol{A}=\begin{pmatrix}1 & 2\\ 4 & -3\end{pmatrix}$　　(2) $\boldsymbol{A}=\begin{pmatrix}3 & 4\\ -1 & 5\end{pmatrix}$

(3) $\boldsymbol{A}=\begin{bmatrix}1 & 1 & 1\\ 0 & 2 & 2\\ 0 & 0 & 3\end{bmatrix}$　　(4) $\boldsymbol{A}=\begin{bmatrix}2 & 0 & 0\\ 0 & 1 & 1\\ 0 & 3 & 4\end{bmatrix}$

3. 解下列矩阵方程：

(1) $\boldsymbol{AX}=\boldsymbol{B}$，其中 $\boldsymbol{A}=\begin{pmatrix}3 & 4\\ 2 & 3\end{pmatrix}$，$\boldsymbol{B}=\begin{pmatrix}3 & 0\\ -1 & 1\end{pmatrix}$.

(2) $\boldsymbol{XA}=\boldsymbol{B}$，其中 $\boldsymbol{A}=\begin{pmatrix}3 & 4\\ 2 & 3\end{pmatrix}$，$\boldsymbol{B}=\begin{pmatrix}3 & 0\\ -1 & 1\end{pmatrix}$.

(3) $\boldsymbol{BXA}=\boldsymbol{C}$，其中 $\boldsymbol{A}=\begin{pmatrix}3 & 4\\ 2 & 3\end{pmatrix}$，$\boldsymbol{B}=\begin{pmatrix}1 & 0\\ -2 & 1\end{pmatrix}$，$\boldsymbol{C}=\begin{pmatrix}3 & 0\\ -1 & 1\end{pmatrix}$.

4. 若方阵 $\boldsymbol{A}$ 满足 $\boldsymbol{A}^2+4\boldsymbol{A}+\boldsymbol{E}=\boldsymbol{O}$，证明 $\boldsymbol{A},\boldsymbol{A}+2\boldsymbol{E}$ 可逆并求 $\boldsymbol{A}^{-1}$，$(\boldsymbol{A}+2\boldsymbol{E})^{-1}$.

5. 已知 3 阶方阵 $\boldsymbol{A}$ 的行列式为 $\det\boldsymbol{A}=2$，计算下列矩阵的行列式：

(1) $\det(2\boldsymbol{A}^{-1})$　　(2) $\det(\boldsymbol{A}^{-1}+\boldsymbol{A}^*)$

(3) $\det(\boldsymbol{A}^{-1}+2\boldsymbol{A}^{*})$　　　　(4) $\det((2\boldsymbol{A})^{*})$

2.4　分块矩阵及其运算

矩阵的行数、列数较多时，运算比较繁琐. 本节介绍针对这类矩阵常采用的技巧 —— 矩阵的分块. 通过矩阵的适当分块，高阶矩阵的运算可转化为低阶矩阵的运算，从而能够大大简化运算步骤，同时也给矩阵的理论推导带来方便.

2.4.1　分块矩阵的概念

定义 2.10　将矩阵 $\boldsymbol{A}$ 用一些横线与纵线分成若干小块，每一小块称为 $\boldsymbol{A}$ 的子块(或子矩阵)，以子块为元素的形式上的矩阵称为分块矩阵.

由于横线与纵线划分都是任意的，因此同一个矩阵可以有多种不同的分块矩阵，例如：

$$\boldsymbol{A}=\left(\begin{array}{cc:cc}2&3&0&0\\-1&4&0&0\\ \hdashline 1&0&3&1\\0&1&2&-2\end{array}\right)=\begin{pmatrix}\boldsymbol{A}_{11}&\boldsymbol{A}_{12}\\ \boldsymbol{A}_{21}&\boldsymbol{A}_{22}\end{pmatrix}$$

就是 2×2 分块矩阵，它的 4 个子块为

$$\boldsymbol{A}_{11}=\begin{pmatrix}2&3\\-1&4\end{pmatrix},\quad \boldsymbol{A}_{12}=\begin{pmatrix}0&0\\0&0\end{pmatrix},\quad \boldsymbol{A}_{21}=\begin{pmatrix}1&0\\0&1\end{pmatrix},\quad \boldsymbol{A}_{22}=\begin{pmatrix}3&1\\2&-2\end{pmatrix}$$

矩阵 $\boldsymbol{A}$ 还有其他的分法，如：

$$\boldsymbol{A}=\left(\begin{array}{c:c:c:c}2&3&0&0\\-1&4&0&0\\1&0&3&1\\0&1&2&-2\end{array}\right)=\left(\begin{array}{cccc}2&3&0&0\\ \hdashline -1&4&0&0\\ \hdashline 1&0&3&1\\ \hdashline 0&1&2&-2\end{array}\right)=\left(\begin{array}{cc:cc}2&3&0&0\\ \hdashline -1&4&0&0\\ 1&0&3&1\\ \hdashline 0&1&2&-2\end{array}\right)$$

2.4.2　分块矩阵的计算

对分块矩阵进行运算时，把每一子块当作一个元素处理，分块矩阵的运算与普通矩阵的运算规律相类似，分别做下述说明.

1. 分块矩阵的加法

设 $\boldsymbol{A}$ 与 $\boldsymbol{B}$ 是同型矩阵，采用相同的分块法，即有

$$\boldsymbol{A}=\begin{pmatrix}\boldsymbol{A}_{11} & \boldsymbol{A}_{12} & \cdots & \boldsymbol{A}_{1r}\\ \boldsymbol{A}_{21} & \boldsymbol{A}_{22} & \cdots & \boldsymbol{A}_{2r}\\ \vdots & \vdots & & \vdots\\ \boldsymbol{A}_{s1} & \boldsymbol{A}_{s2} & \cdots & \boldsymbol{A}_{sr}\end{pmatrix},\quad \boldsymbol{B}=\begin{pmatrix}\boldsymbol{B}_{11} & \boldsymbol{B}_{12} & \cdots & \boldsymbol{B}_{1r}\\ \boldsymbol{B}_{21} & \boldsymbol{B}_{22} & \cdots & \boldsymbol{B}_{2r}\\ \vdots & \vdots & & \vdots\\ \boldsymbol{B}_{s1} & \boldsymbol{B}_{s2} & \cdots & \boldsymbol{B}_{sr}\end{pmatrix}$$

式中，$\boldsymbol{A}_{ij}$ 与 $\boldsymbol{B}_{ij}$ 的行数和列数分别相同，则

$$\boldsymbol{A}+\boldsymbol{B}=\begin{pmatrix}\boldsymbol{A}_{11}+\boldsymbol{B}_{11} & \boldsymbol{A}_{12}+\boldsymbol{B}_{12} & \cdots & \boldsymbol{A}_{1r}+\boldsymbol{B}_{1r}\\ \boldsymbol{A}_{21}+\boldsymbol{B}_{21} & \boldsymbol{A}_{22}+\boldsymbol{B}_{22} & \cdots & \boldsymbol{A}_{2r}+\boldsymbol{B}_{2r}\\ \vdots & \vdots & & \vdots\\ \boldsymbol{A}_{s1}+\boldsymbol{B}_{s1} & \boldsymbol{A}_{s2}+\boldsymbol{B}_{s2} & \cdots & \boldsymbol{A}_{sr}+\boldsymbol{B}_{sr}\end{pmatrix}$$

例 2.21 设 $\boldsymbol{A}=(\boldsymbol{A}_{11}\quad \boldsymbol{A}_{12})$，$\boldsymbol{B}=(\boldsymbol{B}_{11}\quad \boldsymbol{B}_{12})$；其中，$\boldsymbol{A}_{11}=\begin{pmatrix}1 & -2\\ 2 & 0\end{pmatrix}$，$\boldsymbol{A}_{12}=\begin{pmatrix}1 & 0\\ 3 & 5\end{pmatrix}$，$\boldsymbol{B}_{11}=\begin{pmatrix}2 & 3\\ 1 & -4\end{pmatrix}$，$\boldsymbol{B}_{12}=\begin{pmatrix}-1 & 0\\ 5 & 2\end{pmatrix}$，求 $\boldsymbol{A}+\boldsymbol{B}$.

解 $\boldsymbol{A}+\boldsymbol{B}=(\boldsymbol{A}_{11}+\boldsymbol{B}_{11}\quad \boldsymbol{A}_{12}+\boldsymbol{B}_{12})$，因为

$$\boldsymbol{A}_{11}+\boldsymbol{B}_{11}=\begin{pmatrix}1 & -2\\ 2 & 0\end{pmatrix}+\begin{pmatrix}2 & 3\\ 1 & -4\end{pmatrix}=\begin{pmatrix}3 & 1\\ 3 & -4\end{pmatrix},$$

$$\boldsymbol{A}_{12}+\boldsymbol{B}_{12}=\begin{pmatrix}1 & 0\\ 3 & 5\end{pmatrix}+\begin{pmatrix}-1 & 0\\ 5 & 2\end{pmatrix}=\begin{pmatrix}0 & 0\\ 8 & 7\end{pmatrix},$$

所以

$$\boldsymbol{A}+\boldsymbol{B}=\begin{pmatrix}3 & 1 & 0 & 0\\ 3 & -4 & 8 & 7\end{pmatrix}.$$

2. 分块矩阵的数乘

设 $\boldsymbol{A}$ 为 $m\times n$ 矩阵，分块成

$$\boldsymbol{A}=\begin{pmatrix}\boldsymbol{A}_{11} & \boldsymbol{A}_{12} & \cdots & \boldsymbol{A}_{1r}\\ \boldsymbol{A}_{21} & \boldsymbol{A}_{22} & \cdots & \boldsymbol{A}_{2r}\\ \vdots & \vdots & & \vdots\\ \boldsymbol{A}_{s1} & \boldsymbol{A}_{s2} & \cdots & \boldsymbol{A}_{sr}\end{pmatrix}$$

式中，$\boldsymbol{A}_{ij}$ 是子块；k 为一个数，则

$$k\boldsymbol{A}=\begin{pmatrix}k\boldsymbol{A}_{11} & k\boldsymbol{A}_{12} & \cdots & k\boldsymbol{A}_{1r}\\ k\boldsymbol{A}_{21} & k\boldsymbol{A}_{22} & \cdots & k\boldsymbol{A}_{2r}\\ \vdots & \vdots & & \vdots\\ k\boldsymbol{A}_{s1} & k\boldsymbol{A}_{s2} & \cdots & k\boldsymbol{A}_{sr}\end{pmatrix}$$

例 2.22 已知例 2.21 中的分块矩阵 $\boldsymbol{A}$，求 $2\boldsymbol{A}$.

解 $2\boldsymbol{A}=(2\boldsymbol{A}_{11}\quad 2\boldsymbol{A}_{12})$，因为

$$2\boldsymbol{A}_{11}=2\begin{pmatrix}1&-2\\2&0\end{pmatrix}=\begin{pmatrix}2&-4\\4&0\end{pmatrix},\quad 2\boldsymbol{A}_{12}=2\begin{pmatrix}1&0\\3&5\end{pmatrix}=\begin{pmatrix}2&0\\6&10\end{pmatrix}$$

所以
$$2\boldsymbol{A}=\begin{pmatrix}2&-4&2&0\\4&0&6&10\end{pmatrix}.$$

3. 分块矩阵的乘法

设 $\boldsymbol{A}$ 为 $m\times l$ 矩阵，$\boldsymbol{B}$ 为 $l\times n$ 矩阵，分块成

$$\boldsymbol{A}=\begin{pmatrix}\boldsymbol{A}_{11}&\boldsymbol{A}_{12}&\cdots&\boldsymbol{A}_{1r}\\\boldsymbol{A}_{21}&\boldsymbol{A}_{22}&\cdots&\boldsymbol{A}_{2r}\\\vdots&\vdots&&\vdots\\\boldsymbol{A}_{s1}&\boldsymbol{A}_{s2}&\cdots&\boldsymbol{A}_{sr}\end{pmatrix},\quad \boldsymbol{B}=\begin{pmatrix}\boldsymbol{B}_{11}&\boldsymbol{B}_{12}&\cdots&\boldsymbol{B}_{1t}\\\boldsymbol{B}_{21}&\boldsymbol{B}_{22}&\cdots&\boldsymbol{B}_{2t}\\\vdots&\vdots&&\vdots\\\boldsymbol{B}_{r1}&\boldsymbol{B}_{r2}&\cdots&\boldsymbol{B}_{rt}\end{pmatrix}$$

式中，$\boldsymbol{A}_{i1},\boldsymbol{A}_{i2},\cdots,\boldsymbol{A}_{ir}$ 的列数分别等于 $\boldsymbol{B}_{1j},\boldsymbol{B}_{2j},\cdots,\boldsymbol{B}_{rj}$ 的行数，即矩阵 $\boldsymbol{A}$ 的列的分法与矩阵 $\boldsymbol{B}$ 的行的分法相同，则

$$\boldsymbol{AB}=\begin{pmatrix}\boldsymbol{C}_{11}&\boldsymbol{C}_{12}&\cdots&\boldsymbol{C}_{1r}\\\boldsymbol{C}_{21}&\boldsymbol{C}_{22}&\cdots&\boldsymbol{C}_{2r}\\\vdots&\vdots&&\vdots\\\boldsymbol{C}_{s1}&\boldsymbol{C}_{s2}&\cdots&\boldsymbol{C}_{sr}\end{pmatrix}$$

式中，$\boldsymbol{C}_{ij}=\sum\limits_{k=1}^{r}\boldsymbol{A}_{ik}\boldsymbol{B}_{kj}\,(i=1,2,\cdots,s;j=1,2,\cdots,t)$.

在某些情况下，对矩阵进行适当分块可以简化计算.

例 2.23 设

$$\boldsymbol{A}=\begin{pmatrix}1&0&0&0\\0&1&0&0\\-1&3&2&1\\2&1&-1&0\end{pmatrix},\quad \boldsymbol{B}=\begin{pmatrix}1&0&0&0\\2&1&0&0\\1&0&1&1\\0&1&-1&0\end{pmatrix}$$

求 $\boldsymbol{AB}$.

解 将 $\boldsymbol{A},\boldsymbol{B}$ 分块成

$$\boldsymbol{A}=\left(\begin{array}{cc:cc}1&0&0&0\\0&1&0&0\\\hdashline -1&3&2&1\\2&1&-1&0\end{array}\right)=\begin{pmatrix}\boldsymbol{E}&\boldsymbol{O}\\\boldsymbol{A}_1&\boldsymbol{A}_2\end{pmatrix}$$

$$B=\left(\begin{array}{cc|cc}1&0&0&0\\2&1&0&0\\\hline 1&0&1&1\\0&1&-1&0\end{array}\right)=\begin{pmatrix}B_1&O\\E&B_2\end{pmatrix}$$

$$A_1=\begin{pmatrix}-1&3\\2&1\end{pmatrix},\quad A_2=\begin{pmatrix}2&1\\-1&0\end{pmatrix},\quad B_1=\begin{pmatrix}1&0\\2&1\end{pmatrix},\quad B_2=\begin{pmatrix}1&1\\-1&0\end{pmatrix}$$

$$AB=\begin{pmatrix}E&O\\A_1&A_2\end{pmatrix}\begin{pmatrix}B_1&O\\E&B_2\end{pmatrix}=\begin{pmatrix}B_1&O\\A_1B_1+A_2&A_2B_2\end{pmatrix}$$,因为

$$A_1B_1+A_2=\begin{pmatrix}-1&3\\2&1\end{pmatrix}\begin{pmatrix}1&0\\2&1\end{pmatrix}+\begin{pmatrix}2&1\\-1&0\end{pmatrix}=\begin{pmatrix}7&4\\3&1\end{pmatrix},$$

$$A_2B_2=\begin{pmatrix}2&1\\-1&0\end{pmatrix}\begin{pmatrix}1&1\\-1&0\end{pmatrix}=\begin{pmatrix}1&2\\-1&-1\end{pmatrix}$$

所以

$$AB=\begin{pmatrix}1&0&0&0\\2&1&0&0\\7&4&1&2\\3&1&-1&-1\end{pmatrix}$$

4.块对角阵的运算

设 A 为 n 阶方阵,若 A 的分块矩阵为

$$A=\begin{pmatrix}A_1&&&\\&A_2&&\\&&\ddots&\\&&&A_s\end{pmatrix}$$

式中,$A_i\,(i=1,2,\cdots,s)$ 都是方阵,则称 A 为块对角矩阵,显然,对角矩阵是块对角矩阵的特殊情形.

块对角矩阵的行列式具有以下等式:

$$\det A=\det A_1\det A_2\cdots\det A_s$$

由此等式可知,若 $\det A_i\neq 0\,(i=1,2,\cdots,s)$,则 $\det A\neq 0$,并有

$$A^{-1}=\begin{pmatrix}A_1^{-1}&&&\\&A_2^{-1}&&\\&&\ddots&\\&&&A_s^{-1}\end{pmatrix}$$

例 2.24　求下列矩阵的逆矩阵:

$$(1)\boldsymbol{A}=\begin{pmatrix}3&0&0\\0&1&2\\0&3&5\end{pmatrix}\qquad (2)\boldsymbol{A}=\begin{pmatrix}1&2&0&0\\-1&1&0&0\\0&0&2&1\\0&0&-1&0\end{pmatrix}$$

解 (1)$\boldsymbol{A}$ 可划分成块对角矩阵，有

$$\boldsymbol{A}=\begin{pmatrix}\boldsymbol{A}_1&\boldsymbol{O}\\\boldsymbol{O}&\boldsymbol{A}_2\end{pmatrix}$$

其中，$\boldsymbol{A}_1=3$，$\boldsymbol{A}_2=\begin{pmatrix}1&2\\3&5\end{pmatrix}$，可求得

$$\boldsymbol{A}_1^{-1}=\frac{1}{3},\quad \boldsymbol{A}_2^{-1}=\begin{pmatrix}-5&2\\3&-1\end{pmatrix}$$

故
$$\boldsymbol{A}^{-1}=\begin{pmatrix}\frac{1}{3}&0&0\\0&-5&2\\0&3&-1\end{pmatrix}.$$

(2)$\boldsymbol{A}$ 可划分成块对角矩阵，有

$$\boldsymbol{A}=\begin{pmatrix}\boldsymbol{A}_1&\boldsymbol{O}\\\boldsymbol{O}&\boldsymbol{A}_2\end{pmatrix}$$

其中，$\boldsymbol{A}_1=\begin{pmatrix}1&2\\-1&1\end{pmatrix}$，$\boldsymbol{A}_2=\begin{pmatrix}2&1\\-1&0\end{pmatrix}$，可求得

$$\boldsymbol{A}_1^{-1}=\frac{1}{3}\begin{pmatrix}1&-2\\1&1\end{pmatrix},\quad \boldsymbol{A}_2^{-1}=\begin{pmatrix}0&-1\\1&2\end{pmatrix}$$

故
$$\boldsymbol{A}^{-1}=\begin{pmatrix}\frac{1}{3}&-\frac{2}{3}&0&0\\\frac{1}{3}&\frac{1}{3}&0&0\\0&0&0&-1\\0&0&1&2\end{pmatrix}$$

例 2.25 已知 $\boldsymbol{A},\boldsymbol{B},\boldsymbol{C}$ 均为 n 阶方阵，$\boldsymbol{A}$ 与 $\boldsymbol{B}$ 皆可逆，$2n$ 阶分块矩阵 $\boldsymbol{M}=\begin{pmatrix}\boldsymbol{A}&\boldsymbol{C}\\\boldsymbol{O}&\boldsymbol{B}\end{pmatrix}$，证明 $\boldsymbol{M}$ 可逆，且求 $\boldsymbol{M}$.

证 因为 $\det\boldsymbol{M}=\det\boldsymbol{A}\det\boldsymbol{B}\neq 0$，$\boldsymbol{M}$ 可逆，设 $\boldsymbol{M}^{-1}=\begin{pmatrix}\boldsymbol{X}_1&\boldsymbol{X}_2\\\boldsymbol{X}_3&\boldsymbol{X}_4\end{pmatrix}$，则

$$MM^{-1}=\begin{pmatrix}A & C\\ O & B\end{pmatrix}\begin{pmatrix}X_1 & X_2\\ X_3 & X_4\end{pmatrix}=\begin{pmatrix}AX_1+CX_3 & AX_2+CX_4\\ BX_3 & BX_4\end{pmatrix}=\begin{pmatrix}E & O\\ O & E\end{pmatrix}$$

所以$\begin{cases}AX_1+CX_3=E\\ AX_2+CX_4=O\\ BX_3=O\\ BX_4=E\end{cases}$，解得$\begin{cases}X_1=A^{-1}\\ X_2=-A^{-1}CB^{-1}\\ X_3=O\\ X_4=B^{-1}\end{cases}$

故
$$M^{-1}=\begin{pmatrix}A^{-1} & -A^{-1}CB^{-1}\\ O & B^{-1}\end{pmatrix}$$

注 分块矩阵无法直接求伴随矩阵，所以需利用伴随矩阵计算的问题，可借助矩阵的逆解决.

习 题 2.4

1. 已知 $A=\begin{pmatrix}3 & 0 & 0\\ 0 & 1 & 2\\ 0 & 3 & 5\end{pmatrix}$，$B=\begin{pmatrix}2 & 0 & 0\\ 0 & 1 & 2\\ 0 & 4 & -1\end{pmatrix}$，采用分块矩阵求 AB.

2. 已知 $A=\begin{pmatrix}3 & 2 & 0 & 0\\ 1 & 1 & 0 & 0\\ 0 & 0 & 2 & -1\\ 0 & 0 & -1 & 1\end{pmatrix}$，求 A 的行列式 $\det A$ 与 A 的逆矩阵 A^{-1}.

3. 设 A_1,A_2,A_3，均为 3×1 矩阵，构造矩阵 $A=(A_1,A_2,A_3)$，$B=(A_1+2A_2,2A_1-A_2,A_2-3A_3)$，如果 $\det A=1$，求方阵 B 的行列式 $\det B$.

4. 设 4 阶方阵 $A=(A_1,A_2,A_3,A_4)$ 与 $B=(A_1,A_2,A_3,A_5)$，其中 $A_i\,(i=1,2,\cdots,5)$ 均为 4×1 矩阵，且 $\det A=3$，$\det B=2$，试求 $A+B$ 的行列式 $\det(A+B)$.

总习题 2

1. 判断题（设 A 与 B 均为 n 阶方阵）（对的打 √，错的打 ×）

(1) 若 $AB=O$，则 $A=O$ 或 $B=O$. （ ）

(2) 若 $A^2=O$，则 $A=O$. （ ）

(3) $A^2-E=(A-E)(A+E)$. （ ）

(4) $(AB)^k=A^kB^k$. （ ）

(5) $\det(A+B)=\det A+\det B$. （ ）

(6) $\det(\boldsymbol{AB}) = \det(\boldsymbol{BA})$.　　( )

(7) 若 $\boldsymbol{AX} = \boldsymbol{AY}$，且 $\boldsymbol{A}$ 可逆，则 $\boldsymbol{X} = \boldsymbol{Y}$.　　( )

(8) $\det(k\boldsymbol{A}) = k\det\boldsymbol{A}$.　　( )

(9) $(\boldsymbol{A}+\boldsymbol{B})^{-1} = \boldsymbol{A}^{-1} + \boldsymbol{B}^{-1}$.　　( )

(10) $(\boldsymbol{A}+\boldsymbol{B})^{\mathrm{T}} = \boldsymbol{A}^{\mathrm{T}} + \boldsymbol{B}^{\mathrm{T}}$.　　( )

2. 选择题

(1) 设 $\boldsymbol{A}, \boldsymbol{B}$ 分别为 $m \times l$ 与 $l \times n$ 矩阵，$\boldsymbol{C} = \boldsymbol{AB}$，则 $\boldsymbol{C}$ 是(　　)矩阵.

A. $m \times l$　　B. $l \times n$　　C. $m \times n$　　D. $n \times m$

(2) 设 $\boldsymbol{A}$ 与 $\boldsymbol{B}$ 均为 n 阶方阵，下面正确的式子为(　　).

A. $\det(\boldsymbol{A}+\boldsymbol{B}) = \det\boldsymbol{A} + \det\boldsymbol{B}$　　B. $\det(\boldsymbol{AB}) = \det\boldsymbol{A}\det\boldsymbol{B}$

C. $\boldsymbol{AB} = \boldsymbol{BA}$　　D. $(\boldsymbol{AB})^{\mathrm{T}} = \boldsymbol{A}^{\mathrm{T}}\boldsymbol{B}^{\mathrm{T}}$

(3) 设 $\boldsymbol{A}$ 为 n 阶方阵，下面不正确的式子为(　　).

A. $\det(2\boldsymbol{A}) = 2^n\det\boldsymbol{A}$　　B. $\det(2\boldsymbol{A}) = 2\det\boldsymbol{A}$

C. $\det(\boldsymbol{A}^{\mathrm{T}} + \boldsymbol{B}^{\mathrm{T}}) = \det(\boldsymbol{A}+\boldsymbol{B})$　　D. $\det(\boldsymbol{A}^{-1}) = (\det\boldsymbol{A})^{-1}$

(4) 设 $\boldsymbol{A}, \boldsymbol{B}$ 均为 n 阶可逆方阵，$\boldsymbol{C}$ 为 n 阶方阵，$\boldsymbol{X}$ 满足 $\boldsymbol{AXB} = \boldsymbol{C}$，则 $\boldsymbol{X} =$ (　　).

A. $\boldsymbol{CB}^{-1}\boldsymbol{A}^{-1}$　　B. $\boldsymbol{A}^{-1}\boldsymbol{B}^{-1}\boldsymbol{C}$　　C. $\boldsymbol{A}^{-1}\boldsymbol{CB}^{-1}$　　D. $\boldsymbol{B}^{-1}\boldsymbol{CA}^{-1}$

(5) 设 $\boldsymbol{A}, \boldsymbol{B}, \boldsymbol{C}$ 均为 n 阶方阵，且 $\boldsymbol{ABC} = \boldsymbol{E}$，则(　　).

A. $\boldsymbol{CAB} = \boldsymbol{E}$　　B. $\boldsymbol{BAC} = \boldsymbol{E}$　　C. $\boldsymbol{CBA} = \boldsymbol{E}$　　D. $\boldsymbol{ACB} = \boldsymbol{E}$

3. 填空题

(1) 已知 $\boldsymbol{A} = \begin{pmatrix} -1 & 3 & 0 \\ 2 & a & 1 \end{pmatrix}$，$\boldsymbol{B} = \begin{pmatrix} -1 & b & 0 \\ c & 3 & 1 \end{pmatrix}$，$\boldsymbol{A} = \boldsymbol{B}$，则 $a =$ ________，$b =$ ________，$c =$ ________.

(2) 设 $\boldsymbol{A} = \begin{pmatrix} 2 & 1 \\ -1 & 3 \end{pmatrix}$，$\boldsymbol{B} = \begin{pmatrix} 1 & -1 \\ 2 & 0 \end{pmatrix}$，$\boldsymbol{C} = \begin{pmatrix} 3 & 2 \\ 5 & 4 \end{pmatrix}$，若 $\boldsymbol{AXB} = \boldsymbol{C}$，则 $\det\boldsymbol{X} =$ ________.

(3) 设 $\boldsymbol{A} = \begin{pmatrix} 2 & 1 \\ -1 & 3 \end{pmatrix}$，则 $\det\boldsymbol{A}^* =$ ________.

(4) 设方阵 $\boldsymbol{A}$ 满足 $\boldsymbol{A}^2 + 3\boldsymbol{A} + \boldsymbol{E} = \boldsymbol{O}$，则 $(\boldsymbol{A} + 4\boldsymbol{E})^{-1} =$ ________.

(5) 已知 3 阶方阵 $\boldsymbol{A}$ 的行列式 $\det\boldsymbol{A} = 2$，则 $\det(\boldsymbol{A}^* + 2\boldsymbol{A}^{-1}) =$ ________.

4. 设 $\boldsymbol{A} = \begin{pmatrix} 2 & 1 \\ -1 & 3 \end{pmatrix}$，$\boldsymbol{B} = \begin{pmatrix} 0 & 1 \\ 2 & -1 \end{pmatrix}$，计算 $2\boldsymbol{A} - 3\boldsymbol{B}$，$\boldsymbol{AB} + 2\boldsymbol{BA}$.

5. 设$\boldsymbol{A}=\begin{pmatrix}1 & 2 & -1\\0 & -1 & 3\end{pmatrix}$，$\boldsymbol{B}=\begin{pmatrix}3 & -1 & 1\\2 & 1 & 2\end{pmatrix}$，若$\boldsymbol{X}$满足$2\boldsymbol{A}-\boldsymbol{X}=2(\boldsymbol{B}+\boldsymbol{X})$，求$\boldsymbol{X}$.

6. 设$\boldsymbol{A}=\begin{pmatrix}2 & 1\\-1 & 3\end{pmatrix}$，若$\boldsymbol{X}$满足$\boldsymbol{AX}-\boldsymbol{X}=\boldsymbol{A}^2+3\boldsymbol{A}+\boldsymbol{E}$，求$\boldsymbol{X}$.

7. 设$\boldsymbol{A}=\begin{pmatrix}2 & 1\\0 & 0\end{pmatrix}$，试求所有可与$\boldsymbol{A}$交换的矩阵，即满足$\boldsymbol{AX}=\boldsymbol{XA}$的矩阵$\boldsymbol{X}$.

8. 设$\boldsymbol{A}$是矩阵，证明$\boldsymbol{A}^{\mathrm{T}}\boldsymbol{A}$，$\boldsymbol{AA}^{\mathrm{T}}$都是对称矩阵.

第3章　矩阵的初等变换

※学习基本要求

1. 理解矩阵的秩、矩阵的初等变换、矩阵的等价与初等方阵的概念.

2. 了解矩阵的初等变换与初等方阵之间的密切关系.

3. 熟练掌握将矩阵初等行变换为行阶梯形,行最简形矩阵与计算矩阵秩的方法,且了解矩阵的秩与矩阵等价的关系.

4. 熟练掌握求矩阵逆的初等变换方法.

※内容要点

1. 矩阵的秩与初等变换等的定义与结论

矩阵的秩、初等变换,等价矩阵与初等矩阵的定义与重要结论见表3.1

表　3.1

	定义	结论
矩阵的秩	某一 r 阶子式 $D_r \neq 0$,全部 $r+1$ 阶子式 $D_{r+1}=0 \Rightarrow \operatorname{rank}\boldsymbol{A}=r$	$\boldsymbol{A} \xrightarrow{\text{初等变换}} \boldsymbol{B} \Leftrightarrow \operatorname{rank}\boldsymbol{A}=\operatorname{rank}\boldsymbol{B}$
矩阵的初等变换	$r_i \leftrightarrow r_j\ (c_i \leftrightarrow c_j)$ $kr_i\ (kc_i)\ (k \neq 0)$ $r_i+kr_j\ (c_i+kc_j)\ (k \neq 0)$	$\boldsymbol{A} \xrightarrow{\text{初等行变换}} \boldsymbol{B}$(行阶梯形矩阵); $\boldsymbol{A} \xrightarrow{\text{初等行变换}} \boldsymbol{H}$(行最简形矩阵)
矩阵的等价	$\boldsymbol{A} \xrightarrow{\text{初等变换}} \boldsymbol{B} \Rightarrow \boldsymbol{A} \cong \boldsymbol{B}$	$\boldsymbol{A} \cong \boldsymbol{B} \Leftrightarrow \operatorname{rank}\boldsymbol{A}=\operatorname{rank}\boldsymbol{B}$
初等方阵	$\boldsymbol{E}(i,j)$, $\boldsymbol{E}(i(k))$, $\boldsymbol{E}(i,j(k))$	$\boldsymbol{A}$ 可逆 $\Leftrightarrow \boldsymbol{A}=\boldsymbol{P}_1\cdots\boldsymbol{P}_l$($\boldsymbol{P}_i$ 是初等方阵) $\boldsymbol{A} \cong \boldsymbol{B} \Leftrightarrow \boldsymbol{PAQ}=\boldsymbol{B}$($\boldsymbol{P},\boldsymbol{Q}$ 可逆)

2. 计算矩阵的秩与逆矩阵方法

(1) 求矩阵的秩的方法

$A \xrightarrow{\text{初等行变换}} B$(行阶梯形矩阵),rank$A=B$ 的非零行行数.

(2) 用初等变换求逆矩阵

$$(A \;\vdots\; E) \xrightarrow{\text{初等行变换}} (E \;\vdots\; A^{-1})$$

※ 知识结构图

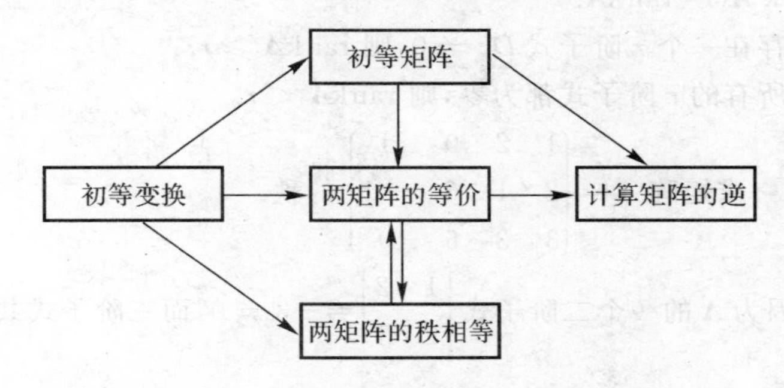

3.1　矩阵的初等变换

矩阵的初等变换,是矩阵理论中一个最基本的变换,它贯穿矩阵应用的始终,具有非常重要的应用价值.例如计算逆矩阵以及求解线性方程组等.

3.1.1　矩阵的秩

矩阵的秩的概念揭示了矩阵的另一深层特性,在研究矩阵的问题中起着重要的作用.在给出矩阵的秩的定义之前,先了解矩阵的 k 阶子式的概念.

定义 3.1　在 $m\times n$ 矩阵 A 中,任取 k 行与 k 列($k\leqslant \min(m,n)$),位于这些行列交点处的 k^2 个元素按原来的次序所组成的 k 阶行列式,称为 A 的一个 ***k* 阶子式**.

例如,$A=\begin{pmatrix}1 & 2 & -1\\ 3 & 0 & 4\end{pmatrix}$,$A$ 的一阶子式是 $1,2,-1,3,0,4$ 共 6 个,A 的二阶子式为 $\begin{vmatrix}1 & 2\\ 3 & 0\end{vmatrix}=-6$, $\begin{vmatrix}1 & -1\\ 3 & 4\end{vmatrix}=7$, $\begin{vmatrix}2 & -1\\ 0 & 4\end{vmatrix}=8$,共 3 个.

显然,$m\times n$ 矩阵 A 共有 $C_m^k C_n^k$ 个 k 阶子式.下面给出矩阵秩的定义.

定义 3.2　若 $m\times n$ 矩阵 A 中有一个 r 阶子式不为零,而所有的 $r+1$ 阶子式(如果存在的话)都为零,则称 r 为 A **的秩**,记为 rank$A$,规定零矩阵的秩为零.

由行列式的定义知,当 A 中所有 $r+1$ 阶子式全为零时,所有 $r+2$ 阶子式也全为零;因此 $\mathrm{rank}\boldsymbol{A}$ 就是 $\boldsymbol{A}$ 中不为零的子式的最高阶数. $\mathrm{rank}\boldsymbol{A}$ 具有以下性质:

(1) $\mathrm{rank}\boldsymbol{A}\leqslant\min(m,n)$.

(2) 若 $k\neq 0$,则 $\mathrm{rank}(k\boldsymbol{A})=\mathrm{rank}\boldsymbol{A}$.

(3) $\mathrm{rank}\,\boldsymbol{A}^{\mathrm{T}}=\mathrm{rank}\boldsymbol{A}$.

(4) 若存在一个 r 阶子式 $D_r\neq 0$,则 $\mathrm{rank}\boldsymbol{A}\geqslant r$.

(5) 若所有的 r 阶子式都为零,则 $\mathrm{rank}\boldsymbol{A}<r$.

例 3.1 求矩阵 $\boldsymbol{A}=\begin{pmatrix}1&2&0&1\\2&1&6&-1\\3&3&6&0\end{pmatrix}$ 的秩.

解 因为 $\boldsymbol{A}$ 的一个二阶子式 $\begin{vmatrix}1&2\\2&1\end{vmatrix}=-3\neq 0$,而三阶子式共有 4 个,且依次为

$$\begin{vmatrix}1&2&0\\2&1&6\\3&3&6\end{vmatrix}=0,\quad\begin{vmatrix}1&2&1\\2&1&-1\\3&3&0\end{vmatrix}=0,\quad\begin{vmatrix}1&0&1\\2&6&-1\\3&6&0\end{vmatrix}=0,\quad\begin{vmatrix}1&0&1\\2&6&-1\\3&6&0\end{vmatrix}=0$$

所以 $\mathrm{rank}\boldsymbol{A}=2$.

由上面的计算可以发现,按定义求矩阵的秩是非常繁琐的,需要研究矩阵的秩的性质,以便得到计算矩阵的秩的简化方法. 首先给出基于矩阵的秩定义的特殊矩阵.

定义 3.3 设 $\boldsymbol{A}$ 是 $m\times n$ 矩阵,若 $\mathrm{rank}\boldsymbol{A}=m$,则称 $\boldsymbol{A}$ 为**行满秩矩阵**;若 $\mathrm{rank}\boldsymbol{A}=n$,则称 $\boldsymbol{A}$ 为**列满秩矩阵**;若 n 阶方阵 $\boldsymbol{A}$ 的秩为 n,则称 $\boldsymbol{A}$ 为**满秩矩阵**.

由秩的定义可知,方阵 $\boldsymbol{A}$ 是满秩矩阵的充分必要条件是 $\boldsymbol{A}$ 是非奇异矩阵,即 $\det\boldsymbol{A}\neq 0$,又 $\det\boldsymbol{A}\neq 0$ 是矩阵 $\boldsymbol{A}$ 是可逆矩阵的充分必要条件,所以对于方阵而言,“满秩”、“非奇异”和“可逆”这 3 个概念是等价的.

3.1.2 矩阵的初等变换

上文给出了矩阵秩的定义,但按定义计算,计算量大;同时计算矩阵的逆的问题也需要解决,故而引进本节内容.

定义 3.4 以下 3 种变换称为矩阵的初等行变换:

(1) 对换两行(对换第 i,j 两行,记作 $r_i\leftrightarrow r_j$).

(2) 以数 $k\neq 0$ 乘某行(第 i 行乘 k 记作 kr_i).

(3) 用一个数乘某行加到另一行上(第 j 行乘 k 加到第 i 行上,记作 r_i

$+kr_j$)

将定义中的"行"改成"列",即得矩阵的初等列变换的定义(所用记号是将"r"换成"c").矩阵的初等行变换与初等列变换统称为矩阵的初等变换.

定义 3.5　如果矩阵 $\boldsymbol{A}$ 经过有限次初等变换变成矩阵 $\boldsymbol{B}$,则称矩阵 $\boldsymbol{A}$ 与矩阵 $\boldsymbol{B}$ 等价,记作 $\boldsymbol{A}\cong\boldsymbol{B}$.

矩阵等价关系具有以下性质:

(1) 反身性:$\boldsymbol{A}\cong\boldsymbol{A}$.

(2) 对称性:如果 $\boldsymbol{A}\cong\boldsymbol{B}$,则 $\boldsymbol{B}\cong\boldsymbol{A}$.

(3) 传递性:如果 $\boldsymbol{A}\cong\boldsymbol{B}$,$\boldsymbol{B}\cong\boldsymbol{C}$,则 $\boldsymbol{A}\cong\boldsymbol{C}$.

3.1.3　矩阵的秩的计算

现在给出等价矩阵的另一个重要性质,该性质奠定了求矩阵的秩的理论基础.

定理 3.1　如果矩阵 $\boldsymbol{A}$ 与矩阵 $\boldsymbol{B}$ 等价,则 $\mathrm{rank}\boldsymbol{A}=\mathrm{rank}\boldsymbol{B}$.

证　只要证明每一种初等变换都不改变矩阵的秩即可.显然,前两种初等变换都不改变矩阵的秩,因而只需证第三种变换不改变矩阵的秩.

设 $\mathrm{rank}\boldsymbol{A}=r$,且 $\boldsymbol{A}$ 的某 r 阶子式 $D_r\neq0$,当 $\boldsymbol{A}\xrightarrow{r_i+kr_j}\boldsymbol{B}$ 时,分 3 种情况讨论:

(1)D_r 不含 $\boldsymbol{A}$ 的第 i 行,则 $\boldsymbol{B}$ 中与 D_r 对应的 r 阶子式 $\overline{D}_r=D_r\neq0$,故 $\mathrm{rank}\boldsymbol{B}\geqslant r$.

(2)D_r 同时含 $\boldsymbol{A}$ 的第 i 行与第 j 行,由行列式的性质知,则 $\boldsymbol{B}$ 中与 D_r 对应的 r 阶子式 $\overline{D}_r=D_r\neq0$,故也有 $\mathrm{rank}\boldsymbol{B}\geqslant r$.

(3)D_r 含 $\boldsymbol{A}$ 的第 i 行但不含第 j 行,则 $\boldsymbol{B}$ 中与 D_r 对应的 r 阶子式 $\overline{D}_r=D_r\pm k\widetilde{D}_r$,其中 $\widetilde{D}_r$ 是 $\boldsymbol{A}$ 的一个不含 $\boldsymbol{A}$ 的第 i 行的 r 阶子式.如果 $\widetilde{D}_r\neq0$,由(1)知 $\mathrm{rank}\boldsymbol{B}\geqslant r$;如果 $\widetilde{D}_r=0$,则 $\overline{D}_r=D_r\neq0$,也有 $\mathrm{rank}\boldsymbol{B}\geqslant r$.

上面表明,当 $\boldsymbol{A}\xrightarrow{r_i+kr_j}\boldsymbol{B}$ 时,$\mathrm{rank}\boldsymbol{A}\leqslant\mathrm{rank}\boldsymbol{B}$,又由 $\boldsymbol{B}\xrightarrow{r_i-kr_j}\boldsymbol{A}$ 知 $\mathrm{rank}\boldsymbol{A}\geqslant\mathrm{rank}\boldsymbol{B}$,因此 $\mathrm{rank}\boldsymbol{A}=\mathrm{rank}\boldsymbol{B}$.

对于第三种初等列变换的证明类似.故 $\mathrm{rank}\boldsymbol{A}=\mathrm{rank}\boldsymbol{B}$.

证毕

显然,用初等变换将矩阵 $\boldsymbol{A}$ 变成矩阵 $\boldsymbol{B}$ 时,$\boldsymbol{B}$ 越简单,它的秩就越容易计算,但是矩阵 $\boldsymbol{B}$ 究竟能取怎样的简单形状?

可以证明,任何一个矩阵 $\boldsymbol{A}$,经过有限次初等行变换,均可以化为**行阶梯**

形矩阵. 所谓行阶梯形矩阵是指满足下列两个条件的矩阵:

(1) 矩阵的零行(元素全为零的行)在矩阵的最下方;

(2) 各个非零行(元素不全为零的行)首非零元素(第一个非零元素)的列标随着行标的递增严格增大.

例如 $\begin{pmatrix} 2 & 1 & 3 & 4 \\ 0 & 0 & 1 & 0 \\ 0 & 0 & 0 & 2 \end{pmatrix}$, $\begin{pmatrix} 1 & 5 & 3 & 2 \\ 0 & 2 & 0 & 3 \\ 0 & 0 & 0 & 1 \\ 0 & 0 & 0 & 0 \end{pmatrix}$ 是行阶梯形矩阵; $\begin{pmatrix} 0 & 0 & 0 & 0 \\ 0 & 2 & 1 & 0 \\ 0 & 0 & 0 & 2 \end{pmatrix}$,

$\begin{pmatrix} 1 & 5 & 3 & 2 \\ 0 & 2 & 0 & 3 \\ 0 & 1 & 3 & 1 \\ 0 & 0 & 0 & 0 \end{pmatrix}$ 不是行阶梯形矩阵.

例 3.2 用初等行变换将矩阵 $\boldsymbol{A}$ 化成行阶梯形矩阵, 其中 $\boldsymbol{A}=\begin{pmatrix} 1 & 2 & -1 & 3 \\ 2 & 2 & 3 & -5 \\ 3 & 4 & 2 & -2 \end{pmatrix}$.

解

$$\boldsymbol{A} \xrightarrow[r_3-3r_1]{r_2-2r_1} \begin{pmatrix} 1 & 2 & -1 & 3 \\ 0 & -2 & 5 & -11 \\ 0 & -2 & 5 & -11 \end{pmatrix} \xrightarrow{r_3-r_2} \begin{pmatrix} 1 & 2 & -1 & 3 \\ 0 & -2 & 5 & -11 \\ 0 & 0 & 0 & 0 \end{pmatrix}$$

所以与 $\boldsymbol{A}$ 等价的行阶梯形矩阵为

$$\begin{pmatrix} 1 & 2 & -1 & 3 \\ 0 & -2 & 5 & -11 \\ 0 & 0 & 0 & 0 \end{pmatrix}$$

显然,行阶梯形矩阵的秩就等于其非零行的行数,从而便得到计算矩阵秩的方法.

例 3.3 计算下列矩阵的秩

$$\boldsymbol{A}_1=\begin{pmatrix} 1 & 2 & -1 & 3 \\ 2 & 2 & 3 & 2 \\ 2 & 2 & 3 & -2 \end{pmatrix}, \quad \boldsymbol{A}_2=\begin{pmatrix} 1 & 2 & -1 & 1 \\ 2 & 1 & 2 & 0 \\ 3 & 3 & 1 & 1 \\ 1 & 2 & 0 & 1 \end{pmatrix}.$$

解 因为

$$A_1 \xrightarrow[r_3-2r_1]{r_2-2r_1} \begin{pmatrix} 1 & 2 & -1 & 3 \\ 0 & -2 & 5 & -11 \\ 0 & -2 & 5 & -8 \end{pmatrix} \xrightarrow{r_3-r_2} \begin{pmatrix} 1 & 2 & -1 & 3 \\ 0 & -2 & 5 & -11 \\ 0 & 0 & 0 & 3 \end{pmatrix}$$

所以　$\operatorname{rank}\boldsymbol{A}_1 = 3$.

因为

$$\boldsymbol{A}_2 \xrightarrow[r_4-r_1]{\substack{r_2-2r_1\\ r_3-3r_1}} \begin{pmatrix} 1 & 2 & -1 & 1 \\ 0 & -3 & 4 & -2 \\ 0 & -3 & 4 & -2 \\ 0 & 0 & 1 & 0 \end{pmatrix} \xrightarrow{r_3-r_2}$$

$$\begin{pmatrix} 1 & 2 & -1 & 1 \\ 0 & -3 & 4 & -2 \\ 0 & 0 & 0 & 0 \\ 0 & 0 & 1 & 0 \end{pmatrix} \xrightarrow{r_3 \leftrightarrow r_4} \begin{pmatrix} 1 & 2 & -1 & 1 \\ 0 & -3 & 4 & -2 \\ 0 & 0 & 1 & 0 \\ 0 & 0 & 0 & 0 \end{pmatrix}$$

所以　$\operatorname{rank}\boldsymbol{A}_2 = 3$.

3.1.4　矩阵的等价标准形

进一步作初等行变换可将行阶梯形矩阵化为**行最简形矩阵**，所谓行最简形矩阵是指满足下列 3 个条件的矩阵.

(1) 它是行阶梯形矩阵.

(2) 它的每行第一个非零元素都是 1.

(3) 每行第一个非零元素所在的列的其它元素全为零.

例如 $\begin{pmatrix} 1 & 2 & 0 & 0 \\ 0 & 0 & 1 & 0 \\ 0 & 0 & 0 & 1 \end{pmatrix}$，$\begin{pmatrix} 1 & 0 & 3 & 0 \\ 0 & 1 & 2 & 0 \\ 0 & 0 & 0 & 1 \\ 0 & 0 & 0 & 0 \end{pmatrix}$ 是行最简形矩阵；$\begin{pmatrix} 1 & 0 & 3 & 1 \\ 0 & 1 & 1 & 0 \\ 0 & 0 & 0 & 1 \end{pmatrix}$ 不是行最简形矩阵. 将例 3.2 继续作初等行变换化成行最简形矩阵，即

$$\begin{pmatrix} 1 & 2 & -1 & 3 \\ 0 & -2 & 5 & -11 \\ 0 & 0 & 0 & 0 \end{pmatrix} \xrightarrow{-\frac{1}{2}r_2} \begin{pmatrix} 1 & 2 & -1 & 3 \\ 0 & 1 & -\frac{5}{2} & \frac{11}{2} \\ 0 & 0 & 0 & 0 \end{pmatrix} \xrightarrow{r_1-2r_2} \begin{pmatrix} 1 & 0 & 4 & -8 \\ 0 & 1 & -\frac{5}{2} & \frac{11}{2} \\ 0 & 0 & 0 & 0 \end{pmatrix}$$

矩阵经初等行变换化成行最简形矩阵可应用于求解线性方程组，将在后面分析讨论.

注　矩阵的等价行阶梯形矩阵不唯一；而等价行最简形矩阵是唯一的.

如果对矩阵既作初等行变换,也作初等列变换,则可化为更简单的形式.

定理 3.2 秩为 r 的 $m\times n$ 矩阵 $\boldsymbol{A}$ 可经初等变换化为如下的最简形式

$$\begin{pmatrix} \boldsymbol{E}_r & \boldsymbol{O} \\ \boldsymbol{O} & \boldsymbol{O} \end{pmatrix}_{m\times n}$$

称之为 $\boldsymbol{A}$ 的**等价标准形**.

可见,矩阵的等价标准形只与矩阵的型及秩有关.则有以下推论.

推论 1 设 $\boldsymbol{A}$ 是 n 阶满秩矩阵,则 $\boldsymbol{A}\cong\boldsymbol{E}$.

由于秩为 r 的两个 $m\times n$ 矩阵有相同的等价标准形,由等价的对称性、传递性得以下结论.

推论 2 两个 $m\times n$ 矩阵等价的充分必要条件是它们有相同的秩.

习　题　3.1

1. 求下列矩阵的秩:

(1) $\boldsymbol{A}=\begin{pmatrix} 1 & 2 & -1 \\ 3 & 0 & 4 \end{pmatrix}$　　(2) $\boldsymbol{A}=\begin{pmatrix} 1 & 2 & -1 \\ 3 & 6 & -3 \end{pmatrix}$

(3) $\boldsymbol{A}=\begin{pmatrix} 1 & 3 & 1 \\ 0 & -1 & 5 \\ 0 & 0 & 0 \end{pmatrix}$　　(4) $A=\begin{pmatrix} 2 & 1 & 3 & 4 \\ 0 & 0 & 0 & 0 \\ 1 & 3 & -1 & 1 \end{pmatrix}$

2. 判断下列矩阵那些是行满秩、列满秩与满秩矩阵:

$\boldsymbol{A}=\begin{pmatrix} 1 & 2 \\ 3 & 1 \end{pmatrix}$, $\boldsymbol{B}=\begin{pmatrix} 1 & 2 & -1 \\ 3 & 4 & 4 \end{pmatrix}$, $\boldsymbol{C}=\begin{pmatrix} 1 & 3 \\ 2 & 1 \\ 0 & 0 \end{pmatrix}$, $\boldsymbol{D}=\begin{pmatrix} 1 & -1 & 2 \\ 2 & -2 & 4 \\ 1 & 7 & 6 \end{pmatrix}$

3. 用初等行变换将下列矩阵化为行阶梯形:

(1) $\begin{pmatrix} 1 & 2 & -1 & 3 \\ 1 & 2 & 3 & 2 \\ 2 & 4 & 1 & 0 \end{pmatrix}$　　(2) $\begin{pmatrix} 1 & 3 & 2 & 3 \\ 2 & 1 & 3 & 2 \\ 3 & 4 & 5 & 1 \end{pmatrix}$

(3) $\begin{pmatrix} 2 & 1 & -1 & 3 \\ 2 & 1 & 2 & 3 \\ 1 & -1 & 0 & 1 \\ 3 & 0 & 2 & 4 \end{pmatrix}$　　(4) $\begin{pmatrix} 3 & 1 & -1 & 2 \\ 4 & 2 & 2 & 3 \\ 7 & 3 & 1 & 5 \\ 1 & 0 & 2 & 1 \end{pmatrix}$

4. 用初等行变换将题 3 的矩阵化为行最简形矩阵.

5. 求题 3 的矩阵的秩.

6. 求题 3 的等价标准形.

3.2　初等矩阵

通过引入初等矩阵,将两个等价矩阵用等式表示,以便从理论上推出应用矩阵的初等变换求逆矩阵的算法.

定义 3.6　由单位矩阵经过初等变换得到的矩阵称为**初等矩阵**,对应 3 种初等变换,有 3 种初等矩阵:

(1) 交换单位矩阵的第 i 行(列)与第 j 行(列)得到的初等矩阵,记作 $\boldsymbol{E}(i,j)$,即

$$\boldsymbol{E}(i,j)=\left(\begin{array}{ccccccccccc}
1 &&&&&&&&&& \\
& \ddots &&&&&&&&& \\
&& 1 &&&&&&&& \\
&&& 0 && \cdots && 1 &&& \\
&&&& 1 &&&&&& \\
&&& \vdots && \ddots &&&&& \\
&&&&&& 1 &&&& \\
&&& 1 && \cdots && 0 &&& \\
&&&&&&&& 1 && \\
&&&&&&&&& \ddots & \\
&&&&&&&&&& 1
\end{array}\right)\begin{array}{l} \\ \\ \\ \to i \\ \\ \\ \\ \to j \\ \\ \\ \\ \end{array}$$

(2) 用 $k(k\neq 0)$ 乘以单位矩阵 $\boldsymbol{E}$ 的第 i 行(列)得到初等矩阵,记作 $\boldsymbol{E}(i(k))$,即

$$\boldsymbol{E}(i(k))=\left(\begin{array}{ccccccc}
1 &&&&&& \\
& \ddots &&&&& \\
&& 1 &&&& \\
&&& k &&& \\
&&&& 1 && \\
&&&&& \ddots & \\
&&&&&& 1
\end{array}\right)\begin{array}{l} \\ \\ \\ \to i \\ \\ \\ \\ \end{array}$$

(3) 将单位矩阵的第 j 行的 k 倍加到第 i 行(或将第 i 列的 k 倍加到第 j 列)得到的初等矩阵,记作 $\boldsymbol{E}(i+j(k))$,即

$$E(i+j(k))=\begin{pmatrix}1 & & & & & & \\ & \ddots & & & & & \\ & & 1 & & k & & \\ & & & \ddots & & & \\ & & & & 1 & & \\ & & & & & \ddots & \\ & & & & & & 1\end{pmatrix}\begin{matrix} \\ \\ \to i \\ \\ \to j \\ \\ \\ \end{matrix}$$

例如将三阶单位矩阵的第 1 行乘 2,得到的初等矩阵为

$$E(1(2))=\begin{pmatrix}2 & & \\ & 1 & \\ & & 1\end{pmatrix}$$

将 3 阶单位矩阵的第 1 行的 3 倍加到第 3 行得到初等矩阵为

$$E(3+1(3))=\begin{pmatrix}1 & & \\ & 1 & \\ 3 & & 1\end{pmatrix}$$

可见,只有第三种初等矩阵对行列相应的变换是不同的,而初等矩阵表示的形式是行变换的含义.

初等矩阵的性质:初等矩阵可逆,且

$$(E(i,j))^{-1}=E(i,j),\quad (E(i(k)))^{-1}=E\left(i\left(\frac{1}{k}\right)\right),$$

$$(E(i+j(k)))^{-1}=E(i+j(-k)).$$

显然,初等矩阵的逆矩阵仍然是初等矩阵,且还是同类初等矩阵.初等矩阵有如下作用:

定理 3.3 设 A 是 $m\times n$ 矩阵,对 A 实施一次初等行变换,其结果等于在 A 的左边乘以相应的 m 阶初等矩阵,对 A 实施一次初等列变换,其结果等于在 A 的右边乘以相应的 n 阶初等矩阵.

例 3.4 设

$$A=\begin{pmatrix}a_{11} & a_{12} & a_{13} & a_{14} \\ a_{21} & a_{22} & a_{23} & a_{24} \\ a_{31} & a_{32} & a_{33} & a_{34}\end{pmatrix},E(1,3)=\begin{pmatrix} & & 1 \\ & 1 & \\ 1 & & \end{pmatrix},$$

$$E(2+4(3))=\begin{pmatrix}1&&&\\&1&&3\\&&1&\\&&&1\end{pmatrix}$$

求 $\boldsymbol{E}(1,3)\boldsymbol{A}$，$\boldsymbol{AE}(2+4(3))$.

解

$$\boldsymbol{E}(1,3)\boldsymbol{A}=\begin{pmatrix}&&1\\&1&\\1&&\end{pmatrix}\begin{pmatrix}a_{11}&a_{12}&a_{13}&a_{14}\\a_{21}&a_{22}&a_{23}&a_{24}\\a_{31}&a_{32}&a_{33}&a_{34}\end{pmatrix}=\begin{pmatrix}a_{31}&a_{32}&a_{33}&a_{34}\\a_{21}&a_{22}&a_{23}&a_{24}\\a_{11}&a_{12}&a_{13}&a_{14}\end{pmatrix}$$

$$\boldsymbol{AE}(2,,4(3))=\begin{pmatrix}a_{11}&a_{12}&a_{13}&a_{14}\\a_{21}&a_{22}&a_{23}&a_{24}\\a_{31}&a_{32}&a_{33}&a_{34}\end{pmatrix}\begin{pmatrix}1&&&\\&1&&3\\&&1&\\&&&1\end{pmatrix}=$$

$$\begin{pmatrix}a_{11}&a_{12}&a_{13}&a_{14}+3a_{12}\\a_{21}&a_{22}&a_{23}&a_{24}+3a_{22}\\a_{31}&a_{32}&a_{33}&a_{34}+3a_{32}\end{pmatrix}$$

例 3.4 表明用 $\boldsymbol{E}(1,3)$ 左乘矩阵 $\boldsymbol{A}$，相当于将 $\boldsymbol{A}$ 的第 1 行与第 3 行交换位置；用 $\boldsymbol{E}(2+4(3))$ 右乘矩阵 $\boldsymbol{A}$ 相当于将 $\boldsymbol{A}$ 的第 2 列元素的 3 倍加到第 4 列.

习　题　3.2

1. 若 2×3 矩阵 $\boldsymbol{A}$ 的第 1 行与第 2 行交换位置得到矩阵 $\boldsymbol{B}$，即有 $\boldsymbol{PA}=\boldsymbol{B}$，求矩阵 $\boldsymbol{P}$.

2. 若 2×3 矩阵 $\boldsymbol{A}$ 的第 1 列乘 2 加到第 3 列得到矩阵 $\boldsymbol{B}$，即有 $\boldsymbol{AQ}=\boldsymbol{B}$，求矩阵 $\boldsymbol{Q}$.

3. 若 3×2 矩阵 $\boldsymbol{A}$ 的第 1 行乘 2 加到第 2 行得到矩阵 $\boldsymbol{B}$，$\boldsymbol{B}$ 第 1 列与第 3 列交换位置得到矩阵 $\boldsymbol{C}$，即有 $\boldsymbol{PAQ}=\boldsymbol{C}$，求矩阵 $\boldsymbol{P}$ 与 $\boldsymbol{Q}$.

3.3　逆矩阵的初等变换算法

在 2.3 节，介绍了逆矩阵的概念及利用伴随矩阵求逆矩阵的方法，由于该方法计算量大，为了更方便快捷地计算逆矩阵，下面将矩阵的初等变换与矩阵乘法联系起来，并在此基础上推导出用初等变换求逆矩阵的另一种方法.

由于初等矩阵的引入，关于矩阵的可逆问题，便有下述的另一充分必要条件.

定理 3.4 n 阶方阵 $\boldsymbol{A}$ 可逆的充分必要条件是 $\boldsymbol{A}$ 能表示为若干个初等矩阵的乘积.

证 必要性:因为方阵 $\boldsymbol{A}$ 可逆,所以 $\boldsymbol{A}\cong\boldsymbol{E}$,即将 $\boldsymbol{A}$ 作若干行变换与列变换可变成单位矩阵 $\boldsymbol{E}$,因此存在 n 阶初等方阵 $\boldsymbol{P}_1,\boldsymbol{P}_2,\cdots,\boldsymbol{P}_l$ 与 n 阶初等矩阵 $\boldsymbol{Q}_1,\boldsymbol{Q}_2,\cdots,\boldsymbol{Q}_t$,使得 $\boldsymbol{P}_1,\boldsymbol{P}_2,\cdots,\boldsymbol{P}_l\boldsymbol{A}\boldsymbol{Q}_1,\boldsymbol{Q}_2,\cdots,\boldsymbol{Q}_t=\boldsymbol{E}$,故有

$$\boldsymbol{A}=(\boldsymbol{P}_1,\boldsymbol{P}_2,\cdots,\boldsymbol{P}_l)^{-1}(\boldsymbol{Q}_1,\boldsymbol{Q}_2,\cdots,\boldsymbol{Q}_t)^{-1}=\boldsymbol{P}_l^{-1},\ \boldsymbol{P}_{l-1}^{-1},\cdots,\boldsymbol{P}_1^{-1}\boldsymbol{Q}_t^{-1},\ \boldsymbol{Q}_{t-1}^{-1},\cdots,\boldsymbol{Q}_1^{-1}$$

所以 $\boldsymbol{A}$ 能表示为若干个初等矩阵的乘积.

充分性:因为初等矩阵皆为可逆矩阵,所以 $\boldsymbol{A}$ 是可逆矩阵.

证毕

由定理3.4,可知可逆矩阵 $\boldsymbol{A}=\boldsymbol{P}_1,\boldsymbol{P}_2,\cdots,\boldsymbol{P}_s$,其中 $\boldsymbol{P}_i,(i=1,2,\cdots,s)$ 是初等矩阵,于是便有

$$\left.\begin{aligned}\boldsymbol{P}_s^{-1},\boldsymbol{P}_{l-1}^{-1},\cdots,\boldsymbol{P}_1^{-1}\boldsymbol{A}=\boldsymbol{E}\\ \boldsymbol{P}_s^{-1},\boldsymbol{P}_{l-1}^{-1},\cdots,\boldsymbol{P}_1^{-1}\boldsymbol{E}=\boldsymbol{A}^{-1}\end{aligned}\right\}\tag{3-1}$$

式(3-1)的第一式表明,可逆矩阵 $\boldsymbol{A}$ 经过一系列初等行变换变成单位矩阵 $\boldsymbol{E}$;而第二式表明,把 $\boldsymbol{A}$ 化成单位矩阵 $\boldsymbol{E}$ 的那些初等行变换可以把 $\boldsymbol{E}$ 化成 $\boldsymbol{A}$ 的逆矩阵 $\boldsymbol{A}^{-1}$. 由此得到下述用初等变换求逆矩阵的方法:

$$(\boldsymbol{A}\ \vdots\ \boldsymbol{E})\xrightarrow{\text{初等行变换}}(\boldsymbol{E}\ \vdots\ \boldsymbol{A}^{-1})$$

即以 $\boldsymbol{A}$ 和 $\boldsymbol{E}$ 这两个 n 阶方阵组成一个 $n\times 2n$ 的矩阵 $(\boldsymbol{A}\ \vdots\ \boldsymbol{E})$,对这个矩阵作初等行变换,当其左边一半的矩阵 $\boldsymbol{A}$ 变成单位矩阵 $\boldsymbol{E}$ 时,右边一半的 $\boldsymbol{E}$ 就变成 $\boldsymbol{A}^{-1}$.

这个方法和以前通过伴随矩阵求逆矩阵的方法相比较,当阶数较大时,计算量要小得多,因此求逆矩阵常用初等变换的方法. 另外,用初等变换求逆矩阵时,不必先考虑逆矩阵是否存在,只要注意:在初等变换过程中,如果发现矩阵不是满秩的,它就没有逆矩阵.

例 3.5 已知 $\boldsymbol{A}=\begin{pmatrix}1&2&2\\2&1&2\\2&2&1\end{pmatrix}$,求 $\boldsymbol{A}^{-1}$.

解

$$(\boldsymbol{A}\ \vdots\ \boldsymbol{E})=\begin{pmatrix}1&2&2&1&0&0\\2&1&2&0&1&0\\2&2&1&0&0&1\end{pmatrix}\xrightarrow{r_1+r_2+r_3}\begin{pmatrix}5&5&5&1&1&1\\2&1&2&0&1&0\\2&2&1&0&0&1\end{pmatrix}\xrightarrow{\frac{1}{5}r_1}$$

$$\begin{pmatrix} 1 & 1 & 1 & \frac{1}{5} & \frac{1}{5} & \frac{1}{5} \\ 2 & 1 & 2 & 0 & 1 & 0 \\ 2 & 2 & 1 & 0 & 0 & 1 \end{pmatrix} \xrightarrow[r_3-2r_1]{r_2-2r_1}$$

$$\begin{pmatrix} 1 & 1 & 1 & \frac{1}{5} & \frac{1}{5} & \frac{1}{5} \\ 0 & -1 & 0 & -\frac{2}{5} & \frac{3}{5} & -\frac{2}{5} \\ 0 & 0 & -1 & -\frac{2}{5} & -\frac{2}{5} & \frac{3}{5} \end{pmatrix} \xrightarrow{r_1+r_2+r_3}$$

$$\begin{pmatrix} 1 & 0 & 0 & -\frac{3}{5} & \frac{2}{5} & \frac{2}{5} \\ 0 & -1 & 0 & -\frac{2}{5} & \frac{3}{5} & -\frac{2}{5} \\ 0 & 0 & -1 & -\frac{2}{5} & -\frac{2}{5} & \frac{3}{5} \end{pmatrix} \xrightarrow[-r_3]{-r_2}$$

$$\begin{pmatrix} 1 & 0 & 0 & -\frac{3}{5} & \frac{2}{5} & \frac{2}{5} \\ 0 & 1 & 0 & \frac{2}{5} & -\frac{3}{5} & \frac{2}{5} \\ 0 & 0 & 1 & \frac{2}{5} & \frac{2}{5} & -\frac{3}{5} \end{pmatrix}$$

故得
$$A^{-1} = \frac{1}{5}\begin{pmatrix} -3 & 2 & 2 \\ 2 & -3 & 2 \\ 2 & 2 & -3 \end{pmatrix}$$

例 3.6　已知 $A = \begin{pmatrix} 1 & 0 & 0 & 0 \\ 1 & 1 & 0 & 0 \\ 1 & 1 & 1 & 0 \\ 1 & 1 & 1 & 1 \end{pmatrix}$，求 A^{-1}.

解　$(A \;\vdots\; E) = \begin{pmatrix} 1 & 0 & 0 & 0 & 1 & 0 & 0 & 0 \\ 1 & 1 & 0 & 0 & 0 & 1 & 0 & 0 \\ 1 & 1 & 1 & 0 & 0 & 0 & 1 & 0 \\ 1 & 1 & 1 & 1 & 0 & 0 & 0 & 1 \end{pmatrix} \xrightarrow{r_4-r_3}$

$$\begin{pmatrix} 1 & 0 & 0 & 0 & 1 & 0 & 0 & 0 \\ 1 & 1 & 0 & 0 & 0 & 1 & 0 & 0 \\ 1 & 1 & 1 & 0 & 0 & 0 & 1 & 0 \\ 0 & 0 & 0 & 1 & 0 & 0 & -1 & 1 \end{pmatrix} \xrightarrow{r_3 - r_2}$$

$$\begin{pmatrix} 1 & 0 & 0 & 0 & 1 & 0 & 0 & 0 \\ 1 & 1 & 0 & 0 & 0 & 1 & 0 & 0 \\ 0 & 0 & 1 & 0 & 0 & -1 & 1 & 0 \\ 0 & 0 & 0 & 1 & 0 & 0 & -1 & 1 \end{pmatrix} \xrightarrow{r_2 - r_1}$$

$$\begin{pmatrix} 1 & 0 & 0 & 0 & 1 & 0 & 0 & 0 \\ 0 & 1 & 0 & 0 & -1 & 1 & 0 & 0 \\ 0 & 0 & 1 & 0 & 0 & -1 & 1 & 0 \\ 0 & 0 & 0 & 1 & 0 & 0 & -1 & 1 \end{pmatrix}$$

故得
$$\boldsymbol{A}^{-1} = \begin{pmatrix} 1 & 0 & 0 & 0 \\ -1 & 1 & 0 & 0 \\ 0 & -1 & 1 & 0 \\ 0 & 0 & -1 & 1 \end{pmatrix}$$

将上面的推导方法应用于求解矩阵方程 $\boldsymbol{AX}=\boldsymbol{C}$，$\boldsymbol{XA}=\boldsymbol{F}$，$\boldsymbol{AXB}=\boldsymbol{C}$，其中 $\boldsymbol{A}$，$\boldsymbol{B}$ 是可逆矩阵. 考虑矩阵方程 $\boldsymbol{AX}=\boldsymbol{C}$，显然，$\boldsymbol{X}=\boldsymbol{A}^{-1}\boldsymbol{C}$. 因为可逆矩阵 $\boldsymbol{A}=\boldsymbol{P}_1$，$\boldsymbol{P}_2$，…，$\boldsymbol{P}_s$，所以

$$\left.\begin{aligned} \boldsymbol{P}_s^{-1},\boldsymbol{P}_{l-1}^{-1},\cdots,\boldsymbol{P}_1^{-1}\boldsymbol{A}=\boldsymbol{E} \\ \boldsymbol{P}_s^{-1},\boldsymbol{P}_{l-1}^{-1},\cdots,\boldsymbol{P}_1^{-1}\boldsymbol{C}=\boldsymbol{A}^{-1}\boldsymbol{C} \end{aligned}\right\} \tag{3-2}$$

第一式表明，可逆矩阵 $\boldsymbol{A}$ 经过一系列初等行变换变成单位矩阵 $\boldsymbol{E}$；而第二式表明，那些初等行变换可以把 $\boldsymbol{C}$ 化成 $\boldsymbol{A}^{-1}\boldsymbol{C}$. 由此得到用初等变换求 $\boldsymbol{A}^{-1}\boldsymbol{C}$ 的方法为

$$(\boldsymbol{A} \;\vdots\; \boldsymbol{C}) \xrightarrow{\text{初等行变换}} (\boldsymbol{E} \;\vdots\; \boldsymbol{A}^{-1}\boldsymbol{C})$$

考虑矩阵方程 $\boldsymbol{XA}=\boldsymbol{F}$，显然 $\boldsymbol{X}=\boldsymbol{FA}^{-1}$，同理有

$$\left.\begin{aligned} \boldsymbol{AP}_s^{-1},\boldsymbol{P}_{l-1}^{-1},\cdots,\boldsymbol{P}_1^{-1}=\boldsymbol{E} \\ \boldsymbol{FP}_s^{-1},\boldsymbol{P}_{l-1}^{-1},\cdots,\boldsymbol{P}_1^{-1}=\boldsymbol{FA}^{-1} \end{aligned}\right\} \tag{3-3}$$

可得用初等变换求 $\boldsymbol{FA}^{-1}$ 的方法：

$$\begin{pmatrix} \boldsymbol{A} \\ \text{---} \\ \boldsymbol{F} \end{pmatrix} \xrightarrow{\text{初等列变换}} \begin{pmatrix} \boldsymbol{E} \\ \text{---} \\ \boldsymbol{FA}^{-1} \end{pmatrix}$$

对于矩阵方程 $\boldsymbol{AXB}=\boldsymbol{C}$，显然 $\boldsymbol{X}=\boldsymbol{A}^{-1}\boldsymbol{C}\boldsymbol{B}^{-1}$，连续采用上面两个步骤便可求解 $\boldsymbol{A}^{-1}\boldsymbol{C}\boldsymbol{B}^{-1}$.

由矩阵的初等变换与初等矩阵之间的关系，可以推导出矩阵等价的另一个充分必要条件.

定理 3.5　设矩阵 $\boldsymbol{A}$ 与 $\boldsymbol{B}$ 均是 $m\times n$ 矩阵，它们等价的充分必要条件是存在可逆矩阵 $\boldsymbol{P}$ 与 $\boldsymbol{Q}$ 使得 $\boldsymbol{PAQ}=\boldsymbol{B}$.

这个等式在理论推导中将更加适用.

习　题　3.3

1. 求下列矩阵的逆矩阵：

(1)$\boldsymbol{A}=\begin{pmatrix}1&3&3\\3&1&3\\3&3&1\end{pmatrix}$　　(2)$\boldsymbol{A}=\begin{pmatrix}1&2&-1\\0&1&2\\1&-2&1\end{pmatrix}$

(3)$\boldsymbol{A}=\begin{pmatrix}1&0&0&0\\1&1&0&0\\0&1&1&0\\0&0&1&1\end{pmatrix}$　　(4)$\boldsymbol{A}=\begin{pmatrix}1&1&2&4\\0&1&1&2\\0&0&1&1\\0&0&0&1\end{pmatrix}$

2. 设 $\boldsymbol{A}=\begin{pmatrix}1&2&2\\2&1&2\\2&2&1\end{pmatrix}$，$\boldsymbol{B}=\begin{pmatrix}1&2\\2&2\end{pmatrix}$，$\boldsymbol{C}=\begin{pmatrix}1&2\\1&0\\0&-2\end{pmatrix}$，求解下列矩阵方程：

(1)$\boldsymbol{AX}=\boldsymbol{C}$　　(2)$\boldsymbol{AXB}=\boldsymbol{C}$

总习题 3

1. 判断题(设 $\boldsymbol{A}$，$\boldsymbol{B}$ 都是 n 阶方阵)(对的打 √，错的打 ×)

(1) 矩阵 $\boldsymbol{A}=\begin{pmatrix}a&1\\1&a\end{pmatrix}$ 的秩为 2.　(　　)

(2) 矩阵 $\boldsymbol{A}=\begin{pmatrix}2&1\\1&2\end{pmatrix}$ 与矩阵 $\boldsymbol{B}=\begin{pmatrix}1&1\\0&2\end{pmatrix}$ 等价.　(　　)

(3) 设 $\boldsymbol{A}$ 与 $\boldsymbol{B}$ 是同型矩阵，则 $\operatorname{rank}(\boldsymbol{A}+\boldsymbol{B})\geqslant\operatorname{rank}\boldsymbol{A}$.　(　　)

(4) 若 $\boldsymbol{A}$ 与 $\boldsymbol{B}$ 均是 n 阶方阵，且 $\boldsymbol{A}$ 是可逆矩阵，则 $\operatorname{rank}(\boldsymbol{AB})=\operatorname{rank}\boldsymbol{A}$.　(　　)

(5) 设 $\boldsymbol{A}$ 是矩阵，则 $\operatorname{rank}(2\boldsymbol{A})=\operatorname{rank}\boldsymbol{A}$.　(　　)

2. 选择题

(1) 若矩阵 $\boldsymbol{A}$ 是 1×3 非零矩阵，则 $\boldsymbol{A}$ 的秩 $\operatorname{rank}\boldsymbol{A}=$(　　).

A. 1　　B. 2　　C. 3　　D. 不确定

(2) 设矩阵 $\boldsymbol{A}$ 的秩为 2，则 $\operatorname{rank}((2\boldsymbol{A})^{\mathrm{T}})=$(　　).

A. 1　　B. 2　　C. 3　　D. 不确定

(3) 设 $\boldsymbol{A}$ 与 $\boldsymbol{B}$ 均是 n 阶方阵，且 $\boldsymbol{A}$ 是可逆矩阵，如果 $\boldsymbol{AB}=\boldsymbol{O}$，则必有(　　).

A. $\operatorname{rank}\boldsymbol{B}\neq 0$　　B. $\operatorname{rank}\boldsymbol{B}=0$　　C. $\operatorname{rank}\boldsymbol{B}=n$　　D. 不确定

(4) 设 $\boldsymbol{A}$ 与 $\boldsymbol{B}$ 均是 n 阶方阵，且均不可逆，如果 $\boldsymbol{AB}=\boldsymbol{O}$，则必有(　　).

A. $\boldsymbol{A}=\boldsymbol{O}$ 或 $\boldsymbol{B}=\boldsymbol{O}$　　B. $\boldsymbol{A}\neq\boldsymbol{O}$，且 $\boldsymbol{B}\neq\boldsymbol{O}$

C. $\operatorname{rank}\boldsymbol{A}<n$，$\operatorname{rank}\boldsymbol{B}<n$　　D. $\operatorname{rank}\boldsymbol{A}=n$，$\operatorname{rank}\boldsymbol{B}<n$

(5)3 阶方阵 $\boldsymbol{A}$ 的第 1 行与第 2 行交换得到矩阵 $\boldsymbol{B}$，$\boldsymbol{B}$ 的第 3 行加到第 2 行得到矩阵 $\boldsymbol{C}$，便有 $\boldsymbol{PA}=\boldsymbol{C}$，则 $\boldsymbol{P}=$(　　).

A. $\begin{pmatrix}0&1&0\\1&0&1\\0&0&1\end{pmatrix}$　B. $\begin{pmatrix}0&1&1\\1&0&0\\0&0&1\end{pmatrix}$　C. $\begin{pmatrix}0&1&0\\1&0&0\\1&0&1\end{pmatrix}$　D. $\begin{pmatrix}0&1&0\\1&0&0\\0&1&1\end{pmatrix}$

3. 填空题

(1) 设矩阵 $\boldsymbol{A}=\begin{pmatrix}1&1&0\\2&2&1\\1&1&1\end{pmatrix}$，则 $\boldsymbol{A}$ 的秩 $\operatorname{rank}\boldsymbol{A}=$________.

(2) 若矩阵 $\boldsymbol{A}=\begin{pmatrix}1&1&1\\0&1&-1\\2&3&a\end{pmatrix}$，且 $\operatorname{rank}\boldsymbol{A}=2$，则 $a=$________.

(3) 设 $\boldsymbol{A}$ 是 $m\times n$ 矩阵，$\boldsymbol{B}$ 是 n 阶可逆矩阵，则 $\operatorname{rank}(\boldsymbol{AB})=$________.

(4) 设分块矩阵 $\boldsymbol{M}=\begin{pmatrix}\boldsymbol{A}&\boldsymbol{O}\\\boldsymbol{O}&\boldsymbol{B}\end{pmatrix}$，$\operatorname{rank}\boldsymbol{A}=2$，$\operatorname{rank}\boldsymbol{B}=3$，则 $\operatorname{rank}\boldsymbol{M}=$________.

(5)3 阶方阵 $\boldsymbol{A}$ 的第 1 列与第 3 列交换得到矩阵 $\boldsymbol{B}$，$\boldsymbol{B}$ 的第 3 列加到第 2 列得到矩阵 $\boldsymbol{C}$，便有 $\boldsymbol{AP}=\boldsymbol{C}$，则 $\boldsymbol{P}=$________.

4. 求下列矩阵的秩：

(1)$\boldsymbol{A}=\begin{pmatrix}1&1&1\\0&1&-1\\2&3&a\end{pmatrix}$　　(2)$\boldsymbol{A}=\begin{pmatrix}1&1&1\\0&1&-1\\a&3&3\end{pmatrix}$

5. 求下列矩阵的逆：

(1)$\boldsymbol{A}=\begin{pmatrix}1&1&2\\0&1&-1\\2&3&1\end{pmatrix}$　　(2)$\boldsymbol{A}=\begin{pmatrix}1&1&1\\0&2&-1\\2&3&3\end{pmatrix}$

6. 设 $\boldsymbol{A}=\begin{pmatrix}1&1&1\\0&1&1\\0&0&1\end{pmatrix}$，$\boldsymbol{B}=\begin{pmatrix}2&0&0\\-1&2&0\\0&-1&2\end{pmatrix}$，$\boldsymbol{C}=\begin{pmatrix}2&1&0\\0&2&1\\0&0&2\end{pmatrix}$，求解下列矩阵方程.

(1)$\boldsymbol{AXB}=\boldsymbol{C}$　　(2)$\boldsymbol{AX}=\boldsymbol{AXB}+\boldsymbol{C}$

7. 已知 3 阶可逆方阵 $\boldsymbol{A}$ 的第 1 行与第 2 行交换得到矩阵 $\boldsymbol{B}$.

(1) 证明：$\boldsymbol{B}$ 是可逆矩阵；

(2) 求矩阵 $\boldsymbol{AB}^{-1}$.

第4章　线性方程组

※学习基本要求

1. 熟练掌握判断线性方程组有解，有唯一解，有无穷多解，无解的方法.

2. 理解 n 维向量的概念，掌握向量的线性运算及由此推导的线性方程组的向量表示法.

3. 了解向量组的线性相关性的概念及与线性方程组的解的关系，向量组的极大无关组与秩及等价向量组的概念，掌握判断向量组线性相关性的方法，熟练求解向量组的秩与极大无关组.

4. 了解齐次线性方程组的基础解系及解的结构及以此为基础推导的非齐次线性方程组解的结构，熟练掌握求齐次线性方程组的基础解系与通解，及求非齐次线性方程组的通解的方法.

※ 内容要点

1. 向量的线性运算与向量组重要结论

向量的线性运算，线性相关性，向量组的极大无关组，及等价向量组的定义与重要结论见表4.1($\boldsymbol{\alpha}_1,\boldsymbol{\alpha}_2,\cdots,\boldsymbol{\alpha}_n,\boldsymbol{\alpha},\boldsymbol{\beta}$ 均为 n 维向量，且 $\boldsymbol{\alpha}=(a_1,\cdots,a_n)$，$\boldsymbol{\beta}=(b_1,\cdots,b_n)$，$k_1,k_2,\cdots,k_n,k$ 均为常数)

表　4.1

	定义	结论
线性运算	$\boldsymbol{\alpha}+\boldsymbol{\beta}=(a_1+b_1,\cdots,a_n+b_n)$ $k\boldsymbol{\alpha}=\boldsymbol{\alpha}k=(ka_1,\cdots ka_n)$	$\boldsymbol{\alpha}+\boldsymbol{\beta}=\boldsymbol{\beta}+\boldsymbol{\alpha}$；$(\boldsymbol{\alpha}+\boldsymbol{\beta})+\boldsymbol{\gamma}=\boldsymbol{\alpha}+(\boldsymbol{\beta}+\boldsymbol{\gamma})$；$(k+l)\boldsymbol{\alpha}=k\boldsymbol{\alpha}+l\boldsymbol{\alpha}$； $k(\boldsymbol{\alpha}+\boldsymbol{\beta})=k\boldsymbol{\alpha}+k\boldsymbol{\beta}$； $(kl)\boldsymbol{\alpha}=k(l\boldsymbol{\alpha})$
线性组合	存在一组数 $k_1,k_2,\cdots,k_m$ 使 $\boldsymbol{\beta}=k_1\boldsymbol{\alpha}_1+k_2\boldsymbol{\alpha}_2+\cdots+k_m\alpha_m\Rightarrow\boldsymbol{\beta}$ 是 $\boldsymbol{\alpha}_1,\boldsymbol{\alpha}_2,\cdots,\boldsymbol{\alpha}_m$ 的线性组合	$\boldsymbol{\alpha}_1,\boldsymbol{\alpha}_2,\cdots,\boldsymbol{\alpha}_m$ 线性无关，$\boldsymbol{\beta},\boldsymbol{\alpha}_1,\boldsymbol{\alpha}_2,\cdots,\boldsymbol{\alpha}_m$ 线性相关 $\Rightarrow\boldsymbol{\beta}$ 可由 $\boldsymbol{\alpha}_1,\boldsymbol{\alpha}_2,\cdots,\boldsymbol{\alpha}_m$ 线性表示，且表示法唯一

续 表

	定义	结论
向量组线性相关性	存在不全为零 $k_1,k_2,\cdots,k_m$ 使 $k_1\boldsymbol{\alpha}_1+k_2\boldsymbol{\alpha}_2+\cdots+k_m\boldsymbol{\alpha}_m=\mathbf{0}\Rightarrow\boldsymbol{\alpha}_1,\boldsymbol{\alpha}_2,\cdots,\boldsymbol{\alpha}_m$ 线性相关，否则线性无关	$\boldsymbol{\alpha}_1,\boldsymbol{\alpha}_2,\cdots,\boldsymbol{\alpha}_m$ 线性相关 $\Leftrightarrow$ 向量组中必有一个向量可由其余 $m-1$ 个向量线性表示；部分组线性相关 $\Rightarrow$ 整个组线性相关； $\boldsymbol{\alpha}_1,\boldsymbol{\alpha}_2,\cdots,\boldsymbol{\alpha}_m$ 线性相关 $\Leftrightarrow$ 向量组构成的矩阵的秩 $<m$
秩与极大无关组	$\boldsymbol{\alpha}_1,\boldsymbol{\alpha}_2,\cdots,\boldsymbol{\alpha}_n$ 有 r 个向量线性无关，任意 $r+1$ 个向量线性相关 $\Rightarrow$ 向量组的秩为 r，且 r 个线性无关的向量是 $\boldsymbol{\alpha}_1,\boldsymbol{\alpha}_2,\cdots,\boldsymbol{\alpha}_n$ 的极大无关组	若向量组的秩为 $r\Rightarrow$ 向量组中任意 r 个线性无关的向量皆是极大无关组；向量组的任一向量可由其极大无关组线性表示
等价向量组	两个向量组可相互线性表示 $\Rightarrow$ 两向量组等价	向量组 Ⅰ 可由向量组 Ⅱ 线性表示 $\Rightarrow$ Ⅰ 秩 $\leqslant$ Ⅱ 秩；向量组 Ⅰ 与向量组 Ⅱ 等价 $\Rightarrow$ Ⅰ 秩 $=$ Ⅱ 秩

2. 线性方程组的定义与结论

线性方程组的定义与结论见表 4.2（$\boldsymbol{A}$ 是 $m\times n$ 矩阵，且 $\text{rank}\boldsymbol{A}=r$；若 $\boldsymbol{A}=(\boldsymbol{\alpha}_1,\boldsymbol{\alpha}_2,\cdots,\boldsymbol{\alpha}_n)$，$\hat{\boldsymbol{A}}=(\boldsymbol{\alpha}_1,\boldsymbol{\alpha}_2,\cdots\boldsymbol{\alpha}_n,\boldsymbol{b})$）

表　4.2

	定义	结论
齐次线性方程组	$\boldsymbol{Ax}=\mathbf{0}$	零向量是它的解； 有非零解 $\Leftrightarrow\text{rank}\boldsymbol{A}<n$（未知量的个数或 $\boldsymbol{A}$ 的列数）；若 $m=n$，$\det\boldsymbol{A}=0$； 基础解系所含向量个数 $=n-\text{rank}\boldsymbol{A}$； 设 $\boldsymbol{\xi}_1,\boldsymbol{\xi}_2,\cdots,\boldsymbol{\xi}_{n-r}$ 是基础解系 $\Rightarrow$ 通解为 $k_1\boldsymbol{\xi}_1+k_2\boldsymbol{\xi}_2+\cdots+k_{n-r}\boldsymbol{\xi}_{n-r}$
非齐次线性方程组	$\boldsymbol{Ax}=\boldsymbol{b}(\boldsymbol{b}\neq 0)$	有解 $\Leftrightarrow\text{rank}\boldsymbol{A}=\text{rank}\hat{\boldsymbol{A}}$； $\Leftrightarrow\boldsymbol{b}$ 可由向量组 $\boldsymbol{\alpha}_1,\boldsymbol{\alpha}_2,\cdots,\boldsymbol{\alpha}_n$ 线性表示； $\Leftrightarrow$ 向量组 $\boldsymbol{\alpha}_1,\boldsymbol{\alpha}_2,\cdots,\boldsymbol{\alpha}_n$ 与向量组 $\boldsymbol{b},\boldsymbol{\alpha}_1,\boldsymbol{\alpha}_2,\cdots,\boldsymbol{\alpha}_n$ 等价 若有解，即 $\text{rank}\boldsymbol{A}=\text{rank}\hat{\boldsymbol{A}}$，则 有无穷多解 $\Leftrightarrow\text{rank}\boldsymbol{A}<n$；若 $m=n$，$\det\boldsymbol{A}=0$； 有唯一解 $\Leftrightarrow\text{rank}\boldsymbol{A}=n$；若 $m=n$，$\det\boldsymbol{A}\neq 0$； 通解 $=$ 非齐次特解 $+$ 齐次通解

※ **知识结构图**

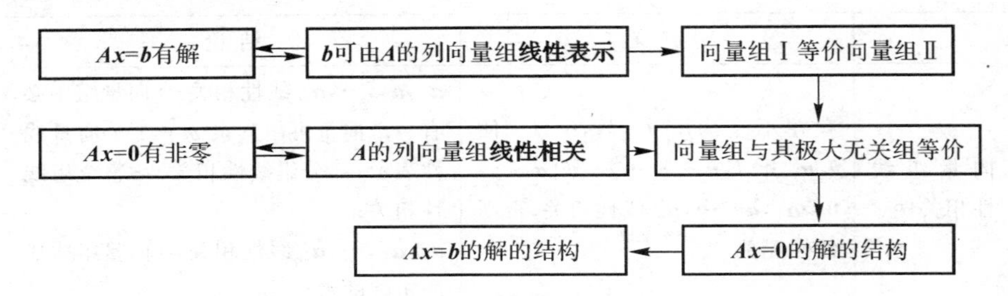

4.1 线性方程组解的存在性

在第1章中，利用Cramer法则讨论了关于n个未知数n个线性方程的线性方程组解的情形.这里讨论一般情形.

设线性方程组

$$\boldsymbol{A}\boldsymbol{x}=\boldsymbol{b} \tag{4-1}$$

其中，$\boldsymbol{A}$是$m\times n$矩阵，$\boldsymbol{x}$，$\boldsymbol{b}$分别是n维列向量与m维列向量.当$\boldsymbol{b}=\boldsymbol{0}$时，便有齐次线性方程组

$$\boldsymbol{A}\boldsymbol{x}=\boldsymbol{0} \tag{4-2}$$

在本节讨论中，方程组的解均用列向量表示，称为**解向量**.

4.1.1 高斯消元法

在中学代数里已经介绍了用加减消元法和代入法解二元一次和三元一次方程组.下面介绍如何用消元法解一般线性方程组.

例4.1 求解线性方程组

$$\begin{cases}2x_1-x_2+x_3=1\\2x_1+x_2+2x_3=2\\x_1+x_3=3\end{cases}$$

解 第二个方程减第一个方程，第三个方程乘以2再减去第一个方程，变成

$$\begin{cases}2x_1-x_2+x_3=1\\2x_2+x_3=1\\x_2+x_3=5\end{cases}$$

第三个方程乘以2再减去第二个方程，变成阶梯形方程组

$$\begin{cases}2x_1 - x_2 + x_3 = 1 \\ \qquad 2x_2 + x_3 = 1 \\ \qquad\qquad x_3 = 9\end{cases}$$

这样，由后向前可依次得到 $x_3=9, x_2=-4, x_1=-6$. 故方程组的解向量为

$$(x_1, x_2, x_3)^{\mathrm{T}} = (-6, -4, 9)^{\mathrm{T}}$$

分析一下消元法不难看出，它实质上是反复地对方程组进行变换，而所做的变换也只是由以下 3 种基本的变换所构成.

(1) 互换两个方程的位置.

(2) 用非零数乘以某一个方程.

(3) 某一个方程的若干倍加到另一个方程上去.

称变换(1)(2) 与(3) 为线性方程组的初等变换.

定理 4.1　线性方程组的初等变换总是将方程组变成同解的方程组.

从上面例子的求解过程可以看出，用初等变换化简方程组时，只是对方程的系数和常数进行变换. 为简明起见，可以将未知数和等号略去(默认其存在)，而将系数和常数排成一个数表(矩阵)——线性方程组(4-1) 的增广矩阵

$$\hat{\boldsymbol{A}} = (\boldsymbol{A} \vdots \boldsymbol{b}) = \left(\begin{array}{cccc:c} a_{11} & a_{12} & \cdots & a_{1n} & b_1 \\ a_{21} & a_{22} & \cdots & a_{2n} & b_2 \\ \vdots & \vdots & & \vdots & \vdots \\ a_{m1} & a_{m2} & \cdots & a_{mn} & b_m \end{array}\right) \tag{4-3}$$

这样表示，不但简单明了，而且由于强调了元素的相对位置，还可以避免出错.

对方程组(4-1) 用初等变换化为阶梯形方程组，等同于用矩阵的初等行变换化 $\hat{\boldsymbol{A}}$ 为行阶梯形矩阵，例如对例 4.1，有

$$\hat{\boldsymbol{A}} = \begin{pmatrix} 2 & -1 & 1 & 1 \\ 2 & 1 & 2 & 2 \\ 1 & 0 & 1 & 3 \end{pmatrix} \xrightarrow[2r_3 - r_1]{r_2 - r_1} \begin{pmatrix} 2 & -1 & 1 & 1 \\ 0 & 2 & 1 & 1 \\ 0 & 1 & 1 & 5 \end{pmatrix} \xrightarrow{2r_3 - r_2}$$

$$\begin{pmatrix} 2 & -1 & 1 & 1 \\ 0 & 2 & 1 & 1 \\ 0 & 0 & 1 & 9 \end{pmatrix} = \hat{\boldsymbol{B}}\text{(行阶梯形)}$$

化成行阶梯形矩阵 $\hat{\boldsymbol{B}}$, $\hat{\boldsymbol{B}}$ 所对应的线性方程组与 $\hat{\boldsymbol{A}}$ 对应的同解. 对 $\hat{\boldsymbol{B}}$ 继续进行初等行变换，化成行最简形矩阵

$$\hat{\boldsymbol{B}}\xrightarrow[r_2-r_1]{r_1-r_3}\begin{bmatrix}2&-1&0&-8\\0&2&0&-8\\0&0&1&9\end{bmatrix}\xrightarrow{\frac{1}{2}r_2}\begin{bmatrix}2&-1&0&-8\\0&1&0&-4\\0&0&1&9\end{bmatrix}\xrightarrow{r_1+r_2}$$

$$\begin{bmatrix}2&0&0&-12\\0&1&0&-4\\0&0&1&9\end{bmatrix}\xrightarrow{\frac{1}{2}r_1}\begin{bmatrix}1&0&0&-6\\0&1&0&-4\\0&0&1&9\end{bmatrix}=\hat{\boldsymbol{C}}(\text{行最简形})$$

$\hat{\boldsymbol{C}}$ 所对应的线性方程组与 $\hat{\boldsymbol{A}}$ 对应的仍然同解. 而由 $\hat{\boldsymbol{C}}$ 对应的线性方程组立即可得解向量为$(x_1,x_2,x_3)^{\mathrm{T}}=(-6,-4,9)^{\mathrm{T}}$.

4.1.2 线性方程组解的存在性

由上述讨论可以知道,线性方程组(4-1)与其增广矩阵(4-3)对应,而增广矩阵 $\hat{\boldsymbol{A}}$ 经初等行变换后所得到的行阶梯形矩阵 $\hat{\boldsymbol{B}}$,两者对应着同解的两个线性方程组. 因而讨论线性方程组有解与无解的问题,可通过矩阵的初等行变换,将方程组化简,然后进行判断. 这样我们可以借助行阶梯形矩阵 $\hat{\boldsymbol{B}}$,了解线性方程组解的情况. 例如,若增广矩阵 $\hat{\boldsymbol{A}}$

$$\hat{\boldsymbol{A}}\xrightarrow{\text{初等行变换}}\begin{pmatrix}1&2&1&1\\0&0&1&2\end{pmatrix}=\hat{\boldsymbol{B}}$$

则其同解方程组为$\begin{cases}x_1+2x_2+x_3=1\\ \qquad\qquad x_3=2\end{cases}$,显然,该方程组有解,且有无穷多解;若增广矩阵 $\hat{\boldsymbol{A}}$

$$\hat{\boldsymbol{A}}\xrightarrow{\text{初等行变换}}\begin{pmatrix}1&2&1\\0&3&1\end{pmatrix}=\hat{\boldsymbol{B}}$$

则其同解方程组为$\begin{cases}x_1+2x_2=1\\ \qquad 3x_2=1\end{cases}$,显然,该方程组有解,且有唯一解;若增广矩阵 $\hat{\boldsymbol{A}}$

$$\hat{\boldsymbol{A}}\xrightarrow{\text{初等行变换}}\begin{pmatrix}1&2&1\\0&0&2\end{pmatrix}=\hat{\boldsymbol{B}}$$

则其同解方程组为$\begin{cases}x_1+2x_2=1\\ \qquad 0x_2=2\end{cases}$,显然,该方程组无解.

总结上面的几种行阶梯形矩阵的情况,可以得到下述结论.

定理 4.2 线性方程组(4-1)有解的充分必要条件是 $\mathrm{rank}\boldsymbol{A}=\mathrm{rank}\hat{\boldsymbol{A}}$;若 $\mathrm{rank}\boldsymbol{A}=\mathrm{rank}\hat{\boldsymbol{A}}=n$(未知量的个数),方程组有唯一解;若 $\mathrm{rank}\boldsymbol{A}=\mathrm{rank}\hat{\boldsymbol{A}}<n$,方程组有无穷多解.

例 4.2　讨论下列线性方程组解的情况.

(1) $\begin{cases} x_1+x_2+x_3=1 \\ x_1+2x_2+2x_3=2 \\ x_1-2x_2+x_3=1 \end{cases}$　　(2) $\begin{cases} x_1+x_2+x_3=1 \\ x_1+2x_2+2x_3=2 \\ 2x_1+3x_2+3x_3=1 \end{cases}$

(3) $\begin{cases} x_1+x_2+x_3=1 \\ x_1+2x_2+2x_3=2 \\ 2x_1+3x_2+3x_3=3 \end{cases}$

解　判断该线性方程组是否有解，只需要分别求出系数矩阵 $\boldsymbol{A}$ 和增广矩阵 $\hat{\boldsymbol{A}}$ 的秩.

(1) 对增广矩阵 $\hat{\boldsymbol{A}}$ 进行初等行变换，有

$$\hat{\boldsymbol{A}}=\begin{pmatrix} 1 & 1 & 1 & 1 \\ 1 & 2 & 2 & 2 \\ 1 & -2 & 1 & 1 \end{pmatrix} \xrightarrow[r_3-r_1]{r_2-r_1} \begin{pmatrix} 1 & 1 & 1 & 1 \\ 0 & 1 & 1 & 1 \\ 0 & -3 & 0 & 0 \end{pmatrix} \xrightarrow{r_3 \leftrightarrow r_2}$$

$$\begin{pmatrix} 1 & 1 & 1 & 1 \\ 0 & -3 & 0 & 0 \\ 0 & 1 & 1 & 1 \end{pmatrix} \xrightarrow{-\frac{1}{3}r_2} \begin{pmatrix} 1 & 1 & 1 & 1 \\ 0 & 1 & 0 & 0 \\ 0 & 1 & 1 & 1 \end{pmatrix} \xrightarrow{r_3-r_1} \begin{pmatrix} 1 & 1 & 1 & 1 \\ 0 & 1 & 0 & 0 \\ 0 & 0 & 1 & 1 \end{pmatrix}=\hat{\boldsymbol{B}}$$

显然，$\operatorname{rank}\boldsymbol{A}=\operatorname{rank}\hat{\boldsymbol{A}}=3$，故该方程组有唯一解.

(2) 对增广矩阵 $\hat{\boldsymbol{A}}$ 进行初等行变换，有

$$\hat{\boldsymbol{A}}=\begin{pmatrix} 1 & 1 & 1 & 1 \\ 1 & 2 & 2 & 2 \\ 2 & 3 & 3 & 1 \end{pmatrix} \xrightarrow[r_3-2r_1]{r_2-r_1} \begin{pmatrix} 1 & 1 & 1 & 1 \\ 0 & 1 & 1 & 1 \\ 0 & 1 & 1 & -1 \end{pmatrix} \xrightarrow{r_3-r_2} \begin{pmatrix} 1 & 1 & 1 & 1 \\ 0 & 1 & 1 & 1 \\ 0 & 0 & 0 & -2 \end{pmatrix}=\hat{\boldsymbol{B}}$$

因为 $\operatorname{rank}\boldsymbol{A}=2$，$\operatorname{rank}\hat{\boldsymbol{A}}=3$，所以 $\operatorname{rank}\boldsymbol{A}\neq\operatorname{rank}\hat{\boldsymbol{A}}$，故方程组无解.

(3) 对增广矩阵 $\hat{\boldsymbol{A}}$ 进行初等行变换，有

$$\hat{\boldsymbol{A}}=\begin{pmatrix} 1 & 1 & 1 & 1 \\ 1 & 2 & 2 & 2 \\ 2 & 3 & 3 & 3 \end{pmatrix} \xrightarrow[r_3-2r_1]{r_2-r_1} \begin{pmatrix} 1 & 1 & 1 & 1 \\ 0 & 1 & 1 & 1 \\ 0 & 1 & 1 & 1 \end{pmatrix} \xrightarrow{r_3-r_2} \begin{pmatrix} 1 & 1 & 1 & 1 \\ 0 & 1 & 1 & 1 \\ 0 & 0 & 0 & 0 \end{pmatrix}=\hat{\boldsymbol{B}}$$

因为 $\operatorname{rank}\boldsymbol{A}=\operatorname{rank}\hat{\boldsymbol{A}}=2<3$，所以方程组有无穷多解.

由定理 4.2 可以推导出：

推论　若线性方程组(4-1)的系数矩阵 $\boldsymbol{A}$ 是方阵，则线性方程组有唯一解的充分必要条件是 $\det\boldsymbol{A}\neq 0$.

相应的，对于齐次线性方程组，有下述结论.

定理 4.3　齐次线性方程组(4-2)有非零解的充分必要条件是 $\operatorname{rank}\boldsymbol{A}<n$.

当然,它的逆反命题也成立.即齐次线性方程组(4-2)只有零解的充分必要条件是 $\mathrm{rank}\boldsymbol{A}=n$;且当系数矩阵 $\boldsymbol{A}$ 是特殊型矩阵有下述推论.

推论1 系数矩阵$\boldsymbol{A}$是方阵的齐次线性方程组(4-2),即方程的个数等于未知量的个数,只有零解的充分必要条件是 $\det\boldsymbol{A}\neq 0$.

推论2 系数矩阵$\boldsymbol{A}$是方阵的齐次线性方程组(4-2),即方程的个数等于未知量的个数,有非零解的充分必要条件是 $\det\boldsymbol{A}=0$.

推论3 若系数矩阵 $\boldsymbol{A}$ 的行数小于列数,即方程的个数小于未知量的个数,则齐次线性方程组(4-2)必有非零解.

例 4.3 讨论线性方程组

$$\begin{cases}x_1+x_2+x_3=1\\x_1+2x_2+2x_3=2\\x_1-2x_2+ax_3=1\end{cases}$$

解的情况.其中 a 为参数.

解 因为 $\det\boldsymbol{A}=\begin{vmatrix}1&1&1\\1&2&2\\1&-2&a\end{vmatrix}=a+2$,所以,当 $a\neq-2$ 时方程组有唯一解;

当 $a=-2$ 时,因为

$$\hat{\boldsymbol{A}}=\begin{pmatrix}1&1&1&1\\1&2&2&2\\1&-2&-2&1\end{pmatrix}\xrightarrow[r_3-r_1]{r_2-r_1}\begin{pmatrix}1&1&1&1\\0&1&1&1\\0&-3&-3&0\end{pmatrix}\xrightarrow{r_3-r_2}\begin{pmatrix}1&1&1&1\\0&1&1&1\\0&0&0&3\end{pmatrix}$$

所以 $\mathrm{rank}\boldsymbol{A}=2$,$\mathrm{rank}\hat{\boldsymbol{A}}=3$,$\mathrm{rank}\boldsymbol{A}\neq\mathrm{rank}\hat{\boldsymbol{A}}$,故方程组无解.

综上,当 $a\neq-2$ 时方程组有唯一解;当 $a=-2$ 时,方程组无解.

了解了线性方程组解的存在的充分必要条件,下节将通过引进向量与向量组的概念与性质讨论解的结构.

习　题　4.1

1. 判断下列方程组是有唯一解,无解,无穷多解.

(1) $\begin{cases}x_1+x_2+x_3=1\\x_1+2x_2+2x_3=2\\x_1-2x_2+x_3=1\end{cases}$　　(2) $\begin{cases}2x_1+x_2+3x_3=1\\x_1+2x_2+2x_3=2\\x_1-x_2+x_3=1\end{cases}$

(3) $\begin{cases} 2x_1 + x_2 + x_3 = 1 \\ x_1 + 2x_2 + 2x_3 = 2 \\ -x_1 + x_2 + x_3 = 1 \end{cases}$　　(4) $\begin{cases} 2x_1 + x_2 + x_3 + x_4 = 1 \\ x_1 + 2x_2 + 2x_3 - x_4 = 2 \\ -x_1 + 3x_2 + 2x_3 + x_4 = 1 \end{cases}$

2. 讨论下列线性方程组解的情况，其中 a 是参数.

(1) $\begin{cases} x_1 + x_2 + x_3 = 1 \\ x_1 + 2x_2 + 2x_3 = 2 \\ x_1 - 2x_2 + x_3 = a \end{cases}$　　(2) $\begin{cases} x_1 + x_2 + x_3 = 1 \\ x_1 + 2x_2 + ax_3 = 2 \\ x_1 - 2x_2 + x_3 = 1 \end{cases}$

3. 讨论下列齐次线性方程组是否有非零解，其中 a 是参数.

(1) $\begin{cases} x_1 + x_2 + x_3 + x_4 = 0 \\ x_1 + 2x_2 + 2x_3 - 2x_4 = 0 \\ x_1 - 2x_2 + x_3 + 3x_4 = 0 \end{cases}$　　(2) $\begin{cases} ax_1 + x_2 + x_3 = 0 \\ x_1 + ax_2 + x_3 = 0 \\ x_1 + x_2 + ax_3 = 0 \end{cases}$

4.2　n 维向量的概念与运算

3 维向量是物理中的基本概念，然而在处理实际问题中，往往遇到的问题只用 3 维向量是无法解决的，例如飞机在空中的状态及一个学生的各科成绩等.

4.2.1　n 维向量的概念

定义 4.1　由 n 个实数 $a_1, a_2, \cdots, a_n$ 组成的有序数组称为 n 维向量. 记作 $\boldsymbol{\alpha} = (a_1, a_2, \cdots, a_n)$，$a_i$ 称为向量 $\boldsymbol{\alpha}$ 的第 i 个分量 $(i = 1, 2, \cdots, n)$.

在引入空间坐标系后，空间几何向量与三元有序数组一一对应，因此空间几何向量可以认为是 n 维向量的特殊情形，即 $n=3$. 一般常用黑体小写希腊字母 $\boldsymbol{\alpha}, \boldsymbol{\beta}, \boldsymbol{\gamma}, \cdots$ 表示向量.

许多问题可以和向量对应，例如，次数小于 n 的多项式 $f(x) = a_1 + a_2 x +, \cdots + a_n x^{n-1}$ 与 n 维向量 $\alpha = (a_1, a_2, \cdots, a_n)$ 一一对应；一个 n 元线性方程 $a_1 x_1 + a_2 x_2 + \cdots + a_n x_n = b$ 与 $n+1$ 维向量 $\alpha = (a_1, a_2, \cdots, a_n, b)$ 一一对应等.

向量也可以写成列的形式：

$$\boldsymbol{\beta} = \begin{pmatrix} a_1 \\ a_2 \\ \vdots \\ a_n \end{pmatrix}$$

写成行形式的向量称为行向量,写成列形式的向量称为列向量.如果将向量看作矩阵,那么 n 维行向量可理解成 $1\times n$ 矩阵,n 维列向量可理解成 $n\times 1$ 矩阵,用矩阵的转置可将它们相互转化,即

$$(a_1,a_2,\cdots,a_n)^{\mathrm{T}}=\begin{bmatrix}a_1\\a_2\\\vdots\\a_n\end{bmatrix}\quad 或\quad \begin{bmatrix}a_1\\a_2\\\vdots\\a_n\end{bmatrix}^{\mathrm{T}}=(a_1,a_2,\cdots,a_n)$$

所有分量都为零的向量称为零向量,记为 $\mathbf{0}$,即

$$\mathbf{0}=(0,0,\cdots,0)\quad 或\quad \mathbf{0}=(0,0,\cdots,0)^{\mathrm{T}}$$

从物理意义上讲,向量只与每个分量的大小与维数有关;从数学意义上讲,向量不仅具有物理意义,还与其型有关,既是行向量还是列向量.

特殊地,n 维向量组 $\boldsymbol{\varepsilon}_1=(1,0,\cdots,0)$,$\boldsymbol{\varepsilon}_2=(0,1,0,\cdots,0)$,$\cdots$,$\boldsymbol{\varepsilon}_n=(0,\cdots,0,1)$ 称为 n 元单位坐标向量组.

4.2.2 n 维向量的运算

定义 4.2 如果两个 n 维向量 $\boldsymbol{\alpha}=(a_1,a_2,\cdots,a_n)$,$\boldsymbol{\beta}=(b_1,b_2,\cdots,b_n)$ 对应的分量相等,即 $a_i=b_i(i=1,2,\cdots,n)$,则称这两个向量相等,记作 $\boldsymbol{\alpha}=\boldsymbol{\beta}$.

定义 4.3 设 $\boldsymbol{\alpha}=(a_1,a_2,\cdots,a_n)$,$\boldsymbol{\beta}=(b_1,b_2,\cdots,b_n)$ 是两个 n 维向量,它们对应的分量的和所构成的向量 $(a_1+b_1,a_2+b_2,\cdots,a_n+b_n)$ 称为两向量 $\boldsymbol{\alpha}$ 与 $\boldsymbol{\beta}$ 的和,记为 $\boldsymbol{\alpha}+\boldsymbol{\beta}$.

由 n 维向量 $\boldsymbol{\alpha}=(a_1,a_2,\cdots,a_n)$ 的各分量的相反数构成的向量,称为 $\boldsymbol{\alpha}$ 的负向量,记为 $-\boldsymbol{\alpha}$,即

$$-\boldsymbol{\alpha}=(-a_1,-a_2,\cdots,-a_n)$$

由向量的加法及负向量的定义,可定义向量的减法:

$$\boldsymbol{\alpha}-\boldsymbol{\beta}=\boldsymbol{\alpha}+(-\boldsymbol{\beta})=(a_1-b_1,a_2-b_2,\cdots,a_n-b_n)$$

定义 4.4 数 k 与向量 $\boldsymbol{\alpha}=(a_1,a_2,\cdots,a_n)$ 的乘积称为数乘运算,记为 $k\boldsymbol{\alpha}$ 或 $\boldsymbol{\alpha}k$,即

$$k\boldsymbol{\alpha}=\boldsymbol{\alpha}k=(ka_1,ka_2,\cdots,ka_n)$$

显然,向量的加法与数乘运算就可以看成矩阵的相应运算.它同样满足以下运算规律(设 $\boldsymbol{\alpha},\boldsymbol{\beta},\boldsymbol{\gamma}$ 都是 n 维向量,k,l 是实数):

(1) $\boldsymbol{\alpha}+\boldsymbol{\beta}=\boldsymbol{\beta}+\boldsymbol{\alpha}$;

(2) $(\boldsymbol{\alpha}+\boldsymbol{\beta})+\boldsymbol{\gamma}=\boldsymbol{\alpha}+(\boldsymbol{\beta}+\boldsymbol{\gamma})$;

(3) $\mathbf{0}+\boldsymbol{\alpha}=\boldsymbol{\alpha}$;

(5) $k(\boldsymbol{\alpha}+\boldsymbol{\beta})=k\boldsymbol{\alpha}+k\boldsymbol{\beta}$;

(6) $(kl)\boldsymbol{\alpha}=k(l\boldsymbol{\alpha})$;

(7) $(k+l)\boldsymbol{\alpha}=k\boldsymbol{\alpha}+l\boldsymbol{\alpha}$;

(4)$\boldsymbol{\alpha}+(-\boldsymbol{\alpha})=0$;　　　　　(8)$1\boldsymbol{\alpha}=\boldsymbol{\alpha}$

当然,向量的加法及数乘运算也称为向量的线性运算.

例 4.4　已知 $\boldsymbol{\alpha}=(1,2,-1,2)$,$\boldsymbol{\beta}=(1,-1,0,2)$,求 $\boldsymbol{\alpha}-2\boldsymbol{\beta}$.

解　$\boldsymbol{\alpha}-2\boldsymbol{\beta}=(1,2,-1,2)-2(1,-1,0,2)=(-1,4,-1,-2)$.

4.2.3　线性方程组的向量形式

对于一般的线性方程组(4-1),设

$$\boldsymbol{\alpha}_1=\begin{bmatrix}a_{11}\\a_{21}\\\vdots\\a_{m1}\end{bmatrix},\quad \boldsymbol{\alpha}_2=\begin{bmatrix}a_{12}\\a_{22}\\\vdots\\a_{m2}\end{bmatrix},\quad \cdots,\quad \boldsymbol{\alpha}_n=\begin{bmatrix}a_{1n}\\a_{2n}\\\vdots\\a_{mn}\end{bmatrix}$$

则线性方程组(4-1)的向量形式为

$$\boldsymbol{\alpha}_1x_1+\boldsymbol{\alpha}_2x_2+\cdots+\boldsymbol{\alpha}_nx_n=\boldsymbol{b}$$

例 4.5　将线性方程组

$$\begin{cases}x_1+2x_2-x_3+3x_4=1\\2x_1-x_2+x_3-2x_4=2\\-x_1+3x_2+2x_3-x_4=-1\end{cases}$$

表示成向量形式.

解　令

$$\boldsymbol{\alpha}_1=\begin{bmatrix}1\\2\\-1\end{bmatrix},\quad \boldsymbol{\alpha}_2=\begin{bmatrix}2\\-1\\3\end{bmatrix},\quad \boldsymbol{\alpha}_3=\begin{bmatrix}-1\\1\\2\end{bmatrix},\quad \boldsymbol{\alpha}_4=\begin{bmatrix}3\\-2\\-1\end{bmatrix},\quad \boldsymbol{b}=\begin{bmatrix}1\\2\\-1\end{bmatrix}$$

则线性方程组的向量形式为

$$\boldsymbol{\alpha}_1x_1+\boldsymbol{\alpha}_2x_2+\boldsymbol{\alpha}_3x_3+\boldsymbol{\alpha}_4x_4=\boldsymbol{b}$$

习　题　4.2

1. 已知向量 $\boldsymbol{\alpha}=(1,-1,3)$,$\boldsymbol{\beta}=(2,3,-4)$,求 $3\boldsymbol{\alpha}-2\boldsymbol{\beta}$,$2\boldsymbol{\alpha}+3\boldsymbol{\beta}$.
2. 已知向量 $\boldsymbol{\alpha}=(a,-1,0)$,$\boldsymbol{\beta}=(2,c,b)$,$3\boldsymbol{\alpha}=2\boldsymbol{\beta}$ 求 a,b,c.
3. 已知线性方程组

$$\begin{cases}x_1+2x_2-3x_3=1\\2x_1-x_2+2x_3=0\\-x_1+3x_2+2x_3=-1\end{cases}$$

将其表示成向量形式.

4.3 向量组的线性相关性

这里介绍关于向量组的一些抽象概念,目的是从向量的角度讨论线性方程组解的问题.

4.3.1 向量组的线性相关性概念

定义 4.5 设$\boldsymbol{\alpha}_1,\boldsymbol{\alpha}_2,\cdots,\boldsymbol{\alpha}_m$为$m$个$n$维向量,$k_1,k_2,\cdots,k_m$为$m$个数,若向量

$$\boldsymbol{\beta}=k_1\boldsymbol{\alpha}_1+k_2\boldsymbol{\alpha}_2+\cdots+k_m\boldsymbol{\alpha}_m$$

则称$\boldsymbol{\beta}$是向量组$\boldsymbol{\alpha}_1,\boldsymbol{\alpha}_2,\cdots,\boldsymbol{\alpha}_m$的一个**线性组合**;或称$\boldsymbol{\beta}$可由向量组$\boldsymbol{\alpha}_1,\boldsymbol{\alpha}_2,\cdots,\boldsymbol{\alpha}_m$ **线性表示**.

例如,设向量$\boldsymbol{\alpha}_1=(1,0,0,0)$,$\boldsymbol{\alpha}_2=(0,1,0,0)$,$\boldsymbol{\alpha}_3=(0,0,1,0)$,$\boldsymbol{\alpha}_4=(2,0,1,0)$不难发现:$\boldsymbol{\alpha}_4=2\boldsymbol{\alpha}_1+\boldsymbol{\alpha}_3$,所以$\boldsymbol{\alpha}_4$可由$\boldsymbol{\alpha}_1,\boldsymbol{\alpha}_2,\boldsymbol{\alpha}_3$线性表示.

由上节的线性方程组的向量形式可知,若存在一组数$x_1,x_2,\cdots,x_n$是线性方程组(4-1)的解,则方程组(4-1)的常数列构成的向量$\boldsymbol{b}$就可由方程组的系数构成的列向量$\boldsymbol{\alpha}_1,\boldsymbol{\alpha}_2,\cdots,\boldsymbol{\alpha}_n$线性表示.反之,若方程组(4-1)的常数列构成的向量$\boldsymbol{b}$可由方程组的系数构成的列向量$\boldsymbol{\alpha}_1,\boldsymbol{\alpha}_2,\cdots,\boldsymbol{\alpha}_n$线性表示,即

$$\boldsymbol{b}=\boldsymbol{\alpha}_1x_1+\boldsymbol{\alpha}_2x_2+\cdots+\boldsymbol{\alpha}_nx_n$$

则数组$x_1,x_2,\cdots,x_n$是线性方程组(4-1)的解.这就是说,线性方程组解的存在问题,可以归结为向量的线性表示问题.

例 4.6 设$\boldsymbol{\beta}=(1,-1,2)$,$\boldsymbol{\alpha}_1=(1,0,2)$,$\boldsymbol{\alpha}_2=(-1,1,0)$,$\boldsymbol{\alpha}_2=(1,1,4)$,试判断$\boldsymbol{\beta}$是否是$\boldsymbol{\alpha}_1,\boldsymbol{\alpha}_2,\boldsymbol{\alpha}_3$的线性组合.

解 设有一组数k_1,k_2,k_3,使得$\boldsymbol{\beta}=k_1\boldsymbol{\alpha}_1+k_2\boldsymbol{\alpha}_2+k_3\boldsymbol{\alpha}_3$,即有

$$(1,-1,2)=k_1(1,0,2)+k_2(-1,1,0)+k_3(1,1,4)$$

由向量的线性运算和相等的定义,得线性方程组

$$\begin{cases}k_1-k_2+k_3=1\\k_2+k_3=-1\\2k_1+4k_3=2\end{cases}$$

因为增广矩阵$\hat{\boldsymbol{A}}=\begin{pmatrix}1&-1&1&1\\0&1&1&-1\\2&0&4&2\end{pmatrix}\xrightarrow{\text{初等行变换}}\begin{pmatrix}1&-1&1&1\\0&1&1&-1\\0&0&0&2\end{pmatrix}$,得

$\operatorname{rank}\hat{\boldsymbol{A}}=2$,$\operatorname{rank}\hat{\boldsymbol{A}}=3\neq\operatorname{rank}\boldsymbol{A}$,无解;故$\boldsymbol{\beta}$不是$\boldsymbol{\alpha}_1,\boldsymbol{\alpha}_2,\boldsymbol{\alpha}_3$的线性组合.

定义4.6　设 $\boldsymbol{\alpha}_1,\boldsymbol{\alpha}_2,\cdots,\boldsymbol{\alpha}_m$ 为 m 个 n 维向量，若存在一组不全为零的数 $k_1,k_2,\cdots,k_m$，使得

$$k_1\boldsymbol{\alpha}_1+k_2\boldsymbol{\alpha}_2+\cdots+k_m\boldsymbol{\alpha}_m=\mathbf{0}$$

则称向量组 $\boldsymbol{\alpha}_1,\boldsymbol{\alpha}_2,\cdots,\boldsymbol{\alpha}_m$ **线性相关**；否则，只有当 $k_1=k_2=\cdots=k_m=0$ 时，才有

$$k_1\boldsymbol{\alpha}_1+k_2\boldsymbol{\alpha}_2+\cdots+k_m\boldsymbol{\alpha}_m=\mathbf{0}$$

成立，则称向量组 $\boldsymbol{\alpha}_1,\boldsymbol{\alpha}_2,\cdots,\boldsymbol{\alpha}_m$ **线性无关**.

一个向量组，不是线性相关，就是线性无关，二者必居其一. 研究向量组线性相关或线性无关的问题统称为向量组的线性相关性.

实质上，研究向量组的线性相关性就是研究向量方程

$$k_1\boldsymbol{\alpha}_1+k_2\boldsymbol{\alpha}_2+\cdots+k_m\boldsymbol{\alpha}_m=\mathbf{0}$$

是否有非零解，如果有非零解，就是线性相关；如果没有非零解，就是线性无关.

由定义4.6可以推出：

(1) 单独一个零向量线性相关.

(2) 单独一个非零向量线性无关.

(3) 含有零向量的向量组线性相关.

例4.7　证明 n 维单位向量组线性无关.

证　设有一组数 $k_1,k_2,\cdots,k_n$，使得

$$k_1\boldsymbol{\varepsilon}_1+k_2\boldsymbol{\varepsilon}_2+\cdots+k_n\boldsymbol{\varepsilon}_n=\mathbf{0}$$

由于

$$k_1\boldsymbol{\varepsilon}_1+k_2\boldsymbol{\varepsilon}_2+\cdots+k_n\boldsymbol{\varepsilon}_n=k_1(1,0,\cdots,0)+k_2(0,1,\cdots,0)+\cdots+k_n(0,\cdots,0,1)=(k_1,k_2,\cdots,k_n)=(0,0,\cdots,0)$$

因此 $k_1=k_2=\cdots=k_n=0$，故 $\boldsymbol{\varepsilon}_1,\boldsymbol{\varepsilon}_2,\cdots,\boldsymbol{\varepsilon}_n$ 线性无关.

例4.8　判断下列向量组的线性相关性.

(1) $\boldsymbol{\alpha}_1=(1,2,2)$，$\boldsymbol{\alpha}_2=(2,1,2)$，$\boldsymbol{\alpha}_3=(2,2,1)$.

(2) $\boldsymbol{\alpha}_1=(1,2,-1)$，$\boldsymbol{\alpha}_2=(2,1,1)$，$\boldsymbol{\alpha}_3=(1,-1,2)$.

解　(1) 设有一组数 k_1,k_2,k_3，使得 $k_1\boldsymbol{\alpha}_1+k_2\boldsymbol{\alpha}_2+k_3\boldsymbol{\alpha}_3=\mathbf{0}$，即

$$k_1(1,2,2)+k_2(2,1,2)+k_3(2,2,1)=(0,0,0)$$

得线性方程组

$$\begin{cases}k_1+2k_2+2k_3=0\\2k_1+k_2+2k_3=0\\2k_1+2k_2+k_3=0\end{cases}$$

由于方程组的系数行列式

$$\begin{vmatrix} 1 & 2 & 2 \\ 2 & 1 & 2 \\ 2 & 2 & 1 \end{vmatrix} = 5 \neq 0$$

因此,由 Cramer 法则知,方程组只有零解,即 $k_1 = k_2 = k_3 = 0$,故向量组 $\boldsymbol{\alpha}_1,\boldsymbol{\alpha}_2,\boldsymbol{\alpha}_3$ 线性无关.

(2) 设有一组数 k_1,k_2,k_3,使得 $k_1\boldsymbol{\alpha}_1 + k_2\boldsymbol{\alpha}_2 + k_3\boldsymbol{\alpha}_3 = \mathbf{0}$,即

$$k_1(1,2,-1) + k_2(2,1,1) + k_3(1,-1,2) = (0,0,0)$$

得线性方程组

$$\begin{cases} k_1 + 2k_2 + k_3 = 0 \\ 2k_1 + k_2 - k_3 = 0 \\ -k_1 + k_2 + 2k_3 = 0 \end{cases}$$

由于方程组的系数行列式

$$\begin{vmatrix} 1 & 2 & 1 \\ 2 & 1 & -1 \\ -1 & 1 & 2 \end{vmatrix} = 0$$

因此方程组有非零解,即存在一组不全为零的数 k_1,k_2,k_3,使得

$$k_1\boldsymbol{\alpha}_1 + k_2\boldsymbol{\alpha}_2 + k_3\boldsymbol{\alpha}_3 = \mathbf{0}$$

成立,故向量组 $\boldsymbol{\alpha}_1,\boldsymbol{\alpha}_2,\boldsymbol{\alpha}_3$ 线性相关.

例 4.9 设向量组 $\boldsymbol{\alpha}_1,\boldsymbol{\alpha}_2,\boldsymbol{\alpha}_3$ 线性无关,又向量组 $\boldsymbol{\beta}_1 = 2\boldsymbol{\alpha}_1 + \boldsymbol{\alpha}_2 + \boldsymbol{\alpha}_3$,$\boldsymbol{\beta}_2 = \boldsymbol{\alpha}_1 + 2\boldsymbol{\alpha}_2 + \boldsymbol{\alpha}_3$,$\boldsymbol{\beta}_3 = \boldsymbol{\alpha}_1 + \boldsymbol{\alpha}_2 + 2\boldsymbol{\alpha}_3$,证明向量组 $\boldsymbol{\beta}_1,\boldsymbol{\beta}_2,\boldsymbol{\beta}_3$ 线性无关.

证 设有一组数 k_1,k_2,k_3,使得

$$k_1\boldsymbol{\beta}_1 + k_2\boldsymbol{\beta}_2 + k_3\boldsymbol{\beta}_3 = \mathbf{0}$$

即 $k_1(2\boldsymbol{\alpha}_1 + \boldsymbol{\alpha}_2 + \boldsymbol{\alpha}_3) + k_2(\boldsymbol{\alpha}_1 + 2\boldsymbol{\alpha}_2 + \boldsymbol{\alpha}_3) + k_3(\boldsymbol{\alpha}_1 + \boldsymbol{\alpha}_2 + 2\boldsymbol{\alpha}_3) = \mathbf{0}$

则有 $(2k_1 + k_2 + k_3)\boldsymbol{\alpha}_1 + (k_1 + 2k_2 + k_3)\boldsymbol{\alpha}_2 + (k_1 + k_2 + 2k_3)\boldsymbol{\alpha}_3 = \mathbf{0}$

因为 $\boldsymbol{\alpha}_1,\boldsymbol{\alpha}_2,\boldsymbol{\alpha}_3$ 线性无关,所以上式成立必有

$$\begin{cases} 2k_1 + k_2 + k_3 = 0 \\ k_1 + 2k_2 + k_3 = 0 \\ k_1 + k_2 + 2k_3 = 0 \end{cases}$$

因为

$$\begin{vmatrix} 2 & 1 & 1 \\ 1 & 2 & 1 \\ 1 & 1 & 2 \end{vmatrix} = 4 \neq 0$$

所以方程组只有零解,即向量组 $\boldsymbol{\beta}_1,\boldsymbol{\beta}_2,\boldsymbol{\beta}_3$ 线性无关.

一般地，判断一个向量组 $\boldsymbol{\alpha}_1,\boldsymbol{\alpha}_2,\cdots,\boldsymbol{\alpha}_m$ 的线性相关性的基本方法是：

(1) 假定存在一组数 $k_1,k_2,\cdots,k_m$，使得

$$k_1\boldsymbol{\alpha}_1+k_2\boldsymbol{\alpha}_2+\cdots+k_m\boldsymbol{\alpha}_m=\mathbf{0}$$

(2) 应用向量的线性运算和向量相等的定义，找出未知数 $k_1,k_2,\cdots,k_m$ 的齐次线性方程组.

(3) 如果该方程组有非零解，则向量组 $\boldsymbol{\alpha}_1,\boldsymbol{\alpha}_2,\cdots,\boldsymbol{\alpha}_m$ 的线性相关；如果该方程组只有零解，则向量组 $\boldsymbol{\alpha}_1,\boldsymbol{\alpha}_2,\cdots,\boldsymbol{\alpha}_m$ 的线性无关.

4.3.2　线性相关性的判定

为了更简便地判别向量组的线性相关性，这里讨论几个重要的结论.

定理4.4　向量组 $\boldsymbol{\alpha}_1,\boldsymbol{\alpha}_2,\cdots,\boldsymbol{\alpha}_m(m\geqslant 2)$ 的线性相关的充分必要条件是其中至少有一个向量可由其余 $m-1$ 个向量线性表示.

证　必要性：因为向量组 $\boldsymbol{\alpha}_1,\boldsymbol{\alpha}_2,\cdots,\boldsymbol{\alpha}_m(m\geqslant 2)$ 的线性相关，所以存在一组不全为零的数 $k_1,k_2,\cdots,k_m$，使得

$$k_1\boldsymbol{\alpha}_1+k_2\boldsymbol{\alpha}_2+\cdots+k_m\boldsymbol{\alpha}_m=\mathbf{0}$$

不妨设 $k_1\neq 0$，则

$$\boldsymbol{\alpha}_1=-\frac{k_2}{k_1}\boldsymbol{\alpha}_2-\frac{k_2}{k_1}\boldsymbol{\alpha}_3\cdots-\frac{k_m}{k_1}\boldsymbol{\alpha}_m$$

得，$\boldsymbol{\alpha}_1$ 可由 $\boldsymbol{\alpha}_2,\cdots,\boldsymbol{\alpha}_m$ 线性表示.

充分性：设 $\boldsymbol{\alpha}_1$ 可由 $\boldsymbol{\alpha}_2,\cdots,\boldsymbol{\alpha}_m$ 线性表示，即

$$\boldsymbol{\alpha}_1=l_2\boldsymbol{\alpha}_2+l_3\boldsymbol{\alpha}_3+\cdots+l_m\boldsymbol{\alpha}_m$$

于是

$$\boldsymbol{\alpha}_1-l_2\boldsymbol{\alpha}_2-l_3\boldsymbol{\alpha}_3-\cdots-l_m\boldsymbol{\alpha}_m=\mathbf{0}$$

$1,-l_2,-l_3,\cdots,-l_m$ 不全为零，所以向量组 $\boldsymbol{\alpha}_1,\boldsymbol{\alpha}_2,\cdots,\boldsymbol{\alpha}_m$ 的线性相关.

证毕

由定理4.4可得，两个向量线性相关的充分必要条件是两个向量共线.

定理4.5　如果一个向量组的一部分向量线性相关，那么这个向量组线性相关.

由于定理4.2的逆反命题与其等价，便有下述推论.

推论　如果一个向量组线性无关，那么它的任意一部分向量也线性无关.

定理4.5可简述为：对于向量组，“部分相关，整体相关”；“整体无关，则部分无关”. 例如，向量组 $\boldsymbol{\alpha}_1=(1,2,-1)$，$\boldsymbol{\alpha}_2=(2,4,-2)$，$\boldsymbol{\alpha}_3=(1,-1,2)$，由 $\boldsymbol{\alpha}_2=2\boldsymbol{\alpha}_1$ 知 $\boldsymbol{\alpha}_1,\boldsymbol{\alpha}_2$ 线性相关，由定理4.5知，向量组 $\boldsymbol{\alpha}_1,\boldsymbol{\alpha}_2,\boldsymbol{\alpha}_3$ 线性相关性.

下面我们引进矩阵的秩判断向量组的线性相关性，首先建立矩阵与向量组的关系.

定义 4.7 设矩阵 $\boldsymbol{A}$ 是 $m\times n$ 矩阵，将 $\boldsymbol{A}$ 分块为

$$\boldsymbol{A}=\begin{pmatrix}\boldsymbol{\alpha}_1\\ \boldsymbol{\alpha}_2\\ \vdots\\ \boldsymbol{\alpha}_m\end{pmatrix}=(\boldsymbol{\beta}_1\quad \boldsymbol{\beta}_2\quad \cdots\quad \boldsymbol{\beta}_n)$$

，则称 $\boldsymbol{\alpha}_1,\boldsymbol{\alpha}_2,\cdots,\boldsymbol{\alpha}_m$ 为矩阵 $\boldsymbol{A}$ 的**行向量组**，$\boldsymbol{\beta}_1,\boldsymbol{\beta}_2,\cdots,\boldsymbol{\beta}_n$ 为矩阵 $\boldsymbol{A}$ 的**列向量组**.

从而，一个向量组可以构造一个矩阵，成为矩阵的行(列)向量组，这样判断向量组的线性相关性问题就转化为矩阵的相关问题.

定理 4.6 设矩阵 $\boldsymbol{A}$ 是 $m\times n$ 矩阵，则

(1) 矩阵 $\boldsymbol{A}$ 的行向量组线性相关的充分必要条件是 $\mathrm{rank}\boldsymbol{A}<m$.

(2) 矩阵 $\boldsymbol{A}$ 的列向量组线性相关的充分必要条件是 $\mathrm{rank}\boldsymbol{A}<n$.

证 只证(1)，而(2)的证明类似. 设矩阵 $\boldsymbol{A}$ 的行向量组是 $\boldsymbol{\alpha}_1,\boldsymbol{\alpha}_2,\cdots,\boldsymbol{\alpha}_m$，则有

$$\boldsymbol{A}=\begin{pmatrix}\boldsymbol{\alpha}_1\\ \boldsymbol{\alpha}_2\\ \vdots\\ \boldsymbol{\alpha}_m\end{pmatrix}$$

必要性：若有一组不全为零的数 $k_1,k_2,\cdots,k_m$，使得

$$k_1\boldsymbol{\alpha}_1+k_2\boldsymbol{\alpha}_2+\cdots+k_m\boldsymbol{\alpha}_m=\boldsymbol{0}$$

即

$$k_1\boldsymbol{\alpha}_1^{\mathrm{T}}+k_2\boldsymbol{\alpha}_2^{\mathrm{T}}+\cdots+k_m\boldsymbol{\alpha}_m^{\mathrm{T}}=\boldsymbol{0}$$

所以有 $\boldsymbol{A}^{\mathrm{T}}\begin{pmatrix}k_1\\ k_2\\ \vdots\\ k_m\end{pmatrix}=0$，故 $\mathrm{rank}\boldsymbol{A}^{\mathrm{T}}<m$，即 $\mathrm{rank}\boldsymbol{A}<m$.

充分性：因为 $\mathrm{rank}\boldsymbol{A}<m$，即 $\mathrm{rank}\boldsymbol{A}^{\mathrm{T}}<m$，故 $\boldsymbol{A}^{\mathrm{T}}\boldsymbol{x}=\boldsymbol{0}$ 有非零解，不妨设 $k_1,k_2,\cdots,k_m$ 是其一组非零解，则有 $k_1\boldsymbol{\alpha}_1^{\mathrm{T}}+k_2\boldsymbol{\alpha}_2^{\mathrm{T}}+\cdots+k_m\boldsymbol{\alpha}_m^{\mathrm{T}}=\boldsymbol{0}$

即

$$k_1\boldsymbol{\alpha}_1+k_2\boldsymbol{\alpha}_2+\cdots+k_m\boldsymbol{\alpha}_m=\boldsymbol{0}$$

故 $\boldsymbol{A}$ 的行向量组线性相关.

证毕

从定理 4.6 可以知道，判断一个向量组的线性相关性问题可以通过计算矩阵的秩解决. 而且仔细观察(1)，(2)的结论可以发现它们的共性，即矩阵的

秩小于向量的个数,则向量组线性相关.定理 4.5 的逆反命题是:

推论 1　设 $\boldsymbol{A}$ 是 $m \times n$ 矩阵,则

(1) 矩阵 $\boldsymbol{A}$ 的行向量组线性无关的充分必要条件是 $\mathrm{rank}\boldsymbol{A}=m$.

(2) 矩阵 $\boldsymbol{A}$ 的列向量组线性无关的充分必要条件是 $\mathrm{rank}\boldsymbol{A}=n$.

由定理 4.6,还可以得出以下结论.

推论 2　设 n 维向量组 $\boldsymbol{\alpha}_1,\boldsymbol{\alpha}_2,\cdots,\boldsymbol{\alpha}_m$,如果 $m>n$,则向量组 $\boldsymbol{\alpha}_1,\boldsymbol{\alpha}_2,\cdots,\boldsymbol{\alpha}_m$ 线性相关.

推论 2 表明,如果向量组中所含向量的个数大于向量的维数,那么该向量组一定线性相关.例如,3 个 2 维向量一定线性相关,4 个 3 维向量一定线性相关,$n+1$ 个 n 维向量一定线性相关.

推论 3　n 个 n 维向量组 $\boldsymbol{\alpha}_i=(a_{i1},a_{i2},\cdots,a_{in})$ $(i=1,2,\cdots,n)$ 线性相关的充分必要条件是:

$$\det\boldsymbol{A}=\begin{vmatrix} a_{11} & a_{12} & \cdots & a_{1n} \\ a_{21} & a_{22} & \cdots & a_{2n} \\ \vdots & \vdots & & \vdots \\ a_{n1} & a_{n2} & \cdots & a_{nn} \end{vmatrix}=0$$

推论 3 表明,如果向量组所含向量的个数等于向量的维数,那么向量组的线性相关性取决于向量组所形成的方阵的行列式的值是否为零.如果为零就线性相关,否则线性无关.

例 4.10　判断下列向量组的线性相关性.

(1) $\boldsymbol{\alpha}_1=(1,2)$, $\boldsymbol{\alpha}_2=(2,3)$, $\boldsymbol{\alpha}_3=(1,1)$.

(2) $\boldsymbol{\alpha}_1=(1,2,1)$, $\boldsymbol{\alpha}_2=(2,3,1)$, $\boldsymbol{\alpha}_3=(1,1,4)$.

(3) $\boldsymbol{\alpha}_1=(1,2,1,1)$, $\boldsymbol{\alpha}_2=(2,3,1,2)$, $\boldsymbol{\alpha}_3=(1,1,4,-2)$.

解　(1) 因为向量的个数是 $3>$ 向量的维数 2,所以向量组线性相关.

(2) 构造矩阵 $\boldsymbol{A}=\begin{pmatrix} \boldsymbol{\alpha}_1 \\ \boldsymbol{\alpha}_2 \\ \boldsymbol{\alpha}_3 \end{pmatrix}=\begin{pmatrix} 1 & 2 & 1 \\ 2 & 3 & 1 \\ 1 & 1 & 4 \end{pmatrix}$,因为 $\det\boldsymbol{A}=4\neq 0$,所以向量组线性无关.

(3) 构造矩阵 $\boldsymbol{A}=\begin{pmatrix} \boldsymbol{\alpha}_1 \\ \boldsymbol{\alpha}_2 \\ \boldsymbol{\alpha}_3 \end{pmatrix}=\begin{pmatrix} 1 & 2 & 1 & 1 \\ 2 & 3 & 1 & 2 \\ 1 & 1 & 4 & -2 \end{pmatrix}$,因为

$$\begin{pmatrix}1&2&1&1\\2&3&1&2\\1&1&4&-2\end{pmatrix}\to\begin{pmatrix}1&1&4&-2\\0&1&-3&3\\0&0&-4&3\end{pmatrix}$$

所以 $\mathrm{rank}\boldsymbol{A}=3$,故向量组线性无关.

4.3.3 向量组的极大无关组与秩

在一个线性相关的向量组中,只要所含的向量不全是零向量,就一定存在线性无关的一部分向量,那么线性无关的一部分向量最多有几个向量呢?下面就讨论这个问题.

定义 4.8 设向量组 Ⅰ:$\boldsymbol{\alpha}_1,\boldsymbol{\alpha}_2,\cdots,\boldsymbol{\alpha}_m$, 而向量组 Ⅱ:$\boldsymbol{\alpha}_{i_1},\boldsymbol{\alpha}_{i_2},\cdots,\boldsymbol{\alpha}_{i_r}(r\leqslant m)$ 是向量组(Ⅰ)的一部分向量组,如果

(1) 向量组 Ⅱ 线性无关;

(2) 向量组 Ⅰ 中任意 $r+1$ 个向量线性相关(如果存在 $r+1$ 个向量);

则称向量组 Ⅱ 是向量组 I 的一个极大无关向量组,简称为极大无关组;极大无关组所含向量的个数称为向量组 I 的秩,记作 $r(\boldsymbol{\alpha}_1,\boldsymbol{\alpha}_2,\cdots,\boldsymbol{\alpha}_m)$.

例如,向量组 $\boldsymbol{\alpha}_1=(1,0,0)$,$\boldsymbol{\alpha}_2=(0,1,0)$,$\boldsymbol{\alpha}_3=(0,0,1)$,$\boldsymbol{\alpha}_4=(1,2,1)$. 显然 $\boldsymbol{\alpha}_1,\boldsymbol{\alpha}_2,\boldsymbol{\alpha}_3$ 线性无关,又 $\boldsymbol{\alpha}_1,\boldsymbol{\alpha}_2,\boldsymbol{\alpha}_3,\boldsymbol{\alpha}_4$ 线性相关(因为个数大于维数),所以 $\boldsymbol{\alpha}_1,\boldsymbol{\alpha}_2,\boldsymbol{\alpha}_3$ 是向量组的一个极大无关组,向量组的秩为 3.

实际上,$\boldsymbol{\alpha}_1,\boldsymbol{\alpha}_2,\boldsymbol{\alpha}_4$ 也是向量组 $\boldsymbol{\alpha}_1,\boldsymbol{\alpha}_2,\boldsymbol{\alpha}_3,\boldsymbol{\alpha}_4$ 的一个极大无关组;且向量组中任意 3 个向量都是该向量组的极大无关组.

注 向量组的极大无关组不唯一;向量组的秩唯一.

由定义可知,一个线性无关的向量组,它的极大无关组就是它本身,其秩就是所含向量的个数. 特别地,规定全部为零向量组成的向量组的秩为零.

极大无关组具有下述性质.

性质 1 如果向量组的秩为 r,则该向量组中的任意 r 个线性无关的向量均是该向量组的极大无关组.

性质 2 向量组中任意向量都可由极大无关组线性表示且表示法唯一.

证 设向量组 $\boldsymbol{\alpha}_1,\boldsymbol{\alpha}_2,\cdots,\boldsymbol{\alpha}_r$ 是极大无关组,对于该向量组任意向量 $\boldsymbol{\alpha}_{i_0}$,如果 $\boldsymbol{\alpha}_{i_0}\in\{\boldsymbol{\alpha}_1,\boldsymbol{\alpha}_2,\cdots,\boldsymbol{\alpha}_r\}$,$\boldsymbol{\alpha}_{i_0}$ 可以由 $\boldsymbol{\alpha}_1,\boldsymbol{\alpha}_2,\cdots,\boldsymbol{\alpha}_r$ 线性表示;如果 $\boldsymbol{\alpha}_{i_0}\notin\{\boldsymbol{\alpha}_1,\boldsymbol{\alpha}_2,\cdots,\boldsymbol{\alpha}_r\}$,因为 $\boldsymbol{\alpha}_{i_0},\boldsymbol{\alpha}_1,\boldsymbol{\alpha}_2,\cdots,\boldsymbol{\alpha}_r$ 线性相关,所以存在一组数 $k_0,k_1,k_2,\cdots,k_r$,使得

$$k_0\boldsymbol{\alpha}_{i_0}+k_1\boldsymbol{\alpha}_1+k_2\boldsymbol{\alpha}_2+\cdots+k_r\boldsymbol{\alpha}_r=\boldsymbol{0} \tag{4-4}$$

只需证 $k_0\neq 0$,用反证法证,假设 $k_0=0$,代入(4-4),则有

$$k_1\boldsymbol{\alpha}_1+k_2\boldsymbol{\alpha}_2+\cdots+k_r\boldsymbol{\alpha}_r=\mathbf{0}$$

因为 $\boldsymbol{\alpha}_1,\boldsymbol{\alpha}_2,\cdots,\boldsymbol{\alpha}_r$ 线性无关，所以 $k_1=k_2=\cdots=k_r=0$，与 $k_0,k_1,k_2,\cdots,k_r$ 不全为零矛盾，故 $k_0\neq 0$，所以由式(4－4)有

$$\boldsymbol{\alpha}_{i_0}=-\frac{k_1}{k_0}\boldsymbol{\alpha}_1-\frac{k_2}{k_0}\boldsymbol{\alpha}_2-\cdots-\frac{k_r}{k_0}\boldsymbol{\alpha}_r$$

因此向量组中的任意向量都可由极大无关组线性表示.

唯一性：设 $\boldsymbol{\alpha}_{i_0}$ 被 $\boldsymbol{\alpha}_1,\boldsymbol{\alpha}_2,\cdots,\boldsymbol{\alpha}_r$ 表示为

$$\boldsymbol{\alpha}_{i_0}=k_1\boldsymbol{\alpha}_1+k_2\boldsymbol{\alpha}_2+\cdots+k_r\boldsymbol{\alpha}_r,\quad \boldsymbol{\alpha}_{i_0}=l_1\boldsymbol{\alpha}_1+l_2\boldsymbol{\alpha}_2+\cdots+l_r\boldsymbol{\alpha}_r$$

两式相减，则有

$$(k_1-l_1)\boldsymbol{\alpha}_1+(k_2-l_2)\boldsymbol{\alpha}_2+\cdots+(k_r-l_r)\boldsymbol{\alpha}_r=\mathbf{0}$$

因为向量组 $\boldsymbol{\alpha}_1,\boldsymbol{\alpha}_2,\cdots,\boldsymbol{\alpha}_r$ 线性无关，所以 $k_i-l_i=0\,(i=1,2,\cdots,r)$，即

$$k_i=l_i\,(i=1,2,\cdots,r)$$

故向量 $\boldsymbol{\alpha}_{i_0}$ 可由向量组 $\boldsymbol{\alpha}_1,\boldsymbol{\alpha}_2,\cdots,\boldsymbol{\alpha}_r$ 唯一线性表示. 即向量组中任意向量都可由极大无关组线性表示且表示法唯一.

证毕

由性质 2 可推导出下述结论.

推论　设向量组 $\boldsymbol{\alpha}_1,\boldsymbol{\alpha}_2,\cdots,\boldsymbol{\alpha}_m$ 线性无关，而向量组 $\boldsymbol{\alpha}_1,\boldsymbol{\alpha}_2,\cdots,\boldsymbol{\alpha}_m,\boldsymbol{\beta}$ 线性相关，则向量 $\boldsymbol{\beta}$ 可由向量组 $\boldsymbol{\alpha}_1,\boldsymbol{\alpha}_2,\cdots,\boldsymbol{\alpha}_m$ 线性表示，且表示式唯一.

由于一个向量组的极大无关组与秩利用定义求解是非常复杂的，因此下面讨论如何求解.

定理 4.7　设 $\boldsymbol{A}$ 是 $m\times n$ 矩阵，且 $\mathrm{rank}\boldsymbol{A}=r$，则 $\boldsymbol{A}$ 的行(或列)向量组的秩等于 r，且含非零的 r 阶子式的 r 个行(或列)向量是矩阵 $\boldsymbol{A}$ 的行(或列)向量组的极大无关组.

定理 4.7 表明，向量组的秩就等于其形成的矩阵的秩，所以可利用求矩阵的秩的方法求向量组的秩.

例 4.11　设向量组 $\boldsymbol{\alpha}_1=(1,2,0)$，$\boldsymbol{\alpha}_2=(0,1,2)$，$\boldsymbol{\alpha}_3=(1,3,2)$，$\boldsymbol{\alpha}_4=(1,1,-2)$，求该向量组向的秩与极大无关组.

解　由向量组构造矩阵

$$\boldsymbol{A}=\begin{pmatrix}\boldsymbol{\alpha}_1\\ \boldsymbol{\alpha}_2\\ \boldsymbol{\alpha}_3\\ \boldsymbol{\alpha}_4\end{pmatrix}=\begin{pmatrix}1&2&0\\0&1&2\\1&3&2\\1&1&-2\end{pmatrix}\rightarrow\begin{pmatrix}1&2&0\\0&1&2\\0&0&0\\0&0&0\end{pmatrix}$$

因为 $\mathrm{rank}\boldsymbol{A}=2$，所以 $r(\boldsymbol{\alpha}_1,\boldsymbol{\alpha}_2,\boldsymbol{\alpha}_3,\boldsymbol{\alpha}_4)=2$. 又矩阵 $\boldsymbol{A}$ 的前 2 行 2 列构成的

2 阶子式为

$$\begin{vmatrix} 1 & 2 \\ 0 & 1 \end{vmatrix} = 1 \neq 0$$

故 $\boldsymbol{\alpha}_1, \boldsymbol{\alpha}_2$ 为向量组的极大无关组.

显然,如果秩 r 较大,寻找不为零的 r 阶子式是不容易的,为了便于求得极大无关组,需要进一步了解求极大无关组的简便方法.

定理 4.8 设 $\boldsymbol{A}$ 是 $m \times n$ 矩阵,若 $\boldsymbol{A} \xrightarrow{\text{初等行变换}} \boldsymbol{B}$,则 $\boldsymbol{A}$ 的任意 s 个列向量与 $\boldsymbol{B}$ 中对应的 s 个列向量有相同的线性相关性.

由于矩阵 $\boldsymbol{A}$ 可经初等行变换变成行阶梯形矩阵 $\boldsymbol{B}$. 而关于行阶梯形矩阵 $\boldsymbol{B}$ 的每行第一个非零元所在列的列向量 $\boldsymbol{b}_{i_1}, \boldsymbol{b}_{i_2}, \cdots, \boldsymbol{b}_{i_r}$ 构成的向量组线性无关,由定理 4.8 可知 $\boldsymbol{A}$ 的对应列向量 $\boldsymbol{\alpha}_{i_1}, \boldsymbol{\alpha}_{i_2}, \cdots, \boldsymbol{\alpha}_{i_r}$ 也线性无关,所以便可求得矩阵 $\boldsymbol{A}$ 的列向量组的极大无关组 $\boldsymbol{\alpha}_{i_1}, \boldsymbol{\alpha}_{i_2}, \cdots, \boldsymbol{\alpha}_{i_r}$. 这样由定理 4.7 和定理 4.8 可得求向量组的秩与极大无关组的步骤如下:

(1) 将向量组按列构成矩阵 $\boldsymbol{A}$.

(2) 将矩阵 $\boldsymbol{A}$ 进行初等行变换,化成行阶梯形矩阵 $\boldsymbol{B}$.

(3) $\boldsymbol{B}$ 的非零行数 r 是向量组的秩;如果 $\boldsymbol{B}$ 对应于每行第 1 个非零元的列标为 $j_1, j_2, \cdots, j_r$,则 $\boldsymbol{A}$ 的第 $j_1, j_2, \cdots, j_r$ 列构成的向量组就是向量组的极大无关组.

例 4.12 求下列向量组的极大无关组与秩.

(1) $\boldsymbol{\alpha}_1 = (1,2,3,1), \boldsymbol{\alpha}_2 = (2,3,1,1), \boldsymbol{\alpha}_3 = (1,1,-2,0)$;

(2) $\boldsymbol{\alpha}_1 = (1,1,3,1), \boldsymbol{\alpha}_2 = (1,2,3,1), \boldsymbol{\alpha}_3 = (0,1,2,-2), \alpha_4 = (1,2,3,4)$.

解 (1) 构造矩阵

$$\boldsymbol{A} = (\boldsymbol{\alpha}_1^{\mathrm{T}} \quad \boldsymbol{\alpha}_2^{\mathrm{T}} \quad \boldsymbol{\alpha}_3^{\mathrm{T}}) = \begin{pmatrix} 1 & 2 & 1 \\ 2 & 3 & 1 \\ 3 & 1 & -2 \\ 1 & 1 & 0 \end{pmatrix}$$

因为

$$\begin{pmatrix} 1 & 2 & 1 \\ 2 & 3 & 1 \\ 3 & 1 & -2 \\ 1 & 1 & 0 \end{pmatrix} \xrightarrow{\text{初等行变换}} \begin{pmatrix} 1 & 2 & 1 \\ 0 & 1 & 1 \\ 0 & 0 & 0 \\ 0 & 0 & 0 \end{pmatrix} = \boldsymbol{B}$$

所以 $r(\boldsymbol{\alpha}_1, \boldsymbol{\alpha}_2, \boldsymbol{\alpha}_3) = 2$;由于 $\boldsymbol{B}$ 中的第 1 列和第 2 列线性无关,因此 $\boldsymbol{\alpha}_1, \boldsymbol{\alpha}_2$ 是向量组的极大无关组.

(2) 构造矩阵

$$A=(\boldsymbol{\alpha}_1,\boldsymbol{\alpha}_2,\boldsymbol{\alpha}_3,\boldsymbol{\alpha}_4)=\begin{pmatrix}1&1&0&1\\1&2&1&2\\3&3&2&3\\1&1&-2&4\end{pmatrix}$$

因为

$$\begin{pmatrix}1&1&0&1\\1&2&1&2\\3&3&2&3\\1&1&-2&4\end{pmatrix}\xrightarrow{\text{初等行变换}}\begin{pmatrix}1&1&0&1\\0&1&1&1\\0&0&0&3\\0&0&0&0\end{pmatrix}=\boldsymbol{B}$$

所以 $r(\boldsymbol{\alpha}_1,\boldsymbol{\alpha}_2,\boldsymbol{\alpha}_3,\boldsymbol{\alpha}_4)=3$；由于 $\boldsymbol{B}$ 中的第 1、2 和 4 列线性无关，因此 $\boldsymbol{\alpha}_1,\boldsymbol{\alpha}_2,\boldsymbol{\alpha}_4$ 是向量组的极大无关组.

注　在求向量组的极大无关组的步骤中，应注意前两步：按列构造矩阵，再进行初等行变换，简述为“列拼、行变换”.

4.3.4 等价向量组

关于两个或多个向量组，需要研究两个向量组之间的关系问题.

定义 4.9　设向量组 Ⅰ：$\boldsymbol{\alpha}_1,\boldsymbol{\alpha}_2,\cdots,\boldsymbol{\alpha}_m$ 与向量组 Ⅱ：$\boldsymbol{\beta}_1,\boldsymbol{\beta}_2,\cdots,\boldsymbol{\beta}_s$. 如果向量组 Ⅰ 的每个向量都可以由向量组 Ⅱ 线性表示，则称向量组 Ⅰ 可以由向量组 Ⅱ 线性表示；如果两个向量组可以相互线性表示，则称两个向量组等价.

例如向量组 Ⅰ：$\boldsymbol{\alpha}_1=(1,0)$，$\boldsymbol{\alpha}_2=(0,1)$；向量组 Ⅱ：$\boldsymbol{\beta}_1=(1,0)$，$\boldsymbol{\beta}_2=(1,1)$. 显然，向量组 Ⅰ 与 Ⅱ 可以相互线性表示，所以两个向量组等价. 向量组的等价有以下性质

(1) 反身性：向量组与其自身等价.

(2) 对称性：如果向量组 Ⅰ 与向量组 Ⅱ 等价，则向量组 Ⅱ 与向量组 Ⅰ 等价.

(3) 传递性：如果向量组 Ⅰ 与向量组 Ⅱ 等价，向量组 Ⅱ 与向量组 Ⅲ 等价，则向量组 Ⅰ 与向量组 Ⅲ 等价.

由极大无关组的性质可推出下面定理.

定理 4.9　任何一个向量组与它的极大无关组等价；进而一个向量组中的任意两个极大无关组等价.

两个向量组之间秩的关系有下面结论.

定理 4.10　如果向量组 Ⅰ 可以由向量组 Ⅱ 线性表示，那么向量组 Ⅰ 的秩小于等于向量组 Ⅱ 的秩.

证 设向量组 Ⅰ:$\boldsymbol{\alpha}_1,\boldsymbol{\alpha}_2,\cdots,\boldsymbol{\alpha}_m$ 与向量组 Ⅱ:$\boldsymbol{\beta}_1,\boldsymbol{\beta}_2,\cdots,\boldsymbol{\beta}_s$ 均为列向量，构造矩阵

$$\boldsymbol{A}=(\boldsymbol{\alpha}_1,\boldsymbol{\alpha}_2,\cdots,\boldsymbol{\alpha}_m,\boldsymbol{\beta}_1,\boldsymbol{\beta}_2,\cdots,\boldsymbol{\beta}_s)$$

因为向量组 Ⅰ 可由向量组 Ⅱ 线性表示，所以存在数组 $k_{i1},k_{i2},\cdots,k_{is}(i=1,2,\cdots,m)$，使得

$$\boldsymbol{\alpha}_i=k_{i1}\boldsymbol{\beta}_1+k_{i2}\boldsymbol{\beta}_2+\cdots+k_{is}\boldsymbol{\beta}_s$$

故 $$\boldsymbol{A}\xrightarrow{c_i-k_{i1}c_{m+1}-k_{i2}c_{m+2}-\cdots-k_{is}c_{m+s}}(0,0,\cdots,0,\boldsymbol{\beta}_1,\boldsymbol{\beta}_2,\cdots,\boldsymbol{\beta}_s)=\boldsymbol{B}$$

所以 $\mathrm{rank}\boldsymbol{A}=\mathrm{rank}\boldsymbol{B}=r(\boldsymbol{\beta}_1,\boldsymbol{\beta}_2,\cdots,\boldsymbol{\beta}_s)$；又 $r(\boldsymbol{\alpha}_1,\boldsymbol{\alpha}_2,\cdots,\boldsymbol{\alpha}_m)\leqslant\mathrm{rank}\boldsymbol{A}$，故

$$r(\boldsymbol{\alpha}_1,\boldsymbol{\alpha}_2,\cdots,\boldsymbol{\alpha}_m)\leqslant r(\boldsymbol{\beta}_1,\boldsymbol{\beta}_2,\cdots,\boldsymbol{\beta}_s)$$

证毕

由上述定理可推导出下述结论.

推论 两个向量组等价，则两个向量组的秩相同.

然而，反之不成立，例如向量组 Ⅰ 与 Ⅱ 分别为：

Ⅰ:$\boldsymbol{\alpha}_1=(1,0,0)$，$\boldsymbol{\alpha}_2=(0,1,0)$；　　Ⅱ:$\boldsymbol{\beta}_1=(1,0,0)$，$\boldsymbol{\beta}_2=(0,0,1)$

两向量组的秩均为 2，但却不等价. 所以秩相同是两向量组等价的必要条件，不是充分条件. 由于采用定义判断两个向量组是否等价是比较麻烦的，下面了解两个向量组等价的充分必要条件.

定理 4.11 设向量组 Ⅰ 与 Ⅱ，及由 Ⅰ 与 Ⅱ 合并成向量组 Ⅲ，则向量组 Ⅰ 与 Ⅱ 等价的充分必要条件是 r(向量组 Ⅰ)=r(向量组 Ⅱ)=r(向量组 Ⅲ).

证 必要性，由定理 4.9 可知，r(向量组 Ⅰ)$=r$(向量组 Ⅱ)；又向量组 Ⅰ 的极大无关组是向量组 Ⅲ 的极大无关组，所以 r(向量组 Ⅰ)$=r$(向量组 Ⅲ)，故

$$r(\text{向量组 Ⅰ})=r(\text{向量组 Ⅱ})=r(\text{向量组 Ⅲ})$$

充分性，因为 r(向量组 Ⅰ)$=r$(向量组 Ⅲ)，所以向量组 Ⅰ 的极大无关组是向量组 Ⅲ 的极大无关组；

同理，向量组 Ⅱ 的极大无关组是向量组 Ⅲ 的极大无关组；故向量组 Ⅰ 与 Ⅱ 等价.

证毕

由此定理，我们得到判断两向量组是否等价的方法.

例 4.13 设向量组 Ⅰ:$\boldsymbol{\alpha}_1=(1,0,2)$，$\boldsymbol{\alpha}_2=(2,1,3)$；向量组 Ⅱ:$\boldsymbol{\beta}_1=(1,3,1)$，$\boldsymbol{\beta}_2=(2,0,1)$. 判断向量组 Ⅰ 与 Ⅱ 是否等价.

解 构造矩阵

$$A=\begin{pmatrix}\boldsymbol{\alpha}_1\\ \boldsymbol{\alpha}_2\end{pmatrix},\quad B=\begin{pmatrix}\boldsymbol{\beta}_1\\ \boldsymbol{\beta}_2\end{pmatrix},\quad C=\begin{pmatrix}A\\ B\end{pmatrix}$$

显然，$\text{rank}A=\text{rank}B=2$，又 $C=\begin{pmatrix}1&0&2\\2&1&3\\1&3&1\\2&0&1\end{pmatrix}\to\begin{pmatrix}1&0&2\\0&1&-1\\0&0&1\\0&0&0\end{pmatrix}$，故得

$$\text{rank}C=3\neq 2,$$

故向量组 Ⅰ 与 Ⅱ 不等价.

习　题　4.3

1. 将向量 $\boldsymbol{\alpha}=(1,2,4,1)$ 表示成

$\boldsymbol{\alpha}_1=(1,0,0,0)$，　$\boldsymbol{\alpha}_2=(0,1,0,0)$，　$\boldsymbol{\alpha}_3=(0,0,1,0)$，　$\boldsymbol{\alpha}_4=(0,0,0,1)$

的线性组合.

2. 判断下列向量组的线性相关性.

(1) $\boldsymbol{\alpha}_1=(1,1,0,0)$，$\boldsymbol{\alpha}_2=(0,1,1,0)$，$\boldsymbol{\alpha}_3=(0,0,1,1)$.

(2) $\boldsymbol{\alpha}_1=(1,2)$，$\boldsymbol{\alpha}_2=(0,1)$，$\boldsymbol{\alpha}_3=(3,1)$.

(3) $\boldsymbol{\alpha}_1=(1,1,-1,0)$，$\boldsymbol{\alpha}_2=(0,1,1,3)$，$\boldsymbol{\alpha}_3=(0,0,0,0)$.

3. 求题 2 中向量组的秩与极大无关组.

4. 确定向量 $\boldsymbol{\beta}_3=(2,a,0)$，使向量 $\boldsymbol{\beta}_1=(1,1,0)$，$\boldsymbol{\beta}_2=(1,0,1)$，$\boldsymbol{\beta}_3$ 与向量组 $\boldsymbol{\alpha}_1=(0,1,1)$，$\boldsymbol{\alpha}_2=(1,2,1)$，$\boldsymbol{\alpha}_3=(1,0,-1)$ 的秩相同.

5. 设向量组 $\boldsymbol{\alpha}_1=(1,2,1)$，$\boldsymbol{\alpha}_2=(0,1,4)$，$\boldsymbol{\alpha}_3=(1,2,k)$，当 k 取何值时向量组 $\boldsymbol{\alpha}_1,\boldsymbol{\alpha}_2,\boldsymbol{\alpha}_3$ 线性相关.

6. 已知向量组 $\boldsymbol{\alpha}_1,\boldsymbol{\alpha}_2,\boldsymbol{\alpha}_3$ 线性无关，向量组

$$\boldsymbol{\beta}_1=\boldsymbol{\alpha}_1+\boldsymbol{\alpha}_2+\boldsymbol{\alpha}_3,\quad \boldsymbol{\beta}_2=\boldsymbol{\alpha}_1-\boldsymbol{\alpha}_2+\boldsymbol{\alpha}_3,\quad \boldsymbol{\beta}_3=2\boldsymbol{\alpha}_1+\boldsymbol{\alpha}_2-\boldsymbol{\alpha}_3$$

证明向量组 $\boldsymbol{\beta}_1,\boldsymbol{\beta}_2,\boldsymbol{\beta}_3$ 线性无关.

7. 判断下列向量组是否等价.

(1) 向量组 Ⅰ：$\boldsymbol{\alpha}_1=(1,0)$，$\boldsymbol{\alpha}_2=(0,1)$；向量组 Ⅱ：$\boldsymbol{\beta}_1=(2,1)$，$\boldsymbol{\beta}_2=(4,2)$.

(2) 向量组 Ⅰ：$\boldsymbol{\alpha}_1=(1,0,2)$，$\boldsymbol{\alpha}_2=(2,1,3)$；向量组 Ⅱ：$\boldsymbol{\beta}_1=(1,3,1)$，$\boldsymbol{\beta}_2=(2,0,1)$.

8. 已知线性无关向量组 $\boldsymbol{\alpha}_1=(1,0,0,0)$，$\boldsymbol{\alpha}_2=(0,1,-1,0)$，$\boldsymbol{\alpha}_3=(1,0,0,1)$，求一个与其等价的单位正交向量组.

4.4　线性方程组解的结构

在这节,我们用向量形式研究线性方程组解的性质与结构.

4.4.1　齐次线性方程组解的结构

现在讨论齐次线性方程组解的结构.对于齐次线性方程组(4-2),若 $\boldsymbol{y},\boldsymbol{z}$ 是该方程组的解向量,即 $\boldsymbol{A}\boldsymbol{y}=\boldsymbol{0},\boldsymbol{A}\boldsymbol{z}=\boldsymbol{0}$,则有 $\boldsymbol{A}(\boldsymbol{y}+\boldsymbol{z})=\boldsymbol{0}$,且对于任意数 k,有 $\boldsymbol{A}(k\boldsymbol{y})=k(\boldsymbol{A}\boldsymbol{y})=\boldsymbol{0}$,故有下述性质.

性质 3　若 $\boldsymbol{y},\boldsymbol{z}$ 是齐次线性方程组 $\boldsymbol{A}\boldsymbol{x}=\boldsymbol{0}$ 的解,则 $\boldsymbol{y}+\boldsymbol{z}$ 也是齐次线性方程组 $\boldsymbol{A}\boldsymbol{x}=\boldsymbol{0}$ 的解.

性质 4　若 $\boldsymbol{y}$ 是齐次线性方程组 $\boldsymbol{A}\boldsymbol{x}=\boldsymbol{0}$ 的解,k 是常数,则 $k\boldsymbol{y}$ 也是齐次线性方程组 $\boldsymbol{A}\boldsymbol{x}=\boldsymbol{0}$ 的解.

综合性质 3 与性质 4 可知,若向量 $\boldsymbol{\xi}_1,\boldsymbol{\xi}_2,\cdots,\boldsymbol{\xi}_s$ 都是齐次线性方程组(4-2)的解,则它们的线性组合

$$k_1\boldsymbol{\xi}_1+k_2\boldsymbol{\xi}_2+\cdots+k_s\boldsymbol{\xi}_s$$

仍然是该方程组的解向量.

由此可知,若齐次线性方程组(4-2)有非零解,则它必有无穷多解.这无穷多个解构成一个向量组,求出该向量组的一个极大无关组,该极大无关组的一切线性组合便是齐次线性方程组(4-2)的全部解(即通解).

定义 4.10　若向量 $\boldsymbol{\xi}_1,\boldsymbol{\xi}_2,\cdots,\boldsymbol{\xi}_s$ 是齐次线性方程组(4-2)的解向量组的极大无关组,则称 $\boldsymbol{\xi}_1,\boldsymbol{\xi}_2,\cdots,\boldsymbol{\xi}_s$ 为该方程组的一个基础解系.

由于向量组的极大无关组不唯一,因此齐次线性方程组(4-2)的基础解系不唯一,但基础解系中所含向量的个数是确定的.

定理 4.12　(齐次线性方程组通解的结构)　若 n 元齐次线性方程组(4-2)的系数矩阵 $\boldsymbol{A}$ 的秩 $\operatorname{rank}\boldsymbol{A}=r<n$,则该方程组的通解为

$$\boldsymbol{x}=k_1\boldsymbol{\xi}_1+k_2\boldsymbol{\xi}_2+\cdots+k_s\boldsymbol{\xi}_{n-r}$$

其中,$\boldsymbol{\xi}_1,\boldsymbol{\xi}_2,\cdots,\boldsymbol{\xi}_{n-r}$ 为齐次线性方程组 $\boldsymbol{A}\boldsymbol{x}=\boldsymbol{0}$ 的基础解系.

定理 4.12 表明,对于齐次线性方程组,当系数矩阵的秩 r 小于变量的个数 n 时,方程组有无穷多解,其全部解可由基础解系线性表示,且基础解系含有 $n-r$ 个向量.

下文通过例题了解求齐次线性方程组基础解系及通解的方法.

例 4.14　求下列齐次线性方程组的基础解系与通解:

(1)$\begin{cases}x_1+x_2+x_3=0\\x_1+2x_2+2x_3=0\\x_1-2x_2-2x_3=0\end{cases}$　　(2)$\begin{cases}x_1+3x_2-x_3=0\\x_1+2x_2+2x_3=0\end{cases}$

(3)$\begin{cases}x_1+x_2+x_3+x_4=0\\x_1-x_2+x_3-x_4=0\\2x_1+2x_3=0\end{cases}$　　(4)$\begin{cases}x_1-2x_2+x_3+x_4=0\\x_1-2x_2+x_3-x_4=0\\x_1-2x_2+x_3+4x_4=0\end{cases}$

解　(1) 对系数矩阵 $\boldsymbol{A}$ 进行初等行变换化成行最简形,有

$$\boldsymbol{A}=\begin{pmatrix}1&1&1\\1&2&2\\1&-2&-2\end{pmatrix}\xrightarrow[r_3-r_1]{r_2-r_1}\begin{pmatrix}1&1&1\\0&1&1\\0&-3&-3\end{pmatrix}\xrightarrow[r_1-r_2]{r_3+3r_2}\begin{pmatrix}1&0&0\\0&1&1\\0&0&0\end{pmatrix}$$

得 $\mathrm{rank}\boldsymbol{A}=2<3$,故所求方程组的基础解系含 $n-\mathrm{rank}\boldsymbol{A}=3-2=1$ 个解向量,同解方程组为

$$\begin{cases}x_1=0\\x_2=-x_3\end{cases}\quad\text{(其中 }x_3\text{ 是自由未知量)}$$

全部解为$\begin{cases}x_1=0\\x_2=-x_3\\x_3=x_3\end{cases}$,得通解为$\begin{pmatrix}x_1\\x_2\\x_3\end{pmatrix}=x_3\begin{pmatrix}0\\-1\\1\end{pmatrix}$

基础解系为

$$\boldsymbol{\xi}_1=(0\quad -1\quad 1)^{\mathrm{T}}$$

通解可表示为 $\boldsymbol{x}=k\boldsymbol{\xi}_1$,其中 k 为任意常数.

(2) 对系数矩阵 $\boldsymbol{A}$ 进行初等行变换化成行最简形,有

$$\boldsymbol{A}=\begin{pmatrix}1&3&-1\\1&2&2\end{pmatrix}\xrightarrow{r_2-r_1}\begin{pmatrix}1&3&-1\\0&-1&3\end{pmatrix}\xrightarrow[-r_2]{r_1+3r_2}\begin{pmatrix}1&0&8\\0&1&-3\end{pmatrix}$$

得 $\mathrm{rank}\boldsymbol{A}=2<3$,故所求方程组的基础解系含 $n-\mathrm{rank}\boldsymbol{A}=3-2=1$ 个解向量,同解方程组为

$$\begin{cases}x_1=-8x_3\\x_2=3x_3\end{cases}\quad\text{(其中 }x_3\text{ 是自由未知量)}$$

全部解为$\begin{cases}x_1=-8x_3\\x_2=3x_3\\x_3=x_3\end{cases}$,得通解为$\begin{pmatrix}x_1\\x_2\\x_3\end{pmatrix}=x_3\begin{pmatrix}-8\\3\\1\end{pmatrix}$

基础解系为

$$\boldsymbol{\xi}_1=(-8\quad 3\quad 1)^{\mathrm{T}}$$

通解可表示为 $\boldsymbol{x}=k\boldsymbol{\xi}_1$，其中 k 为任意常数.

(3) 对系数矩阵 $\boldsymbol{A}$ 进行初等行变换化成行最简形，有

$$\boldsymbol{A}=\begin{pmatrix}1&1&1&1\\1&-1&1&-1\\2&0&2&0\end{pmatrix}\xrightarrow[r_3-2r_1]{r_2-r_1}\begin{pmatrix}1&1&1&1\\0&-2&0&-2\\0&-2&0&-2\end{pmatrix}\rightarrow\begin{pmatrix}1&0&1&0\\0&1&0&1\\0&0&0&0\end{pmatrix}$$

得 $\text{rank}\boldsymbol{A}=2<4$，故所求方程组的基础解系含 $n-\text{rank}\boldsymbol{A}=4-2=2$ 个解向量，同解方程组为

$$\begin{cases}x_1=-x_3\\x_2=-x_4\end{cases}\text{（其中 }x_3,x_4\text{ 是自由未知量）}$$

全部解为 $\begin{cases}x_1=-x_3\\x_2=-x_4\\x_3=x_3\\x_4=x_4\end{cases}$，得通解为 $\begin{pmatrix}x_1\\x_2\\x_3\\x_4\end{pmatrix}=x_3\begin{pmatrix}-1\\0\\1\\0\end{pmatrix}+x_4\begin{pmatrix}0\\-1\\0\\1\end{pmatrix}$

基础解系为

$$\boldsymbol{\xi}_1=(-1\quad 0\quad 1\quad 0)^{\mathrm{T}},\quad \boldsymbol{\xi}_2=(0\quad -1\quad 0\quad 1)^{\mathrm{T}}$$

通解可表示为 $\boldsymbol{x}=k_1\boldsymbol{\xi}_1+k_2\boldsymbol{\xi}_2$，其中 k_1,k_2 为任意常数.

(4) 对系数矩阵 $\boldsymbol{A}$ 进行初等行变换化成行最简形，有

$$\boldsymbol{A}=\begin{pmatrix}1&-2&1&1\\1&-2&1&-1\\1&-2&1&4\end{pmatrix}\xrightarrow[r_3-r_1]{r_2-r_1}\begin{pmatrix}1&-2&1&1\\0&0&0&-2\\0&0&0&3\end{pmatrix}\rightarrow\begin{pmatrix}1&-2&1&0\\0&0&0&1\\0&0&0&0\end{pmatrix}$$

得 $\text{rank}\boldsymbol{A}=2<4$，故所求方程组的基础解系含 $n-\text{rank}\boldsymbol{A}=4-2=2$ 个解向量，同解方程组为

$$\begin{cases}x_1=2x_2-x_3\\x_4=0\end{cases}\text{（其中 }x_2,x_3\text{ 是自由未知量）}$$

全部解为 $\begin{cases}x_1=2x_2-x_3\\x_2=x_2\\x_3=x_3\\x_4=0\end{cases}$，得通解为 $\begin{pmatrix}x_1\\x_2\\x_3\\x_4\end{pmatrix}=x_2\begin{pmatrix}2\\1\\0\\0\end{pmatrix}+x_3\begin{pmatrix}-1\\0\\1\\0\end{pmatrix}$

基础解系为

$$\boldsymbol{\xi}_1=(2\quad 1\quad 0\quad 0)^{\mathrm{T}},\quad \boldsymbol{\xi}_2=(-1\quad 0\quad 1\quad 0)^{\mathrm{T}}$$

通解可表示为 $\boldsymbol{x}=k_1\boldsymbol{\xi}_1+k_2\boldsymbol{\xi}_2$，其中 k_1,k_2 为任意常数.

4.4.2　非齐次线性方程组的通解的结构

现在讨论非齐次方程组(4-1)与其对应的齐次线性方程组(4-2)的解向量的关系.设 $\boldsymbol{\eta}_1,\boldsymbol{\eta}_2$ 是方程组(4-1)的两个解向量,因为 $\boldsymbol{A}(\boldsymbol{\eta}_1-\boldsymbol{\eta}_2)=\boldsymbol{A}\boldsymbol{\eta}_1-\boldsymbol{A}\boldsymbol{\eta}_2=\boldsymbol{b}-\boldsymbol{b}=\boldsymbol{0}$,所以 $\boldsymbol{\eta}_1-\boldsymbol{\eta}_2$ 是方程组(4-2)的解向量.故有下面结论:

性质5　非齐次线性方程组(4-1)的两个解向量的差,是它的对应的齐次线性方程组(4-2)的解向量.

如果 $\boldsymbol{\eta}^*$ 是非齐次线性方程组(4-1)的一个解向量(也称特解),$\boldsymbol{\eta}$ 是该方程的任意解向量,则由性质知,$\boldsymbol{\eta}-\boldsymbol{\eta}^*$ 是齐次线性方程组(4-2)的解向量,而方程组(4-2)的任意解向量都可由它的基础解系 $\boldsymbol{\xi}_1,\boldsymbol{\xi}_2,\cdots,\boldsymbol{\xi}_{n-r}$ 线性表示,则有

$$\boldsymbol{\eta}-\boldsymbol{\eta}^*=k_1\boldsymbol{\xi}_1+k_2\boldsymbol{\xi}_2+\cdots+k_s\boldsymbol{\xi}_{n-r}$$

这样,便有方程组(4-1)的通解结构定理,

定理4.13　(**非齐次线性方程组的通解结构**)如果非齐次线性方程组(4-1)有解,且 $\mathrm{rank}\boldsymbol{A}=r$,那么它的通解为

$$\boldsymbol{\eta}=\boldsymbol{\eta}^*+k_1\boldsymbol{\xi}_1+k_2\boldsymbol{\xi}_2+\cdots+k_s\boldsymbol{\xi}_{n-r}$$

其中,$\boldsymbol{\eta}^*$ 为方程组(4—1)的一个特解,$\boldsymbol{\xi}_1,\boldsymbol{\xi}_2,\cdots,\boldsymbol{\xi}_{n-r}$ 为对应的齐次线性方程组(4-2)的基础解系,$k_1,k_2,\cdots,k_{n-r}$ 为任意常数.

事实上,非齐次线性方程组(4-1)的通解由两项组成,一项是 $\boldsymbol{x}=k_1\boldsymbol{\xi}_1+k_2\boldsymbol{\xi}_2+\cdots+k_s\boldsymbol{\xi}_{n-r}$,这是对应的齐次线性方程组(4-1)的通解;另一项是非齐次线性方程组(4-1)的特解 $\boldsymbol{\eta}^*$.因此非齐次线性方程组(4-1)的通解可简记为

$$\boldsymbol{\eta}=\boldsymbol{x}+\boldsymbol{\eta}^*$$

简述成　　　　　　　　“非齐通”=“齐通”+“非齐特”

例4.15　求下列线性方程组的通解:

$$(1)\begin{cases}x_1+3x_2-x_3=1\\x_1+2x_2+2x_3=2\end{cases}\qquad(2)\begin{cases}x_1-2x_2+x_3+x_4=1\\x_1-2x_2+x_3-x_4=2\\x_1-2x_2+x_3+3x_4=0\end{cases}$$

解　(1) 对增广矩阵 $\hat{\boldsymbol{A}}$ 进行初等行变换化成行最简形,有

$$\boldsymbol{A}=\begin{pmatrix}1&3&-1&1\\1&2&2&2\end{pmatrix}\xrightarrow{r_2-r_1}\begin{pmatrix}1&3&-1&1\\0&-1&3&1\end{pmatrix}\xrightarrow[-r_2]{r_1+3r_2}\begin{pmatrix}1&0&8&4\\0&1&-3&-1\end{pmatrix}$$

得 $\mathrm{rank}\boldsymbol{A}=\mathrm{rank}\hat{\boldsymbol{A}}=2<3$,故方程组有无穷多解,同解方程组为

$$\begin{cases} x_1 = -8x_3 + 4 \\ x_2 = 3x_3 - 1 \end{cases} \text{（其中 } x_3 \text{ 是自由未知量）}$$

全部解为$\begin{cases} x_1 = -8x_3 + 4 \\ x_2 = 3x_3 - 1 \\ x_3 = x_3 \end{cases}$，得通解为$\begin{pmatrix} x_1 \\ x_2 \\ x_3 \end{pmatrix} = k\begin{pmatrix} -8 \\ 3 \\ 1 \end{pmatrix} + \begin{pmatrix} 4 \\ -1 \\ 0 \end{pmatrix}$其中 k 为任意常数.

(2) 对增广矩阵 $\hat{\boldsymbol{A}}$ 进行初等行变换化成行最简形，有

$$\boldsymbol{A} = \begin{pmatrix} 1 & -2 & 1 & 1 & 1 \\ 1 & -2 & 1 & -1 & 2 \\ 1 & -2 & 1 & 3 & 0 \end{pmatrix} \longrightarrow \begin{pmatrix} 1 & -2 & 1 & 1 & 1 \\ 0 & 0 & 0 & -2 & 1 \\ 0 & 0 & 0 & 2 & -1 \end{pmatrix} \rightarrow$$

$$\begin{pmatrix} 1 & -2 & 1 & 0 & \frac{3}{2} \\ 0 & 0 & 0 & 1 & -\frac{1}{2} \\ 0 & 0 & 0 & 0 & 0 \end{pmatrix}$$

得 $\text{rank}\boldsymbol{A} = \text{rank}\hat{\boldsymbol{A}} = 2 < 4$，故方程组有无穷多解，同解方程组为

$$\begin{cases} x_1 = 2x_2 - x_3 + \frac{3}{2} \\ x_4 = -\frac{1}{2} \end{cases} \text{（其中 } x_2, x_3 \text{ 是自由未知量）}$$

全部解为$\begin{cases} x_1 = 2x_2 - x_3 + \frac{3}{2} \\ x_2 = x_2 \\ x_3 = x_3 \\ x_4 = -\frac{1}{2} \end{cases}$，得通解为$\begin{pmatrix} x_1 \\ x_2 \\ x_3 \\ x_4 \end{pmatrix} = k_1\begin{pmatrix} 2 \\ 1 \\ 0 \\ 0 \end{pmatrix} + k_2\begin{pmatrix} -1 \\ 0 \\ 1 \\ 0 \end{pmatrix} + \begin{pmatrix} \frac{3}{2} \\ 0 \\ 0 \\ -\frac{1}{2} \end{pmatrix}$，其中 k_1, k_2 为任意常数.

例 4.16 当 a 为何值时，线性方程组

$$\begin{cases} ax_1 + x_2 + x_3 = 1 \\ x_1 + ax_2 + x_3 = a \\ x_1 + x_2 + ax_3 = a^2 \end{cases}$$

无解？有唯一解？有无穷多解？在有无穷多解时求出通解.

解 因为系数行列式

$$\det\boldsymbol{A}=\begin{vmatrix}a&1&1\\1&a&1\\1&1&a\end{vmatrix}=(a+2)(a-1)^2$$

所以由 Cramer 法则，当 $a\neq-2$ 且 $a\neq1$ 时方程组有唯一解；

当 $a=-2$ 时，方程组的增广矩阵 $\hat{\boldsymbol{A}}$ 为

$$\hat{\boldsymbol{A}}=\begin{pmatrix}-2&1&1&1\\1&-2&1&-2\\1&1&-2&4\end{pmatrix}\xrightarrow{r_3+r_2+r_1}\begin{pmatrix}-2&1&1&1\\1&-2&1&-2\\0&0&0&3\end{pmatrix}$$

$\operatorname{rank}\boldsymbol{A}=2\neq\operatorname{rank}\hat{\boldsymbol{A}}=3$，得方程组无解.

当 $a=1$ 时，方程组的增广矩阵 $\hat{\boldsymbol{A}}$ 为

$$\hat{\boldsymbol{A}}=\begin{pmatrix}1&1&1&1\\1&1&1&1\\1&1&1&1\end{pmatrix}\longrightarrow\begin{pmatrix}1&1&1&1\\0&0&0&0\\0&0&0&0\end{pmatrix}$$

得 $\operatorname{rank}\boldsymbol{A}=\operatorname{rank}\hat{\boldsymbol{A}}=1<3$，故方程组有无穷多解，同解方程组为

$$x_1=-x_2-x_3+1（其中\ x_2,x_3\ 是自由未知量）$$

全部解为 $\begin{cases}x_1=-x_2-x_3+1\\x_2=x_2\\x_3=x_3\end{cases}$，得通解为 $\begin{pmatrix}x_1\\x_2\\x_3\end{pmatrix}=k_1\begin{pmatrix}-1\\1\\0\end{pmatrix}+k_2\begin{pmatrix}-1\\0\\1\end{pmatrix}+\begin{pmatrix}1\\0\\0\end{pmatrix}$ 其中 k_1,k_2 为任意常数.

综上，当 $a\neq-2$ 且 $a\neq1$ 时方程组有唯一解；当 $a=-2$ 时，方程组无解；当 $a=1$ 时，方程组有无穷多解，通解为 $\begin{pmatrix}x_1\\x_2\\x_3\end{pmatrix}=k_1\begin{pmatrix}-1\\1\\0\end{pmatrix}+k_2\begin{pmatrix}-1\\0\\1\end{pmatrix}+\begin{pmatrix}1\\0\\0\end{pmatrix}$.

例 4.17　求下列线性方程组(4-1)的通解：

(1) 设 $\boldsymbol{A}$ 是 3 阶方阵，$\operatorname{rank}\boldsymbol{A}=2$，$\boldsymbol{\eta}_1=(1,2,1)^{\mathrm{T}}$，$\boldsymbol{\eta}_2=(1,-2,2)^{\mathrm{T}}$ 是方程(4-1)的两个特解.

(2) 设 $\boldsymbol{A}=(\boldsymbol{\alpha}_1,\boldsymbol{\alpha}_2,\boldsymbol{\alpha}_3,\boldsymbol{\alpha}_4)$ 是 4 阶方阵，$\boldsymbol{\alpha}_1,\boldsymbol{\alpha}_2,\boldsymbol{\alpha}_3,\boldsymbol{\alpha}_4$ 是方阵 $\boldsymbol{A}$ 的列向量组，又 $\boldsymbol{\alpha}_1,\boldsymbol{\alpha}_2,\boldsymbol{\alpha}_3$，线性无关，且 $\boldsymbol{\alpha}_1+2\boldsymbol{\alpha}_2-\boldsymbol{\alpha}_3+\boldsymbol{\alpha}_4=\boldsymbol{0}$，$\boldsymbol{\alpha}_1+\boldsymbol{\alpha}_2+\boldsymbol{\alpha}_3+\boldsymbol{\alpha}_4=\boldsymbol{b}$.

解　(1) 因为 $\boldsymbol{A}$ 是 3 阶方阵，所以未知量个数 $n=3$，所以对应的齐次线性方程组的基础解系所含向量个数是 $n-\operatorname{rank}\boldsymbol{A}=3-2=1$，故 $\boldsymbol{\eta}_1-\boldsymbol{\eta}_2=(0,4,-1)^{\mathrm{T}}$ 是其基础解系. 故得方程(4-1)的通解为 $\boldsymbol{\eta}=(1,2,1)^{\mathrm{T}}+k(0,4,-1)^{\mathrm{T}}$.

(2) 因为 $\boldsymbol{\alpha}_1,\boldsymbol{\alpha}_2,\boldsymbol{\alpha}_3$，线性无关，$\boldsymbol{\alpha}_1+2\boldsymbol{\alpha}_2-\boldsymbol{\alpha}_3+\boldsymbol{\alpha}_4=0$，所以 $\operatorname{rank}\boldsymbol{A}=3$，对

应的齐次线性方程组的基础解系所含向量个数为 $4-\mathrm{rank}\boldsymbol{A}=1$，又由 $\boldsymbol{\alpha}_1+2\boldsymbol{\alpha}_2-\boldsymbol{\alpha}_3+\boldsymbol{\alpha}_4=\boldsymbol{0}$ 知，向量 $(1,2,-1,1)^{\mathrm{T}}$ 是对应的齐次线性方程组基础解系，由 $\boldsymbol{\alpha}_1+\boldsymbol{\alpha}_2+\boldsymbol{\alpha}_3+\boldsymbol{\alpha}_4=\boldsymbol{b}$ 知向量 $(1,1,1,1)^{\mathrm{T}}$ 是方程(4-1)的一个特解，故通解为

$$\boldsymbol{\eta}=(1,1,1,1)^{\mathrm{T}}+k\,(1,2,-1,1)^{\mathrm{T}}$$

习　题　4.4

1. 求下列齐次线性方程组的基础解系与通解：

(1) $\begin{cases}x_1+3x_2=0\\2x_1+6x_2=0\end{cases}$　　(2) $\begin{cases}x_1+x_2-2x_3=0\\x_1+2x_2-2x_3=0\end{cases}$

(3) $\begin{cases}x_1+3x_2-x_3=0\\x_1+x_2+2x_3=0\end{cases}$　　(4) $\begin{cases}x_1+2x_2-x_3+2x_4=0\\x_1+2x_2+2x_3+x_4=0\end{cases}$

2. 下列非齐次线性方程组是否有解？若有解，求解；在无穷多解时，求通解.

(1) $\begin{cases}x_1+3x_2-x_3=1\\x_1+x_2+2x_3=2\end{cases}$　　(2) $\begin{cases}x_1+3x_2-x_3=1\\x_1+x_2+2x_3=2\\x_1+4x_2+x_3=2\end{cases}$

(3) $\begin{cases}x_1+3x_2-x_3+x_4=1\\x_1+3x_2+2x_3+x_4=2\end{cases}$　　(4) $\begin{cases}x_1+3x_2-x_3=1\\x_1+2x_2+2x_3=2\\x_1+4x_2-3x_3=1\end{cases}$

3. a 取何值时，非齐次线性方程组

$$\begin{cases}ax_1+2x_2+2x_3=1\\2x_1+ax_2+2x_3=a\\2x_1+2x_2+ax_3=3\end{cases}$$

有唯一解，无解，有无穷多解？在有无穷多解的情况下，求通解.

4. a,b 取何值时，非齐次线性方程组

$$\begin{cases}ax_1+x_2+x_3=1\\2x_1+bx_2+2x_3=3\\2x_1+2bx_2+2x_3=4\end{cases}$$

有唯一解，无解，有无穷多解？在有无穷多解的情况下，求通解.

5. 设线性方程组 $\boldsymbol{Ax}=\boldsymbol{b}$，其中 $\boldsymbol{A}$ 为3阶方阵，在下列情况下，求方程组的通解：

(1) $\mathrm{rank}\boldsymbol{A}=2$，$\boldsymbol{\eta}_1,\boldsymbol{\eta}_2$ 是方程组的两个解，$\boldsymbol{\eta}_1+\boldsymbol{\eta}_2=(1,2,3)^{\mathrm{T}}$，又 $\boldsymbol{A}$ 的每

行和均为零.

(2) $\operatorname{rank}\boldsymbol{A}=2$，$\boldsymbol{\eta}_1,\boldsymbol{\eta}_2,\boldsymbol{\eta}_3$ 是方程组的三个解，$\boldsymbol{\eta}_1+\boldsymbol{\eta}_2=(1,2,4)^{\mathrm{T}}$，$\boldsymbol{\eta}_2+\boldsymbol{\eta}_3=(1,0,1)^{\mathrm{T}}$.

6. 设 $\boldsymbol{A}$ 与 $\boldsymbol{B}$ 均为 3 阶方阵，如果 $\boldsymbol{AB}=\boldsymbol{O}$，证明：$\operatorname{rank}\boldsymbol{A}+\operatorname{rank}\boldsymbol{B}\leqslant 3$.

7. 设 $\boldsymbol{A}$ 与 $\boldsymbol{B}$ 均为 3 阶方阵，且 $\operatorname{rank}\boldsymbol{A}=2$，又 $\boldsymbol{B}=\begin{pmatrix}1&2&3\\2&3&6\\3&6&t\end{pmatrix}$，若 $\boldsymbol{AB}=\boldsymbol{O}$，求 t 值.

总习题 4

1. 判断题（设 $\boldsymbol{A},\boldsymbol{B}$ 都是 n 阶方阵）（对的打 √，错的打 ×）

(1) 设向量组 $\boldsymbol{\alpha}_1,\boldsymbol{\alpha}_2,\cdots,\boldsymbol{\alpha}_m,\boldsymbol{0}$，因为当 $k_1=k_2=\cdots=k_m=0$ 时，

$$\boldsymbol{0}=k_1\boldsymbol{\alpha}_1+k_2\boldsymbol{\alpha}_2+\cdots+k_m\boldsymbol{\alpha}_m$$

则向量 $\boldsymbol{0}$ 可由向量组 $\boldsymbol{\alpha}_1,\boldsymbol{\alpha}_2,\cdots,\boldsymbol{\alpha}_m$ 线性表示.　（　）

(2) 设向量组 $\boldsymbol{\alpha}_1,\boldsymbol{\alpha}_2,\cdots,\boldsymbol{\alpha}_m$，若有 m 个不全为零的数 $k_1,k_2,\cdots,k_m$，使得

$$k_1\boldsymbol{\alpha}_1+k_2\boldsymbol{\alpha}_2+\cdots+k_m\boldsymbol{\alpha}_m\neq\boldsymbol{0}$$

则向量组 $\boldsymbol{\alpha}_1,\boldsymbol{\alpha}_2,\cdots,\boldsymbol{\alpha}_m$，线性无关.　（　）

(3) 若向量组 $\boldsymbol{\alpha}_1,\boldsymbol{\alpha}_2,\cdots,\boldsymbol{\alpha}_m$ 线性无关，而向量 $\boldsymbol{\beta}$ 不能由向量组 $\boldsymbol{\alpha}_1,\boldsymbol{\alpha}_2,\cdots,\boldsymbol{\alpha}_m$ 线性表示，则向量组 $\boldsymbol{\alpha}_1,\boldsymbol{\alpha}_2,\cdots,\boldsymbol{\alpha}_m,\boldsymbol{\beta}$ 线性无关.　（　）

(4) 若向量组 $\boldsymbol{\alpha}_1,\boldsymbol{\alpha}_2,\cdots,\boldsymbol{\alpha}_m$ 线性相关，则该向量组中的每个向量都可由其余的 $m-1$ 个向量线性表示.　（　）

(5) 若向量组 $\boldsymbol{\alpha}_1,\boldsymbol{\alpha}_2,\cdots,\boldsymbol{\alpha}_m$ 中有零向量，则该向量组一定线性相关.

（　）

(6) 若向量组 $\boldsymbol{\alpha}_1,\boldsymbol{\alpha}_2,\cdots,\boldsymbol{\alpha}_m$ 线性相关，则该向量组必含零向量.　（　）

(7) 线性方程组 $\boldsymbol{Ax}=\boldsymbol{b}$ 有解的充分必要条件是 $\operatorname{rank}\boldsymbol{A}=\operatorname{rank}\hat{\boldsymbol{A}}$，其中 $\hat{\boldsymbol{A}}$ 是方程组的增广矩阵.　（　）

(8) 设线性方程组 $\boldsymbol{Ax}=\boldsymbol{b}$，其中 $\boldsymbol{A}$ 是 4×3 矩阵，若 $\operatorname{rank}\boldsymbol{A}=3$，则该方程组有唯一解.　（　）

(9) 设线性方程组 $\boldsymbol{Ax}=\boldsymbol{b}$，$\boldsymbol{\eta}_1,\boldsymbol{\eta}_2$ 是它的两个解向量，则 $k_1\boldsymbol{\eta}_1+k_2\boldsymbol{\eta}_2$（$k_1,k_2$ 为任意常数）也是它的解向量.　（　）

(10) 设齐次线性方程组 $\boldsymbol{Ax}=\boldsymbol{0}$，$\boldsymbol{A}$ 是 4×3 矩阵，$\operatorname{rank}\boldsymbol{A}=2$，则该方程组的基础解系含有 2 个向量.　（　）

2. 选择题

(1) 设两个3维向量$\boldsymbol{\alpha}=(a,1,3)$,$\boldsymbol{\beta}=(1,b,c)$,又$\boldsymbol{\alpha}+\boldsymbol{\beta}=(3,1,4)$,则$a$,$b$,$c$分别为(　　).

A. 1,2,0　　B. 2,0,1　　C. 0,1,2　　D. 2,1,0

(2) 设三个3维向量$\boldsymbol{\alpha}=(-1,1,3)$,$\boldsymbol{\beta}=(1,0,-2)$,$\boldsymbol{\gamma}$,又$2\boldsymbol{\alpha}+\boldsymbol{\gamma}=\boldsymbol{\beta}$,则$\boldsymbol{\gamma}=$(　　).

A. $(-2,3,-8)$　　B. $(3,-8,-2)$

C. $(3,-2,-8)$　　D. $(-8,-2,3)$

(3) 若向量组$\boldsymbol{\alpha}_1,\boldsymbol{\alpha}_2,\boldsymbol{\alpha}_3$线性相关,对于任意一组数$k_1,k_2,k_3$,则向量组$k_1\boldsymbol{\alpha}_1,k_2\boldsymbol{\alpha}_2,k_3\boldsymbol{\alpha}_3$是(　　).

A. 线性相关　　B. 线性无关　　C. 不确定

(4) 若向量组$\boldsymbol{\alpha}_1,\boldsymbol{\alpha}_2,\boldsymbol{\alpha}_3$线性相关,则向量组$\boldsymbol{\alpha}_1,\boldsymbol{\alpha}_2$一定(　　).

A. 线性相关　　B. 线性无关　　C. 不确定

(5) 设向量组$\boldsymbol{\alpha}_1=(1,2)$,$\boldsymbol{\alpha}_2=(2,1)$,$\boldsymbol{\alpha}_3=(2,3)$,则该向量组的秩是(　　).

A. 1　　B. 2　　C. 3　　D. 4

(6) 设向量$\boldsymbol{\beta}=(1,a^2)$可由向量组$\boldsymbol{\alpha}_1=(1,2)$,$\boldsymbol{\alpha}_2=(a,1)$线性表示,且表示法唯一,则$a$满足(　　).

A. $a=\frac{1}{2}$　　B. $a\neq\frac{1}{2}$　　C. $a=2$　　D. $a\neq 2$

(7) 设线性方程组$\boldsymbol{Ax}=\boldsymbol{b}$,其中$\boldsymbol{A}$是$3\times 4$矩阵,$\mathrm{rank}\boldsymbol{A}=3$,则该方程组(　　).

A. 无解　　B. 有唯一解　　C. 有无穷多解　　D. 不确定

(8) 设齐次线性方程组$\boldsymbol{Ax}=\boldsymbol{0}$,其中$\boldsymbol{A}$是$3\times 4$矩阵,$\mathrm{rank}\boldsymbol{A}=2$,则该方程组基础解系含向量个数为(　　).

A. 1　　B. 2　　C. 3　　D. 0

(9) 设齐次线性方程组$\boldsymbol{Ax}=\boldsymbol{0}$,$\boldsymbol{A}=\begin{pmatrix}1&2&3\\2&3&6\\3&6&a\end{pmatrix}$,若该方程在只有零解,则$a$满足(　　).

A. $a\neq 9$　　B. $a=9$　　C. $a=6$　　D. $a\neq 6$

(10) 设$\boldsymbol{A}$与$\boldsymbol{B}$均为3阶方阵,$\boldsymbol{A}=\begin{pmatrix}1&2&3\\2&3&6\\3&6&a\end{pmatrix}$,$\boldsymbol{B}\neq\boldsymbol{O}$,若$\boldsymbol{AB}=\boldsymbol{O}$,则$a$满

足(　　).

A. $a=6$　　　　B. $a=3$　　　　C. $a=2$　　　　D. $a=9$

3. 填空题

(1) 设 3 维向量 $\boldsymbol{\alpha}=(1,2,1)$，$\boldsymbol{\beta}=(-1,0,1)$，则两向量的夹角是________.

(2) 向量 $\boldsymbol{\alpha}=(1,2,1)$ 的单位化向量 $\boldsymbol{\alpha}^0=$________.

(3) 如果向量组 $\boldsymbol{\alpha}_1,\boldsymbol{\alpha}_2,\boldsymbol{\alpha}_3$ 的秩为 2，则向量组 $\boldsymbol{\beta}_1=\boldsymbol{\alpha}_2+\boldsymbol{\alpha}_3$，$\boldsymbol{\beta}_2=\boldsymbol{\alpha}_1+\boldsymbol{\alpha}_3$，$\boldsymbol{\beta}_3=\boldsymbol{\alpha}_1+\boldsymbol{\alpha}_2$ 的秩是________.

(4) 设向量组 $\boldsymbol{\alpha}_1=(1,2)$，$\boldsymbol{\alpha}_2=(2,4)$，$\boldsymbol{\alpha}_3=(2,3)$，则该向量组的极大无关组是________.

(5) 若矩阵 $\boldsymbol{A}$ 的秩为 2，则矩阵 $\boldsymbol{A}$ 的行向量组的秩为________，矩阵 A 的列向量组的秩为________.

(6) 如果向量组 $\boldsymbol{\alpha}_1=(1,2)$，$\alpha_2=(2,4)$，$\boldsymbol{\alpha}_3=(2,3)$ 与向量组 $\boldsymbol{\beta}_1=(1,2)$，$\boldsymbol{\beta}_2=(2,a)$ 等价，则 a 满足________.

(7) 设齐次线性方程组 $\boldsymbol{Ax}=\boldsymbol{0}$，其中 $\boldsymbol{A}=\begin{pmatrix}1 & 1 & 1\\ 0 & 1 & -1\\ a & 3 & 3\end{pmatrix}$，如果该方程组只有零解，则 a 满足________.

(8) 设非齐次线性方程组 $\boldsymbol{Ax}=\boldsymbol{b}$，其中 $\boldsymbol{A}=(\boldsymbol{\alpha}_1,\boldsymbol{\alpha}_2,\boldsymbol{\alpha}_3)$，$\boldsymbol{\alpha}_1,\boldsymbol{\alpha}_2,\boldsymbol{\alpha}_3$ 是 3 个列向量，如果 $\boldsymbol{\alpha}_1+2\boldsymbol{\alpha}_2-\boldsymbol{\alpha}_3=\boldsymbol{b}$，则该方程组的一个解向量是________.

(9) 设非齐次线性方程组 $\boldsymbol{Ax}=\boldsymbol{b}$，其中 $\boldsymbol{A}$ 是 4×2 矩阵，且 $\mathrm{rank}\boldsymbol{A}=2$，若方程组无解，则 $\mathrm{rank}\hat{\boldsymbol{A}}=$________.

(10) 设非齐次线性方程组 $\boldsymbol{Ax}=\boldsymbol{b}$，其中 $\boldsymbol{A}$ 是 4×4 矩阵，且 $\mathrm{rank}\boldsymbol{A}=3$，$\boldsymbol{\eta}_1$，$\boldsymbol{\eta}_2$ 是它的两个不同的解向量，则它的通解为________.

4. 已知向量组 $\boldsymbol{\alpha}_1=(a,1,1)$，$\boldsymbol{\alpha}_2=(1,a,1)$，$\boldsymbol{\alpha}_3=(1,1,a)$，求该向量组的极大无关组与秩.

5. 已知向量组 $\boldsymbol{\alpha}_1,\boldsymbol{\alpha}_2,\boldsymbol{\alpha}_3$ 线性无关，又向量组 $\boldsymbol{\beta}_1=\boldsymbol{\alpha}_2+\boldsymbol{\alpha}_3$，$\boldsymbol{\beta}_2=\boldsymbol{\alpha}_1+\boldsymbol{\alpha}_3$，$\boldsymbol{\beta}_3=\boldsymbol{\alpha}_1+\boldsymbol{\alpha}_2$，证明向量组 $\boldsymbol{\beta}_1,\boldsymbol{\beta}_2,\boldsymbol{\beta}_3$ 线性无关.

6. 求下列齐次线性方程组的基础解系与通解：

(1) $\begin{cases}x_1+x_2+x_3=0\\ 2x_1+x_2+2x_3=0\\ 3x_1+2x_2+3x_3=0\end{cases}$　　(2) $\begin{cases}x_1+x_2+x_3=0\\ 2x_1+bx_2+2x_3=0\\ 2x_1+2bx_2+2x_3=0\end{cases}$

7. 判断下列非齐次线性方程组是否有解？若有无穷解，求通解.

(1) $\begin{cases} x_1 + 2x_2 + x_3 = 1 \\ 2x_1 + x_2 + 2x_3 = 3 \\ x_1 + x_2 + x_3 = 4 \end{cases}$　　(2) $\begin{cases} x_1 + 2x_2 + 3x_3 + x_4 = 1 \\ x_1 + 2x_2 + 4x_3 - 2x_4 = 3 \\ 2x_1 + 4x_2 + 7x_3 - x_4 = 4 \end{cases}$

8. 当 a 为何值时,线性方程组

$$\begin{cases} (2-a)x_1 + 2x_2 - 2x_3 = 1 \\ 2x_1 + (5-a)x_2 - 4x_3 = 2 \\ -2x_1 - 4x_2 + (5-a)x_3 = -1-a \end{cases}$$

有唯一解,无解,有无穷多解? 并在有无穷多解情况下求其通解.

9. 设 $\boldsymbol{A}$ 是 n 阶方阵,证明: $\mathrm{rank}\boldsymbol{A}^* = \begin{cases} n & \mathrm{rank}\boldsymbol{A} = n \\ 1 & \mathrm{rank}\boldsymbol{A} = n-1 \\ 0 & \mathrm{rank}\boldsymbol{A} < n-1 \end{cases}$,其中 $\boldsymbol{A}^*$ 是 $\boldsymbol{A}$ 的伴随矩阵.

第 5 章　矩阵的相似变换

※学习基本要求

1. 理解矩阵的特征值和特征向量的概念及性质，会求矩阵的特征值和特征向量.

2. 了解相似矩阵的概念、性质及矩阵可相似对角化的充分必要条件，会将矩阵化为相似对角矩阵.

3. 了解正交向量组的概念与性质，会用 Schmidt 正交化方法将线性无关向量组正交化；了解正交矩阵的概念与性质.

4. 了解实对称矩阵的特征值和特征向量的性质以及可正交相似对角矩阵.

※内容要点

1. 矩阵的特征值、特征向量的定义与性质

设 n 阶矩阵 $\boldsymbol{A}=(a_{ij})$ 的特征值为 $\lambda_1,\lambda_2,\cdots,\lambda_n$，则 $\boldsymbol{A}$ 的特征值、特征向量的定义与性质见表 5.1

表　5.1

定义	如果 $\exists n$ 维列向量 $\boldsymbol{x}\neq\boldsymbol{0}$ 与数值 λ，使得 $\boldsymbol{Ax}=\lambda\boldsymbol{x}$，则 λ 是 $\boldsymbol{A}$ 特征值，$\boldsymbol{x}$ 是属于 λ 的特征向量
性质	1. $\lambda_1+\lambda_2+\cdots+\lambda_n=\mathrm{tr}\boldsymbol{A},\lambda_1\lambda_2\cdots\lambda_n=\det\boldsymbol{A}$ 2. 属于不同特征值的特征向量一定线性无关

2. 相似矩阵

设 $\boldsymbol{A},\boldsymbol{B}$ 均为 n 阶方阵，$\boldsymbol{\xi}\neq\boldsymbol{0}$ 是 n 维列向量，则两个矩阵相似的定义与性质与对角化条件见表 5.2

表 5.2

定义	如果 ∃ 可逆矩阵 $\boldsymbol{P}$,使得 $\boldsymbol{P}^{-1}\boldsymbol{AP}=\boldsymbol{B}$,则 $\boldsymbol{A}\sim\boldsymbol{B}$.
性质	1. $\boldsymbol{A}\sim\boldsymbol{A}$ 2. $\boldsymbol{A}\sim\boldsymbol{B}\Rightarrow\boldsymbol{B}\sim\boldsymbol{A}$ 3. $\boldsymbol{A}\sim\boldsymbol{B},\boldsymbol{B}\sim\boldsymbol{C}\Rightarrow\boldsymbol{A}\sim\boldsymbol{C}$ 4. $\boldsymbol{A}\sim\boldsymbol{B}\Rightarrow\det(\boldsymbol{A}-\lambda\boldsymbol{E})=\det(\boldsymbol{B}-\lambda\boldsymbol{E})$ 5. $\boldsymbol{A}\sim\boldsymbol{B}(\boldsymbol{P}^{-1}\boldsymbol{AP}=\boldsymbol{B}),\boldsymbol{A}\xi=\lambda_0\xi(\xi\neq\boldsymbol{0})\Rightarrow\boldsymbol{P}^{-1}\xi$ 是 $\boldsymbol{B}$ 的特征向量
$\boldsymbol{A}\sim\boldsymbol{\Lambda}$	$\Leftrightarrow\boldsymbol{A}$ 有 n 个线性无关的特征向量 $\Leftrightarrow$ 如果 λ_i 是 r_i 重(代数重数)特征值,则对应的线性无关的特征向量有 r_i 个 $\Leftarrow\lambda_1,\lambda_2,\cdots,\lambda_n$ 互异

3. 向量组的正交性

设 $\boldsymbol{\alpha}_1,\boldsymbol{\alpha}_2,\cdots,\boldsymbol{\alpha}_m$ 是一组 n 维列向量,向量的正交的定义与性质见表 5.3

表 5.3

定义	结论
$\boldsymbol{\alpha}_1\perp\boldsymbol{\alpha}_2\Leftrightarrow(\boldsymbol{\alpha}_1,\boldsymbol{\alpha}_2)=\boldsymbol{0}$	$\boldsymbol{\alpha}_i\perp\boldsymbol{\alpha}_j(i\neq j),\boldsymbol{\alpha}_i\neq\boldsymbol{0}\Rightarrow\boldsymbol{\alpha}_1,\boldsymbol{\alpha}_2,\cdots,\boldsymbol{\alpha}_m$ 线性无关 $\boldsymbol{\alpha}_1,\boldsymbol{\alpha}_2,\cdots,\boldsymbol{\alpha}_m$ 线性无关 $\Rightarrow$ 存在等价的正交向量组(Schmidt) $\boldsymbol{\alpha}_i\perp\boldsymbol{\alpha}_j(i\neq j),\boldsymbol{\alpha}_i\neq\boldsymbol{0},m<n\Rightarrow$ 存在 $n-m$ 个与 $\boldsymbol{\alpha}_1,\boldsymbol{\alpha}_2,\cdots,\boldsymbol{\alpha}_m$ 正交的向量
$\boldsymbol{A}^{\mathrm{T}}\boldsymbol{A}=\boldsymbol{E}\Leftrightarrow\boldsymbol{A}$ 是正交阵	$\boldsymbol{A}^{\mathrm{T}}\boldsymbol{A}=\boldsymbol{E}\Leftrightarrow\boldsymbol{\alpha}_i\perp\boldsymbol{\alpha}_j(i\neq j),\lVert\boldsymbol{\alpha}_i\rVert=1(m=n,\boldsymbol{A}=(\boldsymbol{\alpha}_1.\boldsymbol{\alpha}_2,\cdots,\boldsymbol{\alpha}_m))\boldsymbol{A},\boldsymbol{B}$ 均是正交矩阵 $\Rightarrow\boldsymbol{AB}$ 是正交矩阵

4. 实对称矩阵相似对角化

如果 $\boldsymbol{A}$ 是 n 阶实对称矩阵,则其特征值、特征向量及对角化问题见表 5.4

表 5.4

特征值性质	特征向量性质	对角化问题
$\lambda_1,\lambda_2,\cdots,\lambda_n$ 均是实数	不同特征值的特征向量正交	正交相似对角矩阵

※ 知识结构图

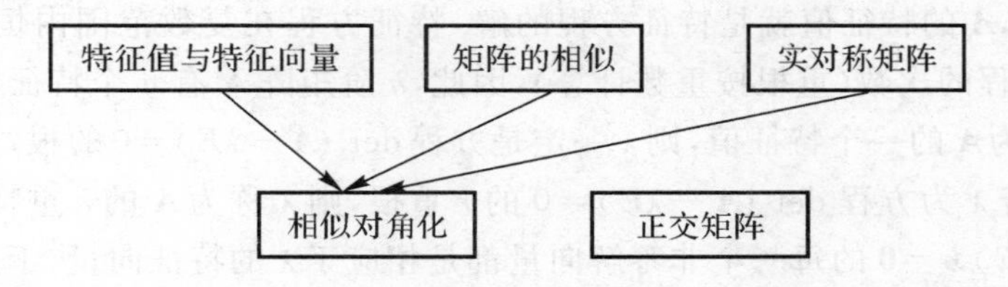

5.1　矩阵的特征值和特征向量

矩阵的相似变换是矩阵的一种重要变换，本章主要研究矩阵在相似变换下的性质与能否对角化的问题，这一问题与矩阵的特征值与特征向量有着密切的关系. 这里首先介绍特征值与特征向量.

5.1.1　矩阵的特征值和特征向量的定义

定义 5.1　设 $\boldsymbol{A}$ 是一个 n 阶方阵，λ 是一个数，如果存在非零向量 $\boldsymbol{x}$，使得

$$\boldsymbol{A}\boldsymbol{x}=\lambda\boldsymbol{x} \tag{5-1}$$

成立，则称 λ 为 $\boldsymbol{A}$ 的一个特征值，相应的非零向量 $\boldsymbol{x}$ 称为属于特征值 λ 的特征向量.

式(5-1) 也可写为

$$(\boldsymbol{A}-\lambda\boldsymbol{E})\boldsymbol{x}=\boldsymbol{0} \tag{5-2}$$

这是 n 个未知数 n 个方程的齐次线性方程组，它有非零解的充分必要条件是系数行列式

$$\det(\boldsymbol{A}-\lambda\boldsymbol{E})=0 \tag{5-3}$$

即
$$\begin{vmatrix} a_{11}-\lambda & a_{12} & \cdots & a_{1n} \\ a_{21} & a_{22}-\lambda & \cdots & a_{2n} \\ \vdots & \vdots & & \vdots \\ a_{n1} & a_{n2} & \cdots & a_{nn}-\lambda \end{vmatrix}=0$$

上式是以 λ 为未知数的一元 n 次方程，称为方阵 $\boldsymbol{A}$ 的特征方程. 其左端 $\det(\boldsymbol{A}-\lambda\boldsymbol{E})$ 是 λ 的 n 次多项式，记作 $f(\lambda)$，称为方阵 $\boldsymbol{A}$ 的特征多项式. 即

$$f(\lambda)=\det(\boldsymbol{A}-\lambda\boldsymbol{E})=\begin{vmatrix} a_{11}-\lambda & a_{12} & \cdots & a_{1n} \\ a_{21} & a_{22}-\lambda & \cdots & a_{2n} \\ \vdots & \vdots & & \vdots \\ a_{n1} & a_{n2} & \cdots & a_{nn}-\lambda \end{vmatrix}=$$

$$(-1)^n\lambda^n + a_{n-1}\lambda^{n-1} + \cdots + a_0$$

显然，$\boldsymbol{A}$ 的特征值就是特征方程的解.特征方程在复数范围内恒有解，其个数为方程的次数(重根按重数计算)，因此，n 阶矩阵 $\boldsymbol{A}$ 有 n 个特征值.

若 λ 为 $\boldsymbol{A}$ 的一个特征值，则 λ 一定是方程 $\det(\boldsymbol{A}-\lambda\boldsymbol{E})=0$ 的根，因此又称特征根，若 λ 为方程 $\det(\boldsymbol{A}-\lambda\boldsymbol{E})=0$ 的 r 重根，则 λ 称为 $\boldsymbol{A}$ 的 r 重特征根.方程 $(\boldsymbol{A}-\lambda\boldsymbol{E})\boldsymbol{x}=\boldsymbol{0}$ 的每一个非零解向量都是相应于 λ 的特征向量，于是我们可以得到求矩阵 $\boldsymbol{A}$ 的全部特征值和特征向量的方法如下：

第一步：计算 $\boldsymbol{A}$ 的特征多项式 $\det(\boldsymbol{A}-\lambda\boldsymbol{E})$.

第二步：求出特征方程 $\det(\boldsymbol{A}-\lambda\boldsymbol{E})=0$ 的全部根，即为 $\boldsymbol{A}$ 的全部特征值.

第三步：对于 $\boldsymbol{A}$ 的每一个特征值 λ，求出齐次线性方程组

$$(\boldsymbol{A}-\lambda\boldsymbol{E})\boldsymbol{x}=\boldsymbol{0}$$

的一个基础解系 $\boldsymbol{\xi}_1,\boldsymbol{\xi}_2,\cdots,\boldsymbol{\xi}_s$，则 $\boldsymbol{A}$ 的属于特征值 λ 的全部特征向量是

$$k_1\boldsymbol{\xi}_1 + k_2\boldsymbol{\xi}_2 + \cdots + k_s\boldsymbol{\xi}_s$$

其中 $k_1,k_2,\cdots,k_s$ 是不全为零的任意实数.

例 5.1 求下列矩阵的特征值和特征向量.

$$(1)\boldsymbol{A}=\begin{pmatrix}1&1\\4&1\end{pmatrix}\qquad(2)\boldsymbol{A}=\begin{pmatrix}2&1&1\\1&2&1\\1&1&2\end{pmatrix}\qquad(3)\boldsymbol{A}=\begin{pmatrix}1&1&2\\0&1&0\\0&1&1\end{pmatrix}$$

解 (1)$\boldsymbol{A}$ 的特征多项式为

$$\det(\boldsymbol{A}-\lambda\boldsymbol{E})=\begin{vmatrix}1-\lambda&1\\4&1-\lambda\end{vmatrix}=(1-\lambda)^2-4=(\lambda+1)(\lambda-3)=0$$

得 $\boldsymbol{A}$ 的特征值为 $\lambda_1=-1,\lambda_2=3$.

当 $\lambda_1=-1$ 时，解齐次线性方程组 $(\boldsymbol{A}+\boldsymbol{E})\boldsymbol{x}=\boldsymbol{0}$，则

因为 $\boldsymbol{A}+\boldsymbol{E}=\begin{pmatrix}2&1\\4&2\end{pmatrix}\xrightarrow{\text{行变换}}\begin{pmatrix}2&1\\0&0\end{pmatrix}$，得同解方程组是 $x_2=-2x_1$，基础解系为 $\boldsymbol{\xi}_1=\begin{pmatrix}1\\-2\end{pmatrix}$，对应特征值 $\lambda_1=-1$ 的全部特征向量为：$k_1\boldsymbol{\xi}_1\ (k_1\neq 0)$

当 $\lambda_2=3$ 时，解齐次线性方程组 $(\boldsymbol{A}-3\boldsymbol{E})\boldsymbol{x}=\boldsymbol{0}$，

因为 $\boldsymbol{A}-3\boldsymbol{E}=\begin{pmatrix}-2&1\\4&-2\end{pmatrix}\xrightarrow{\text{行变换}}\begin{pmatrix}-2&1\\0&0\end{pmatrix}$，得同解方程组是 $x_2=2x_1$，则其基础解系为：$\boldsymbol{\xi}_2=\begin{pmatrix}1\\2\end{pmatrix}$，因此 $\boldsymbol{A}$ 的对应特征值 $\lambda_2=3$ 的全部特征向量为 $k_2\boldsymbol{\xi}_2\ (k_2\neq 0)$.

(2)$\boldsymbol{A}$的特征多项式为

$$\det(\boldsymbol{A}-\lambda\boldsymbol{E})=\begin{vmatrix}2-\lambda & 1 & 1\\ 1 & 2-\lambda & 1\\ 1 & 1 & 2-\lambda\end{vmatrix}=(4-\lambda)(1-\lambda)^2=0$$

得$\boldsymbol{A}$的特征值为$\lambda_1=\lambda_2=1$(二重根),$\lambda_3=4$.

对于$\lambda_1=\lambda_2=1$,解齐次线性方程组$(\boldsymbol{A}-\boldsymbol{E})\boldsymbol{x}=\boldsymbol{0}$.由

$$\boldsymbol{A}-\boldsymbol{E}=\begin{pmatrix}1 & 1 & 1\\ 1 & 1 & 1\\ 1 & 1 & 1\end{pmatrix}\xrightarrow{\text{行变换}}\begin{pmatrix}1 & 1 & 1\\ 0 & 0 & 0\\ 0 & 0 & 0\end{pmatrix}$$

得基础解系为
$$\boldsymbol{\xi}_1=\begin{pmatrix}-1\\ 1\\ 0\end{pmatrix},\quad \boldsymbol{\xi}_2=\begin{pmatrix}-1\\ 0\\ 1\end{pmatrix}$$

对应特征值$\lambda_1=\lambda_2=1$的全部特征向量为:$k_1\boldsymbol{\xi}_1+k_2\boldsymbol{\xi}_2$($k_1,k_2$不同时为零)

对于$\lambda_3=4$,解齐次线性方程组$(\boldsymbol{A}-4\boldsymbol{E})\boldsymbol{x}=\boldsymbol{0}$.由

$$\boldsymbol{A}-4\boldsymbol{E}=\begin{pmatrix}-2 & 1 & 1\\ 1 & -2 & 1\\ 1 & 1 & -2\end{pmatrix}\xrightarrow{\text{行变换}}\begin{pmatrix}1 & 0 & -1\\ 0 & 1 & -1\\ 0 & 0 & 0\end{pmatrix}$$

得基础解系为
$$\boldsymbol{\xi}_3=\begin{pmatrix}1\\ 1\\ 1\end{pmatrix}$$

属于$\lambda_3=4$的全部特征向量为:$k_3\boldsymbol{\xi}_3$ $(k_3\neq 0)$.

(3)$\boldsymbol{A}$的特征多项式为

$$\det(\boldsymbol{A}-\lambda\boldsymbol{E})=\begin{vmatrix}1-\lambda & 1 & 2\\ 0 & 1-\lambda & 0\\ 0 & 1 & 1-\lambda\end{vmatrix}=(1-\lambda)^3=0$$

得$\boldsymbol{A}$的特征值为$\lambda_1=\lambda_2=\lambda_3=1$(三重根).

对于$\lambda_1=\lambda_2=\lambda_3=1$,解齐次线性方程组$(\boldsymbol{A}-\boldsymbol{E})\boldsymbol{x}=\boldsymbol{0}$.由

$$\boldsymbol{A}-\boldsymbol{E}=\begin{pmatrix}0 & 1 & 2\\ 0 & 0 & 0\\ 0 & 1 & 0\end{pmatrix}\xrightarrow{\text{行变换}}\begin{pmatrix}0 & 1 & 0\\ 0 & 0 & 1\\ 0 & 0 & 0\end{pmatrix}$$

得基础解系为
$$\boldsymbol{\xi}_1=\begin{pmatrix}1\\ 0\\ 0\end{pmatrix}$$

因此，对应特征值 $\lambda_1=\lambda_2=\lambda_3=1$ 的全部特征向量为：$k_1\boldsymbol{\xi}_1(k_1\neq 0)$.

注 (1) 若 ξ 是 $\boldsymbol{A}$ 的属于 λ 的特征向量，则 $k\xi(k\neq 0)$ 也是对应于 λ 的特征向量，因而属于特征值 λ 的特征向量不唯一. 反之，不同特征值对应的特征向量不会相等，亦即一个特征向量只能属于一个特征值.

(2) 特征值是单根时，对应的线性无关的特征向量一定只有一个；如果是重根，对应的线性无关的特征向量的个数小于等于重根的重数.

例 5.2 设 λ 是方阵 $\boldsymbol{A}$ 的特征值，$\boldsymbol{x}$ 是 $\boldsymbol{A}$ 的属于特征值 λ 的特征向量，证明 $\lambda^2-2\lambda+3$ 是矩阵 $\boldsymbol{A}^2-2\boldsymbol{A}+3\boldsymbol{E}$ 的特征值，$\boldsymbol{x}$ 是相应的特征向量.

证 因为 $\boldsymbol{Ax}=\lambda\boldsymbol{x}$，所以

$$\boldsymbol{A}^2\boldsymbol{x}=\boldsymbol{A}\lambda\boldsymbol{x}=\lambda^2\boldsymbol{x},\quad (\boldsymbol{A}^2-2\boldsymbol{A}+3\boldsymbol{E})\boldsymbol{x}=\lambda^2\boldsymbol{x}-2\lambda\boldsymbol{x}+3\boldsymbol{x}$$

得

$$(\boldsymbol{A}^2-2\boldsymbol{A}+3\boldsymbol{E})\boldsymbol{x}=(\lambda^2-2\lambda+3)\boldsymbol{x}$$

故 $\lambda^2-2\lambda+3$ 是 $\boldsymbol{A}^2-2\boldsymbol{A}+3\boldsymbol{E}$ 的特征值，$\boldsymbol{x}$ 是相应的特征向量.

5.1.2 矩阵的特征值和特征向量的性质

由以上讨论可知，对于方阵 $\boldsymbol{A}$ 的每一个特征值，我们都可以求出其全部的特征向量. 但特征值与矩阵的元素之间存在什么关系？以及属于不同特征值的特征向量，它们之间又存在什么关系呢？这些问题的讨论在矩阵的特征值理论与对角化理论中有很重要的作用.

由多项式的根与系数之间的关系，有下述性质.

性质 1 设 n 阶矩阵 $\boldsymbol{A}=(a_{ij})$ 的特征值为 $\lambda_1,\lambda_2,\cdots,\lambda_n$，则有

(1) $\lambda_1+\lambda_2+\cdots+\lambda_n=a_{11}+a_{22}+\cdots+a_{nn}$.

(2) $\lambda_1\lambda_2\cdots\lambda_n=\det\boldsymbol{A}$.

定义 5.2 方阵 $\boldsymbol{A}$ 的主对角线元素的和称为方阵 $\boldsymbol{A}$ 的迹，记为 $\mathrm{tr}\boldsymbol{A}$.

由上述定义可知 $\lambda_1+\lambda_2+\cdots+\lambda_n=\mathrm{tr}\boldsymbol{A}$.

性质 2 属于不同特征值的特征向量一定线性无关.

证明 设 $\lambda_1,\lambda_2,\cdots,\lambda_m$ 是矩阵 $\boldsymbol{A}$ 的不同特征值，而 $\boldsymbol{\xi}_1,\boldsymbol{\xi}_2,\cdots,\boldsymbol{\xi}_m$ 分别是属于 $\lambda_1,\lambda_2,\cdots,\lambda_m$ 的特征向量，要证 $\boldsymbol{\xi}_1,\boldsymbol{\xi}_2,\cdots,\boldsymbol{\xi}_m$ 是线性无关的. 我们对特征值的个数 m 用数学归纳法证明.

当 $m=1$ 时，由于特征向量不为零，所以结论显然成立.

当 $m>1$ 时，假设 $m-1$ 时结论成立. 下面证明 m 时结论成立.

由于 $\lambda_1,\lambda_2,\cdots,\lambda_m$ 是 $\boldsymbol{A}$ 的不同特征值，而 $\boldsymbol{\xi}_i$ 是属于 λ_i 的特征向量，则有

$$\boldsymbol{A\xi}_i=\lambda_i\boldsymbol{\xi}_i \tag{5-4}$$

如果存在一组实数 $k_1,k_2,\cdots,k_m$ 使

$$k_1\boldsymbol{\xi}_1+k_2\boldsymbol{\xi}_2+\cdots+k_m\boldsymbol{\xi}_m=\mathbf{0} \tag{5-5}$$

则上式两边乘以 λ_m，得

$$k_1\lambda_m\boldsymbol{\xi}_1+k_2\lambda_m\boldsymbol{\xi}_2+\cdots+k_m\lambda_m\boldsymbol{\xi}_m=\mathbf{0} \tag{5-6}$$

另一方面，$\boldsymbol{A}(k_1\boldsymbol{\xi}_1+k_2\boldsymbol{\xi}_2+\cdots+k_m\boldsymbol{\xi}_m)=\mathbf{0}$，即

$$k_1\lambda_1\boldsymbol{\xi}_1+k_2\lambda_2\boldsymbol{\xi}_2+\cdots+k_m\lambda_m\boldsymbol{\xi}_m=\mathbf{0} \tag{5-7}$$

式(5-6)－式(5-7)，有

$$k_1(\lambda_m-\lambda_1)\boldsymbol{\xi}_1+k_2(\lambda_m-\lambda_2)\boldsymbol{\xi}_2+\cdots+k_{m-1}(\lambda_m-\lambda_{m-1})\boldsymbol{\xi}_{m-1}=\mathbf{0}$$

由归纳假设，$\boldsymbol{\xi}_1,\boldsymbol{\xi}_2,\cdots,\boldsymbol{\xi}_{m-1}$ 线性无关，因此

$$k_i(\lambda_m-\lambda_i)=0\quad(i=1,2,\cdots,m-1)$$

而 $\lambda_1,\lambda_2,\cdots,\lambda_m$ 互不相同，所以 $k_i=0(i=1,2,\cdots,m-1)$. 于是式(5-5)变为 $k_m\boldsymbol{\xi}_m=\mathbf{0}$.

由 $\boldsymbol{\xi}_m\neq\mathbf{0}$，得 $k_m=0$. 可见 $\boldsymbol{\xi}_1,\boldsymbol{\xi}_2,\cdots,\boldsymbol{\xi}_m$ 线性无关.

证毕

例 5.3　设 3 阶方阵 $\boldsymbol{A}$ 的特征值是 $-1,1$，$\boldsymbol{\xi}_1,\boldsymbol{\xi}_2$ 是属于特征值 $-1,1$ 的特征向量，又 $\boldsymbol{A}\boldsymbol{\xi}_3=\boldsymbol{\xi}_2+\boldsymbol{\xi}_3$，证明向量组 $\boldsymbol{\xi}_1,\boldsymbol{\xi}_2,\boldsymbol{\xi}_3$ 线性无关.

证　设存在一组实数 k_1,k_2,k_3，使

$$k_1\boldsymbol{\xi}_1+k_2\boldsymbol{\xi}_2+k_3\boldsymbol{\xi}_3=\mathbf{0} \tag{5-8}$$

式(5-8)两端左乘 $\boldsymbol{A}$，则有 $k_1\boldsymbol{A}\boldsymbol{\xi}_1+k_2\boldsymbol{A}\boldsymbol{\xi}_2+k_3\boldsymbol{A}\boldsymbol{\xi}_3=\mathbf{0}$，即

$$-k_1\boldsymbol{\xi}_1+k_2\boldsymbol{\xi}_2+k_3\boldsymbol{\xi}_2+k_3\boldsymbol{\xi}_3=\mathbf{0} \tag{5-9}$$

式(5-8)－式(5-9)得 $2k_1\boldsymbol{\xi}_1-k_3\boldsymbol{\xi}_2=\mathbf{0}$，因为 $\boldsymbol{\xi}_1,\boldsymbol{\xi}_2$ 线性无关，所以 $k_1=k_3=0$，代入式(5-8)，得

$$k_2\boldsymbol{\xi}_2=\mathbf{0}$$

有 $k_2=0$，故向量组 $\boldsymbol{\xi}_1,\boldsymbol{\xi}_2,\boldsymbol{\xi}_3$ 线性无关.

注　性质 2 可以进一步推广，若 $\lambda_1,\lambda_2,\cdots,\lambda_m$ 是 $\boldsymbol{A}$ 的互异特征值，$\boldsymbol{\xi}_{i1},\boldsymbol{\xi}_{i2},\cdots,\boldsymbol{\xi}_{ir_i}$ 属于 $\lambda_i(i=1,2,\cdots,m)$ 的线性无关的特征向量，则有

$$\boldsymbol{\xi}_{11},\boldsymbol{\xi}_{12},\cdots,\boldsymbol{\xi}_{1r_1},\boldsymbol{\xi}_{21},\boldsymbol{\xi}_{22},\cdots,\boldsymbol{\xi}_{2r_2},\cdots,\boldsymbol{\xi}_{m1},\boldsymbol{\xi}_{m2},\cdots,\boldsymbol{\xi}_{mr_m}\ \text{线性无关.}$$

习　题　5.1

1. 求下列矩阵的特征值与特征向量：

(1) $\boldsymbol{A}=\begin{pmatrix}2&0&0\\0&1&3\\1&3&1\end{pmatrix}$　(2) $\boldsymbol{B}=\begin{pmatrix}2&1&0\\0&1&0\\0&1&3\end{pmatrix}$　(3) $\boldsymbol{C}=\begin{pmatrix}1&0&0\\3&1&1\\2&0&1\end{pmatrix}$

2. 已知向量 $\boldsymbol{x}=(1,k,1)^{\mathrm{T}}$ 是矩阵 $\boldsymbol{A}=\begin{pmatrix}2&1&1\\1&2&1\\1&1&2\end{pmatrix}$ 的逆矩阵 $\boldsymbol{A}^{-1}$ 的特征向量,试求常数 k 的值.

3. 设 λ 是 $\boldsymbol{A}$ 的特征值,$\boldsymbol{x}$ 是相应的特征向量,证明 λ^m 是 $\boldsymbol{A}^m$ 的特征值,$\boldsymbol{x}$ 仍然是 $\boldsymbol{A}^m$ 的特征向量,其中 m 是正整数.

4. 设 n 阶方阵 $\boldsymbol{A}$ 可逆,若 λ 是 $\boldsymbol{A}$ 的特征值,$\boldsymbol{x}$ 是相应的特征向量,证明:$\dfrac{\det\boldsymbol{A}}{\lambda}$ 是 $\boldsymbol{A}^*$ 的特征值,$\boldsymbol{x}$ 仍然是 $\boldsymbol{A}^*$ 的特征向量,其中 $\boldsymbol{A}^*$ 是 $\boldsymbol{A}$ 的伴随矩阵.

5. 如果 n 阶方阵 $\boldsymbol{A}$ 满足 $\boldsymbol{A}^2=\boldsymbol{O}$,证明 $\boldsymbol{A}$ 的特征值只能是零.

5.2 相似矩阵

矩阵的相似是矩阵的又一种关系,是矩阵的一个基本特性,是后面的学习内容的基础之一,且有重要的应用价值.

5.2.1 矩阵的相似

本节我们给出矩阵的相似变换的概念,及讨论相似对角化问题.

定义 5.3 设 $\boldsymbol{A},\boldsymbol{B}$ 均是 n 阶方阵,若存在满秩矩阵 $\boldsymbol{P}$,使得

$$\boldsymbol{P}^{-1}\boldsymbol{A}\boldsymbol{P}=\boldsymbol{B}$$

则称 $\boldsymbol{A}$ 与 $\boldsymbol{B}$ **相似**,记作 $\boldsymbol{A}\sim\boldsymbol{B}$,且满秩矩阵 $\boldsymbol{P}$ 称为将 $\boldsymbol{A}$ 变为 $\boldsymbol{B}$ 的**相似变换矩阵**.

"相似"是矩阵间的一种关系,这种关系具有以下性质.

(1) 反身性:$\boldsymbol{A}\sim\boldsymbol{A}$.

(2) 对称性:若 $\boldsymbol{A}\sim\boldsymbol{B}$,则 $\boldsymbol{B}\sim\boldsymbol{A}$.

(3) 传递性:若 $\boldsymbol{A}\sim\boldsymbol{B}$,$\boldsymbol{B}\sim\boldsymbol{C}$,则 $\boldsymbol{A}\sim\boldsymbol{C}$.

相似矩阵关于特征值具有下述性质.

定理 5.1 相似矩阵有相同的特征多项式,因而有相同的特征值.

证明 设 $\boldsymbol{A}\sim\boldsymbol{B}$,则存在满秩矩阵 $\boldsymbol{P}$,使 $\boldsymbol{P}^{-1}\boldsymbol{A}\boldsymbol{P}=\boldsymbol{B}$,于是

$$\begin{aligned}\det(\boldsymbol{B}-\lambda\boldsymbol{E})=\det(\boldsymbol{P}^{-1}\boldsymbol{A}\boldsymbol{P}-\lambda\boldsymbol{E})=\det(\boldsymbol{P}^{-1}(\boldsymbol{A}-\lambda\boldsymbol{E})\boldsymbol{P})=\\ \det\boldsymbol{P}^{-1}\det(\boldsymbol{A}-\lambda\boldsymbol{E})\det\boldsymbol{P}=\det(\boldsymbol{A}-\lambda\boldsymbol{E})\end{aligned}$$

证毕

由此可推导出下述结论.

推论 若 n 阶矩阵 $\boldsymbol{A}$ 与上三角矩阵

$$T = \begin{pmatrix} t_{11} & t_{12} & \cdots & t_{1n} \\ & t_{22} & \cdots & t_{2n} \\ & & \ddots & \vdots \\ & & & t_{nn} \end{pmatrix}$$

相似，则 $t_{11}, t_{22}, \cdots, t_{nn}$ 是 $\boldsymbol{A}$ 的 n 个特征值.

关于特征向量具有下述性质.

定理 5.2　设 $\boldsymbol{\xi}$ 是矩阵 $\boldsymbol{A}$ 的对应特征值 λ_0 的特征向量，如果 $\boldsymbol{A} \sim \boldsymbol{B}$，即存在满秩矩阵 $\boldsymbol{P}$ 使 $\boldsymbol{P}^{-1}\boldsymbol{A}\boldsymbol{P} = \boldsymbol{B}$，则 $\boldsymbol{\eta} = \boldsymbol{P}^{-1}\boldsymbol{\xi}$ 是矩阵 $\boldsymbol{B}$ 的对应 λ_0 的特征向量.

证明　因为 $\boldsymbol{\xi}$ 是矩阵 $\boldsymbol{A}$ 的属于特征值 λ_0 的特征向量，则有

$$\boldsymbol{A}\boldsymbol{\xi} = \lambda_0 \boldsymbol{\xi}$$

于是

$$\boldsymbol{B}\boldsymbol{\eta} = (\boldsymbol{P}^{-1}\boldsymbol{A}\boldsymbol{P})(\boldsymbol{P}^{-1}\boldsymbol{\xi}) = \boldsymbol{P}^{-1}\boldsymbol{A}\boldsymbol{\xi} = \lambda_0(\boldsymbol{P}^{-1}\boldsymbol{\xi}) = \lambda_0\boldsymbol{\eta}$$

故得 $\boldsymbol{\eta}$ 是矩阵 $\boldsymbol{B}$ 的属于 λ_0 的特征向量.

证毕

例 5.4　设 n 阶方阵 $\boldsymbol{A}$ 可逆，若 λ 是 $\boldsymbol{A}$ 的特征值，$\boldsymbol{x}$ 是相应的特征向量，证明 $\dfrac{1}{\lambda}$ 是 $\boldsymbol{A}^{-1}$ 的特征值，$\boldsymbol{x}$ 仍然是 $\boldsymbol{A}^{-1}$ 的特征向量.

证　因为 $\boldsymbol{x}$ 是矩阵 $\boldsymbol{A}$ 的属于特征值 λ 的特征向量，则有

$$\boldsymbol{A}\boldsymbol{x} = \lambda\boldsymbol{x} \tag{5-10}$$

式(5-10)两端左乘 $\boldsymbol{A}^{-1}$，便有

$$\boldsymbol{A}^{-1}\boldsymbol{A}\boldsymbol{x} = \lambda\boldsymbol{A}^{-1}\boldsymbol{x}$$

即 $\boldsymbol{x} = \lambda\boldsymbol{A}^{-1}\boldsymbol{x}$，因为 $\lambda \neq 0$（$\boldsymbol{A}$ 是可逆矩阵），所以 $\boldsymbol{A}^{-1}\boldsymbol{x} = \dfrac{1}{\lambda}\boldsymbol{x}$，故 $\dfrac{1}{\lambda}$ 是 $\boldsymbol{A}^{-1}$ 的特征值，$\boldsymbol{x}$ 仍然是 $\boldsymbol{A}^{-1}$ 的特征向量.

5.2.2　相似对角化

这节我们要讨论的主要问题是：对 n 阶矩阵 $\boldsymbol{A}$，寻求相似变换矩阵 $\boldsymbol{P}$，使 $\boldsymbol{P}^{-1}\boldsymbol{A}\boldsymbol{P} = \boldsymbol{\Lambda}$ 为对角矩阵，这就称为把方阵 $\boldsymbol{A}$ 的**对角化**.

定理 5.3　n 阶矩阵 $\boldsymbol{A}$ 与对角矩阵 $\boldsymbol{\Lambda} = \mathrm{diag}(\lambda_1, \lambda_2, \cdots, \lambda_n)$ 相似的充分必要条件是，矩阵 $\boldsymbol{A}$ 有 n 个线性无关的分别属于特征值 $\lambda_1, \lambda_2, \cdots, \lambda_n$ 的特征向量（$\lambda_1, \lambda_2, \cdots, \lambda_n$ 中可以有相同的值）.

证明　必要性：因为 $\boldsymbol{A}$ 与对角矩阵 $\boldsymbol{\Lambda} = \mathrm{diag}(\lambda_1, \lambda_2, \cdots, \lambda_n)$ 相似，所以存在可逆矩阵 $\boldsymbol{P}$，使

$$P^{-1}AP=\Lambda=\mathrm{diag}(\lambda_1,\lambda_2,\cdots,\lambda_n)$$

设 $P=(\xi_1,\xi_2,\cdots,\xi_n)$，则由上式得

$$AP=P\Lambda$$

即

$$A(\xi_1,\xi_2,\cdots,\xi_n)=(\xi_1,\xi_2,\cdots,\xi_n)\mathrm{diag}(\lambda_1,\lambda_2,\cdots,\lambda_n)=(\lambda_1\xi_1,\lambda_2\xi_2,\cdots,\lambda_n\xi_n)$$

因此

$$A_i=\lambda_i\xi_i\quad(i=1,2,\cdots,n)$$

得 λ_i 是 A 的特征值，ξ_i 是 A 的属于 λ_i 的特征向量，又因 P 是可逆的，故 $\xi_1,\xi_2,\cdots,\xi_m$ 线性无关.

充分性：如果 A 有 n 个线性无关的分别属于特征值 $\lambda_1,\lambda_2,\cdots,\lambda_n$ 的特征向量 $\xi_1,\xi_2,\cdots,\xi_n$，则有

$$A\xi_i=\lambda_i\xi_i\quad(i=1,2,\cdots,n)$$

设 $P=(\xi_1,\xi_2,\cdots,\xi_n)$，则 P 是满秩的，于是

$$AP=A(\xi_1,\xi_2,\cdots,\xi_n)=(A\xi_1,A\xi_2,\cdots,A\xi_n)=$$
$$(\lambda_1\xi_1,\lambda_2\xi_2,\cdots,\lambda_n\xi_n)=P\mathrm{diag}(\lambda_1,\lambda_2,\cdots,\lambda_n)$$

即

$$P^{-1}AP=\mathrm{diag}(\lambda_1,\lambda_2,\cdots,\lambda_n)$$

证毕

由定理 5.3，一个 n 阶方阵能否与一个 n 阶对角矩阵相似，就是看它是否有 n 个线性无关的特征向量. 定理 5.3 的证明过程表明，如果一个 n 阶方阵与一个 n 阶对角矩阵相似，那么相似变换矩阵 P 的 n 个列向量是方阵 A 的 n 个线性无关的特征向量，同时若

$$P^{-1}AP=\Lambda=\mathrm{diag}(\lambda_1,\lambda_2,\cdots,\lambda_n)$$

P 的列向量的排序与对角矩阵 Λ 的对角线上的特征值顺序相对应.

如果一个 n 阶方阵有 n 个不同的特征值，则由性质 2 可知，它一定有 n 个线性无关的特征向量，因此该矩阵一定相似于一个对角矩阵. 故有以下推论.

推论 1　如果一个 n 阶方阵有 n 个不同的特征值，则该矩阵一定相似于一个对角矩阵.

而若一个 n 阶方阵没有 n 个不同的特征值，即有重根，便有下面结论.

推论 2　如果 $\lambda_i(i=1,2,\cdots,m)$ 是 n 阶方阵 A 的有 r_i 重特征值，且 $r_1+r_2+\cdots+r_m=n$，则 A 可与对角矩阵相似的充分必要条件是，属于特征值 $\lambda_i(i=1,2,\cdots,m)$ 线性无关的特征向量的个数为 r_i.

推论 2 表明，若 λ 是 r 重特征值，则齐次线性方程组 $(A-\lambda E)x=0$ 基础解

系含有 r 个解向量，则 $\boldsymbol{A}$ 可与对角矩阵相似，否则不与对角矩阵相似. 此定理进一步细化了可相似对角矩阵的条件，使判断具体矩阵是否可对角化更简便.

例 5.5　判断下列矩阵哪些可以对角化，如果可以，求将矩阵相似对角矩阵的相似变换矩阵.

$$(1)\boldsymbol{A}=\begin{pmatrix}2&0&0\\0&1&2\\0&2&1\end{pmatrix}\qquad(2)\boldsymbol{B}=\begin{pmatrix}2&0&0\\0&1&0\\0&1&1\end{pmatrix}\qquad(3)\boldsymbol{C}=\begin{pmatrix}2&0&0\\0&1&1\\0&1&1\end{pmatrix}$$

解　$\boldsymbol{A}$ 的特征多项式为

$$\det(\boldsymbol{A}-\lambda\boldsymbol{E})=\begin{vmatrix}2-\lambda&0&0\\0&1-\lambda&2\\0&2&1-\lambda\end{vmatrix}=-(2-\lambda)(1+\lambda)(3-\lambda)=0$$

所以 $\boldsymbol{A}$ 的特征值为 $\lambda_1=2,\lambda_2=-1,\lambda_3=3$，3 个特征值互异，故 $\boldsymbol{A}$ 可对角化.

对于 $\lambda_1=2$ 解齐次线性方程组 $(\boldsymbol{A}-2\boldsymbol{E})\boldsymbol{x}=\boldsymbol{0}$，得基础解系 $\boldsymbol{\xi}_1=(1,0,0)^{\mathrm{T}}$；

对于 $\lambda_2=-1$，解齐次线性方程组 $(\boldsymbol{A}+\boldsymbol{E})\boldsymbol{x}=\boldsymbol{0}$，得基础解系 $\boldsymbol{\xi}_2=(0,-1,1)^{\mathrm{T}}$；

对于 $\lambda_3=3$，解齐次线性方程组 $(\boldsymbol{A}-3\boldsymbol{E})\boldsymbol{x}=\boldsymbol{0}$，得基础解系 $\boldsymbol{\xi}_3=(0,1,1)^{\mathrm{T}}$，

取 $\boldsymbol{P}=(\boldsymbol{\xi}_1,\boldsymbol{\xi}_2,\boldsymbol{\xi}_3)$，则 $\boldsymbol{P}^{-1}\boldsymbol{AP}=\mathrm{diag}(2,-1,3)$.

(2)$\boldsymbol{B}$ 的特征多项式为

$$\det(\boldsymbol{B}-\lambda\boldsymbol{E})=\begin{vmatrix}2-\lambda&0&0\\0&1-\lambda&0\\0&1&1-\lambda\end{vmatrix}=(2-\lambda)(1-\lambda)^2=0$$

得 $\boldsymbol{B}$ 的特征值为 $\lambda_1=\lambda_2=1,\lambda_3=2$.

对于 $\lambda_1=\lambda_2=1$，因为齐次线性方程组 $(\boldsymbol{B}-\boldsymbol{E})\boldsymbol{x}=\boldsymbol{0}$ 的 $\mathrm{rank}(\boldsymbol{B}-\boldsymbol{E})=2$，所以其基础解系只含 $3-2=1$ 个向量，故 $\boldsymbol{B}$ 不能对角化.

(3)$\boldsymbol{C}$ 的特征多项式为

$$\det(\boldsymbol{C}-\lambda\boldsymbol{E})=\begin{vmatrix}2-\lambda&0&0\\0&1-\lambda&1\\0&1&1-\lambda\end{vmatrix}=-\lambda(2-\lambda)^2=0$$

所以 $\boldsymbol{C}$ 的特征值为 $\lambda_1=\lambda_2=2,\lambda_3=0$.

对于 $\lambda_1=\lambda_2=2$，因为齐次线性方程组 $(\boldsymbol{C}-2\boldsymbol{E})\boldsymbol{x}=\boldsymbol{0}$ 的 $\mathrm{rank}(\boldsymbol{C}-2\boldsymbol{E})=1$，所以基础解系含 $3-1=2$ 个向量，故 $\boldsymbol{C}$ 能对角化. 解 $(\boldsymbol{C}-2\boldsymbol{E})\boldsymbol{x}=\boldsymbol{0}$，得基础

解系 $\boldsymbol{\xi}_1=(1,0,0)^{\mathrm{T}},\boldsymbol{\xi}_2=(0,1,1)^{\mathrm{T}}$；

对于 $\lambda_3=0$，解齐次线性方程组 $\boldsymbol{Ax}=\mathbf{0}$，得基础解系 $\boldsymbol{\xi}_3=(0,-1,1)^{\mathrm{T}}$，取 $\boldsymbol{P}=(\boldsymbol{\xi}_1,\boldsymbol{\xi}_2,\boldsymbol{\xi}_3)$，则 $\boldsymbol{P}^{-1}\boldsymbol{CP}=\mathrm{diag}(2,2,0)$.

注 如果不考虑特征值的排序，相似的对角矩阵唯一；由于特征向量不唯一，所以相似变换矩阵 $\boldsymbol{P}$ 不唯一.

习 题 5.2

1. 判断习题 5.1 中 1 题的矩阵哪些可以对角化，如果可以，求相似变换矩阵，并将矩阵化为相似对角矩阵.

2. 证明关于矩阵的迹的下列结论（$\boldsymbol{A},\boldsymbol{B}$ 均为 n 阶方阵）

(1) $\mathrm{tr}(\boldsymbol{A}+\boldsymbol{B})=\mathrm{tr}\boldsymbol{A}+\mathrm{tr}\boldsymbol{B}$　　(2) $\mathrm{tr}(k\boldsymbol{A})=k\mathrm{tr}\boldsymbol{A}$

(3) $\mathrm{tr}\boldsymbol{A}^{\mathrm{T}}=\mathrm{tr}\boldsymbol{A}$　　(4) $\mathrm{tr}(\boldsymbol{AB})=\mathrm{tr}(\boldsymbol{BA})$

3. 如果方阵 $\boldsymbol{A}\sim\boldsymbol{B},\boldsymbol{C}\sim\boldsymbol{D}$，证明 $\begin{pmatrix}\boldsymbol{A} & \\ & \boldsymbol{C}\end{pmatrix}\sim\begin{pmatrix}\boldsymbol{B} & \\ & \boldsymbol{D}\end{pmatrix}$.

4. 设 $\boldsymbol{A}=\begin{pmatrix}2 & 1 & 1\\1 & 2 & 1\\1 & 1 & 2\end{pmatrix}$，求 $\boldsymbol{A}^{100}$

5. 设 3 阶方阵 $\boldsymbol{A}$ 的特征值为 $1,0,-1$，对应的特征向量分别为 $\boldsymbol{\xi}_1=(1,0,0)^{\mathrm{T}},\boldsymbol{\xi}_2=(0,1,1)^{\mathrm{T}},\boldsymbol{\xi}_3=(0,-1,1)^{\mathrm{T}}$，求方阵 $\boldsymbol{A}$.

5.3 正交矩阵

本节我们通过引进向量组的正交性，了解正交矩阵的特性，进而为下节讨论实对称矩阵的特征值与特征向量的性质，以及对角化问题做准备.

5.3.1 正交向量

在解析几何中，二维、三维向量的长度以及夹角等度量性质都可以用向量的内积来表示，现在我们把内积推广到 n 维向量中.

定义 5.4 设 n 维实向量 $\boldsymbol{\alpha}=(a_1,a_2,\cdots,a_n)$ 与 $\boldsymbol{\beta}=(b_1,b_2,\cdots,b_n)$，称数

$$(\boldsymbol{\alpha},\boldsymbol{\beta})=a_1b_1+a_2b_2+\cdots+a_nb_n$$

为向量 $\boldsymbol{\alpha}$ 与 $\boldsymbol{\beta}$ 的内积.

根据矩阵的乘法规则，定义 5.4 中的内积可以表示为 $(\boldsymbol{\alpha},\boldsymbol{\beta})=\boldsymbol{\alpha\beta}^{\mathrm{T}}=\boldsymbol{\beta\alpha}^{\mathrm{T}}$. 向量的内积满足以下运算规律（设 $\boldsymbol{\alpha},\boldsymbol{\beta},\boldsymbol{\gamma}$ 都是 n 维向量，k 为实数）：

(1) $(\boldsymbol{\alpha},\boldsymbol{\beta})=(\boldsymbol{\beta},\boldsymbol{\alpha})$.

(2) $(k\boldsymbol{\alpha},\boldsymbol{\beta})=k(\boldsymbol{\alpha},\boldsymbol{\beta})$.

(3) $(\boldsymbol{\alpha}+\boldsymbol{\beta},\boldsymbol{\gamma})=(\boldsymbol{\alpha},\boldsymbol{\gamma})+(\boldsymbol{\beta},\boldsymbol{\gamma})$.

(4) 当 $\boldsymbol{\alpha}\neq\mathbf{0}$ 时，$(\boldsymbol{\alpha},\boldsymbol{\alpha})>0$，当 $\boldsymbol{\alpha}=\mathbf{0}$ 时，$(\boldsymbol{\alpha},\boldsymbol{\alpha})=0$.

(5) $(\boldsymbol{\alpha},\boldsymbol{\beta})^2\leqslant(\boldsymbol{\alpha},\boldsymbol{\alpha})(\boldsymbol{\beta},\boldsymbol{\beta})$.

下面仅证明(5)，因为对任意实数 t，由(4) 知 $(\boldsymbol{\alpha}+t\boldsymbol{\beta},\boldsymbol{\alpha}+t\boldsymbol{\beta})\geqslant 0$，即

$$(\boldsymbol{\alpha},\boldsymbol{\alpha})+2t(\boldsymbol{\alpha},\boldsymbol{\beta})+t^2(\boldsymbol{\beta},\boldsymbol{\beta})\geqslant 0$$

对于上面 t 的二次多项式，无论 t 为何值皆大于等于零，则有判别式不大于零，即

$$4(\boldsymbol{\alpha},\boldsymbol{\beta})^2-4(\boldsymbol{\alpha},\boldsymbol{\alpha})(\boldsymbol{\beta},\boldsymbol{\beta})\leqslant 0$$

所以(5) 成立.

证毕

由内积的定义，可以定义向量的长度(模，范数).

定义 5.5　设 n 维实向量，称数 $\|\boldsymbol{\alpha}\|=\sqrt{(\boldsymbol{\alpha},\boldsymbol{\alpha})}=\sqrt{a_1^2+a_2^2+\cdots+a_n^2}$ 为向量 $\boldsymbol{\alpha}$ 的长度(模，范数).

当 $n=2,3$ 时，就是 2 维，3 维向量的长度，也称为向量的欧式长度. 向量的长度具有以下性质(设 $\boldsymbol{\alpha},\boldsymbol{\beta}$ 都是 n 维向量，k 为实数)：

(1) 非负性，当 $\boldsymbol{\alpha}\neq\mathbf{0}$ 时，$(\boldsymbol{\alpha},\boldsymbol{\alpha})>0$，当 $\boldsymbol{\alpha}=\mathbf{0}$ 时，$(\boldsymbol{\alpha},\boldsymbol{\alpha})=0$.

(2) 齐次性，$\|k\boldsymbol{\alpha}\|=|k|\,\|\boldsymbol{\alpha}\|$.

(3) 三角不等式，$\|\boldsymbol{\alpha}+\boldsymbol{\beta}\|\leqslant\|\boldsymbol{\alpha}\|+\|\boldsymbol{\beta}\|$.

下面只证明(3). 因为

$$\|\boldsymbol{\alpha}+\boldsymbol{\beta}\|^2=\|\boldsymbol{\alpha}\|^2+\|\boldsymbol{\beta}\|^2+2(\boldsymbol{\alpha},\boldsymbol{\beta})\leqslant\|\boldsymbol{\alpha}\|^2+\|\boldsymbol{\beta}\|^2+2\|\boldsymbol{\alpha}\|\,\|\boldsymbol{\beta}\|=(\|\boldsymbol{\alpha}\|+\|\boldsymbol{\beta}\|)^2$$

所以

$$\|\boldsymbol{\alpha}+\boldsymbol{\beta}\|\leqslant\|\boldsymbol{\alpha}\|+\|\boldsymbol{\beta}\|.$$

证毕

借用向量的几何性质，同样引入两向量夹角的定义.

定义 5.6　设 $\boldsymbol{\alpha}$ 与 $\boldsymbol{\beta}$ 是两 n 维非零实向量，称

$$\varphi=\arccos\frac{(\boldsymbol{\alpha},\boldsymbol{\beta})}{\|\boldsymbol{\alpha}\|\,\|\boldsymbol{\beta}\|}\quad(0\leqslant\varphi\leqslant\pi)$$

为向量 $\boldsymbol{\alpha}$ 与 $\boldsymbol{\beta}$ 的夹角.

由于 $|(\boldsymbol{\alpha},\boldsymbol{\beta})|\leqslant\|\boldsymbol{\alpha}\|\,\|\boldsymbol{\beta}\|$，所以上面的定义是有意义的. 同样地，定义 $\varphi=\frac{\pi}{2}$ 时，向量 $\boldsymbol{\alpha}$ 与 $\boldsymbol{\beta}$ 垂直，这里称为**正交**，记作 $\boldsymbol{\alpha}\perp\boldsymbol{\beta}$. 若 $\boldsymbol{\alpha},\boldsymbol{\beta}$ 有一个为零向

量,则有$(\boldsymbol{\alpha},\boldsymbol{\beta})=0$,也称向量$\boldsymbol{\alpha}$与$\boldsymbol{\beta}$正交.故在$(\boldsymbol{\alpha},\boldsymbol{\beta})=0$时,称向量$\boldsymbol{\alpha}$与$\boldsymbol{\beta}$正交.

长度为1的向量称为单位向量.当$\boldsymbol{\alpha}$是非零向量时,$\frac{1}{\|\boldsymbol{\alpha}\|}\boldsymbol{\alpha}$是单位向量.将非零向量$\boldsymbol{\alpha}$变成长度为1,而方向不变的向量,即$\boldsymbol{\alpha}_0=\frac{1}{\|\boldsymbol{\alpha}\|}\boldsymbol{\alpha}$,称之为向量$\boldsymbol{\alpha}$的单位化向量.

5.3.2 正交向量组

定义 5.7 如果向量组$\boldsymbol{\alpha}_1,\boldsymbol{\alpha}_2,\cdots,\boldsymbol{\alpha}_m$是两两正交的非零向量,即

$$(\boldsymbol{\alpha}_i,\boldsymbol{\alpha}_j)\begin{cases}\neq 0, & i=j\\ =0, & i\neq j\end{cases}$$

则称向量组$\boldsymbol{\alpha}_1,\boldsymbol{\alpha}_2,\cdots,\boldsymbol{\alpha}_m$为**正交向量组**;如果正交向量组还满足每个向量的长度为1,则向量组称为**单位正交向量组**.正交向量组具有下面的性质.

定理 5.4 正交向量组线性无关.

证 设$\boldsymbol{\alpha}_1,\boldsymbol{\alpha}_2,\cdots,\boldsymbol{\alpha}_m$是正交向量组,若对一组数$k_1,k_2,\cdots,k_m$使得

$$k_1\boldsymbol{\alpha}_1+k_2\boldsymbol{\alpha}_2+\cdots+k_m\boldsymbol{\alpha}_m=\mathbf{0}$$

上式两端与$\boldsymbol{\alpha}_i$做内积,则有

$$k_1(\boldsymbol{\alpha}_1,\boldsymbol{\alpha}_i)+k_2(\boldsymbol{\alpha}_2,\boldsymbol{\alpha}_i)+\cdots+k_i(\boldsymbol{\alpha}_i,\boldsymbol{\alpha}_i)+\cdots+k_m(\boldsymbol{\alpha}_m,\boldsymbol{\alpha}_i)=0$$

因为$(\boldsymbol{\alpha}_i,\boldsymbol{\alpha}_j)\begin{cases}\neq 0 & i=j\\ =0 & i\neq j\end{cases}$,有$k_i(\boldsymbol{\alpha}_i,\boldsymbol{\alpha}_i)=0$,所以$k_i=0,(i=1,2,\cdots,m)$.故正交向量组$\boldsymbol{\alpha}_1,\boldsymbol{\alpha}_2,\cdots,\boldsymbol{\alpha}_m$线性无关.

证毕

关于一个线性无关向量组是否一定存在一个与其等价的正交向量组的问题,Schmidt 正交化方法从理论上解决了存在性问题,且给出了具体的求解方法.

定理 5.5 (Schmidt 正交化)任意一组线性无关的向量组,一定存在与其等价的一个正交向量组.

证 设$\boldsymbol{\alpha}_1,\boldsymbol{\alpha}_2,\cdots,\boldsymbol{\alpha}_m$是一个线性无关的向量组,证明思路是一个个构造,构造出与其等价的正交向量组$\boldsymbol{\beta}_1,\boldsymbol{\beta}_2,\cdots,\boldsymbol{\beta}_m$.令

$$\boldsymbol{\beta}_1=\boldsymbol{\alpha}_1,\quad \boldsymbol{\beta}_2=\boldsymbol{\alpha}_2+k_{21}\boldsymbol{\beta}_1$$

要求$(\boldsymbol{\beta}_1,\boldsymbol{\beta}_2)=0$,可得$k_{21}=-\frac{(\boldsymbol{\alpha}_2,\boldsymbol{\beta}_1)}{(\boldsymbol{\beta}_1,\boldsymbol{\beta}_1)}$;因为$\boldsymbol{\alpha}_1,\boldsymbol{\alpha}_2$线性无关,所以$\boldsymbol{\beta}_2\neq\mathbf{0}$.再令

$$\boldsymbol{\beta}_3=\boldsymbol{\alpha}_3+k_{31}\boldsymbol{\beta}_1+k_{32}\boldsymbol{\beta}_2$$

要求$(\boldsymbol{\beta}_3,\boldsymbol{\beta}_j)=0(j=1,2)$,可得$k_{3j}=-\dfrac{(\boldsymbol{\alpha}_3,\boldsymbol{\beta}_j)}{(\boldsymbol{\beta}_j,\boldsymbol{\beta}_j)}(j=1,2)$;同理,$\boldsymbol{\beta}_3\neq\mathbf{0}$,如此下去,…,最后令

$$\boldsymbol{\beta}_m=\boldsymbol{\alpha}_m+k_{m1}\boldsymbol{\beta}_1+k_{m2}\boldsymbol{\beta}_2+\cdots+k_{mm-1}\boldsymbol{\beta}_{m-1}$$

要求$(\boldsymbol{\beta}_m,\boldsymbol{\beta}_j)=0(j=1,2,\cdots,m-1)$,可得

$$k_{mj}=-\frac{(\boldsymbol{\alpha}_m,\boldsymbol{\beta}_j)}{(\boldsymbol{\beta}_j,\boldsymbol{\beta}_j)}(j=1,2,\cdots,m-1)$$

同理可知$\boldsymbol{\beta}_m\neq\mathbf{0}$,于是得到正交向量组$\boldsymbol{\beta}_1,\boldsymbol{\beta}_2,\cdots,\boldsymbol{\beta}_m$,且与向量组$\boldsymbol{\alpha}_1,\boldsymbol{\alpha}_2,\cdots,\boldsymbol{\alpha}_m$等价.故任意一组线性无关的向量组,一定存在与其等价的一个正交向量组.

证毕

如果将上述正交向量组中的每个向量单位化,即可得到与原向量组等价的单位正交向量组.所以对于一个线性无关的向量组,一定存在与其等价的单位正交向量组.

例 5.6　已知向量组$\boldsymbol{\alpha}_1=(1,0,1,0)$,$\boldsymbol{\alpha}_2=(0,1,1,0)$,$\boldsymbol{\alpha}_3=(-1,0,0,1)$,求一个与其等价的单位正交向量组.

解　由 Schmidt 正交化方法正交化,得

$$\boldsymbol{\beta}_1=\boldsymbol{\alpha}_1$$

$$\boldsymbol{\beta}_2=\boldsymbol{\alpha}_2-\frac{(\boldsymbol{\alpha}_2,\boldsymbol{\beta}_1)}{(\boldsymbol{\beta}_1,\boldsymbol{\beta}_1)}\boldsymbol{\beta}_1=(0,1,1,0)-\frac{1}{2}(1,0,1,0)=\left(-\frac{1}{2},1,\frac{1}{2},0\right)$$

$$\boldsymbol{\beta}_3=\boldsymbol{\alpha}_3-\frac{(\boldsymbol{\alpha}_3,\boldsymbol{\beta}_1)}{(\boldsymbol{\beta}_1,\boldsymbol{\beta}_1)}\boldsymbol{\beta}_1-\frac{(\boldsymbol{\alpha}_3,\boldsymbol{\beta}_2)}{(\boldsymbol{\beta}_2,\boldsymbol{\beta}_2)}\boldsymbol{\beta}_2=$$

$$(-1,0,0,1)+\frac{1}{2}(1,0,1,0)-\frac{1}{3}\left(-\frac{1}{2},1,\frac{1}{2},0\right)=$$

$$\left(-\frac{1}{3},-\frac{1}{3},\frac{1}{3},1\right)$$

单位化,有

$$\boldsymbol{\gamma}_1=\frac{\boldsymbol{\beta}_1}{\|\boldsymbol{\beta}_1\|}=\frac{\sqrt{2}}{2}(1,0,1,0)$$

$$\boldsymbol{\gamma}_2=\frac{\boldsymbol{\beta}_2}{\|\boldsymbol{\beta}_2\|}=\frac{\sqrt{6}}{6}(-1,2,1,0)$$

$$\boldsymbol{\gamma}_3=\frac{\boldsymbol{\beta}_3}{\|\boldsymbol{\beta}_3\|}=\frac{\sqrt{3}}{6}(-1,-1,1,3)$$

故 $\boldsymbol{\gamma}_1,\boldsymbol{\gamma}_2,\boldsymbol{\gamma}_3$ 是与向量组 $\boldsymbol{\alpha}_1,\boldsymbol{\alpha}_2,\boldsymbol{\alpha}_3$ 等价的单位正交向量组.

定理 5.6 若 $\boldsymbol{\alpha}_1,\boldsymbol{\alpha}_2,\cdots,\boldsymbol{\alpha}_m$ 是 n 维正交向量组，$m<n$，则必有 n 维非零向量 $\boldsymbol{x}$，使 $\boldsymbol{\alpha}_1,\boldsymbol{\alpha}_2,\cdots,\boldsymbol{\alpha}_m,\boldsymbol{x}$ 成为正交向量组.

推论 含有 m 个($m<n$) 向量的 n 维正交(或标准正交) 向量组，总可以添加 $n-m$ 个 n 维非零向量，构成含有 n 个向量的 n 维正交向量组.

例 5.7 已知 $\boldsymbol{\alpha}=(1,1,1)^{\mathrm{T}}$，求一组非零向量 $\boldsymbol{\beta},\boldsymbol{\gamma}$，使 $\boldsymbol{\alpha},\boldsymbol{\beta},\boldsymbol{\gamma}$ 成为正交向量组.

解 $\boldsymbol{\beta},\boldsymbol{\gamma}$ 应满足方程 $\boldsymbol{\alpha}^{\mathrm{T}}\boldsymbol{x}=\boldsymbol{0}$，即

$$x_1+x_2+x_3=0$$

它的基础解系为：$\boldsymbol{\xi}_1=(1,0,-1)^{\mathrm{T}}$，$\boldsymbol{\xi}_2=(0,1,-1)^{\mathrm{T}}$，将 $\boldsymbol{\xi}_1,\boldsymbol{\xi}_2$ 进行 Schmidt 正交化，则有

$$\boldsymbol{\beta}=\boldsymbol{\xi}_1,$$

$$\boldsymbol{\gamma}=\boldsymbol{\xi}_2-\frac{(\boldsymbol{\xi}_2,\boldsymbol{\beta})}{(\boldsymbol{\beta},\boldsymbol{\beta})}\boldsymbol{\beta}=(0,1,-1)^{\mathrm{T}}-\frac{1}{2}(1,0,-1)^{\mathrm{T}}=\left(-\frac{1}{2},1,-\frac{1}{2}\right)^{\mathrm{T}}$$

故正交向量组为 $\boldsymbol{\alpha}=(1,1,1)^{\mathrm{T}}$，$\boldsymbol{\beta}=(1,0,-1)^{\mathrm{T}}$，$\boldsymbol{\gamma}=\left(-\frac{1}{2},1,-\frac{1}{2}\right)^{\mathrm{T}}$.

5.3.3 正交矩阵

定义 5.8 如果 n 阶实方阵 $\boldsymbol{A}$ 满足 $\boldsymbol{A}^{\mathrm{T}}\boldsymbol{A}=\boldsymbol{E}$(即 $\boldsymbol{A}^{\mathrm{T}}=\boldsymbol{A}^{-1}$ 或 $\boldsymbol{A}\boldsymbol{A}^{\mathrm{T}}=\boldsymbol{E}$)，则称 $\boldsymbol{A}$ 是正交矩阵.

显然，正交矩阵可逆，且其逆矩阵就是它的转置矩阵. 这样，如果两个相似矩阵的相似变换矩阵是正交矩阵，则称为正交相似.

定理 5.7 如果矩阵 $\boldsymbol{A},\boldsymbol{B}$ 均是 n 阶正交矩阵，则有

(1) $\det\boldsymbol{A}=\pm1$.

(2) $\boldsymbol{A}^{\mathrm{T}},\boldsymbol{A}^{*}$ 是正交矩阵.

(3) $\boldsymbol{AB}$ 是正交矩阵.

证 (1) 因为 $\boldsymbol{A}^{\mathrm{T}}\boldsymbol{A}=\boldsymbol{E}$，所以 $\det(\boldsymbol{A}^{\mathrm{T}}\boldsymbol{A})=(\det\boldsymbol{A})^2=1$，故 $\det\boldsymbol{A}=\pm1$.

(2) 因为 $\boldsymbol{A}^{\mathrm{T}}(\boldsymbol{A}^{\mathrm{T}})^{\mathrm{T}}=\boldsymbol{A}^{\mathrm{T}}\boldsymbol{A}=\boldsymbol{E}$，所以 $\boldsymbol{A}^{\mathrm{T}}$ 是正交矩阵；

因为 $\boldsymbol{A}^{*}=(\det\boldsymbol{A})\boldsymbol{A}^{\mathrm{T}}$，所以 $(\boldsymbol{A}^{*})^{\mathrm{T}}=(\det\boldsymbol{A})\boldsymbol{A}$，$(\boldsymbol{A}^{*})^{\mathrm{T}}\boldsymbol{A}^{*}=(\det\boldsymbol{A})^2\boldsymbol{A}^{\mathrm{T}}\boldsymbol{A}=\boldsymbol{E}$，故 $\boldsymbol{A}^{*}$ 是正交矩阵.

(3) 因为 $(\boldsymbol{AB})^{\mathrm{T}}\boldsymbol{AB}=\boldsymbol{B}^{\mathrm{T}}\boldsymbol{A}^{\mathrm{T}}\boldsymbol{AB}=\boldsymbol{E}$，所以 $\boldsymbol{AB}$ 是正交矩阵.

证毕

定理 5.8　n 阶实方阵 $\boldsymbol{A}$ 是正交矩阵的充分必要条件是 $\boldsymbol{A}$ 的列(行) 向量组是两两正交的单位向量组.

证　只证列向量组的情况,关于行向量组的证明方式类似. 设

$$\boldsymbol{A}=(\boldsymbol{\alpha}_1,\boldsymbol{\alpha}_2,\cdots,\boldsymbol{\alpha}_n),\boldsymbol{\alpha}_1,\boldsymbol{\alpha}_2,\cdots,\boldsymbol{\alpha}_n \text{ 是 } n \text{ 个 } n \text{ 维列向量.}$$

必要性:因为 $\boldsymbol{A}^{\mathrm{T}}\boldsymbol{A}=\boldsymbol{E}$,又

$$\boldsymbol{A}^{\mathrm{T}}\boldsymbol{A}=\begin{pmatrix}\boldsymbol{\alpha}_1^{\mathrm{T}}\\\boldsymbol{\alpha}_2^{\mathrm{T}}\\\vdots\\\boldsymbol{\alpha}_n^{\mathrm{T}}\end{pmatrix}(\boldsymbol{\alpha}_1,\boldsymbol{\alpha}_2,\cdots,\boldsymbol{\alpha}_n)=\begin{pmatrix}\boldsymbol{\alpha}_1^{\mathrm{T}}\boldsymbol{\alpha}_1 & \boldsymbol{\alpha}_1^{\mathrm{T}}\boldsymbol{\alpha}_2 & \cdots & \boldsymbol{\alpha}_1^{\mathrm{T}}\boldsymbol{\alpha}_n\\\boldsymbol{\alpha}_2^{\mathrm{T}}\alpha_1 & \boldsymbol{\alpha}_2^{\mathrm{T}}\alpha_2 & \cdots & \boldsymbol{\alpha}_2^{\mathrm{T}}\alpha_n\\\vdots & \vdots & & \vdots\\\boldsymbol{\alpha}_n^{\mathrm{T}}\boldsymbol{\alpha}_1 & \boldsymbol{\alpha}_n^{\mathrm{T}}\boldsymbol{\alpha}_2 & \cdots & \boldsymbol{\alpha}_n^{\mathrm{T}}\boldsymbol{\alpha}_n\end{pmatrix}$$

所以 $\boldsymbol{\alpha}_i^{\mathrm{T}}\boldsymbol{\alpha}_j=\begin{cases}0, & i\neq j\\1, & i=j\end{cases}$,故 $\boldsymbol{\alpha}_1,\boldsymbol{\alpha}_2,\cdots,\boldsymbol{\alpha}_n$ 是两两正交的单位向量.

充分性:因为 $\boldsymbol{\alpha}_i^{\mathrm{T}}\boldsymbol{\alpha}_j=\begin{cases}0, & i\neq j\\1, & i=j\end{cases}$,所以

$$\boldsymbol{A}^{\mathrm{T}}\boldsymbol{A}=\begin{pmatrix}\boldsymbol{\alpha}_1^{\mathrm{T}}\\\boldsymbol{\alpha}_2^{\mathrm{T}}\\\vdots\\\boldsymbol{\alpha}_n^{\mathrm{T}}\end{pmatrix}(\boldsymbol{\alpha}_1,\boldsymbol{\alpha}_2,\cdots,\boldsymbol{\alpha}_n)=\begin{pmatrix}\boldsymbol{\alpha}_1^{\mathrm{T}}\boldsymbol{\alpha}_1 & \boldsymbol{\alpha}_1^{\mathrm{T}}\boldsymbol{\alpha}_2 & \cdots & \boldsymbol{\alpha}_1^{\mathrm{T}}\boldsymbol{\alpha}_n\\\boldsymbol{\alpha}_2^{\mathrm{T}}\boldsymbol{\alpha}_1 & \boldsymbol{\alpha}_2^{\mathrm{T}}\boldsymbol{\alpha}_2 & \cdots & \boldsymbol{\alpha}_2^{\mathrm{T}}\alpha_n\\\vdots & \vdots & & \vdots\\\boldsymbol{\alpha}_n^{\mathrm{T}}\boldsymbol{\alpha}_1 & \boldsymbol{\alpha}_n^{\mathrm{T}}\boldsymbol{\alpha}_2 & \cdots & \boldsymbol{\alpha}_n^{\mathrm{T}}\boldsymbol{\alpha}_n\end{pmatrix}=\boldsymbol{E}$$

故 $\boldsymbol{A}$ 是正交矩阵.

证毕

定理 5.8 用矩阵的列(行) 向量描述了正交矩阵的特点,使得正交矩阵更直观与具体,也为正交矩阵的构造提供了理论基础.

例 5.8　已知 3 阶正交矩阵 $\boldsymbol{A}$ 的第 1,2 列为 $\boldsymbol{\alpha}_1=\begin{pmatrix}\frac{\sqrt{2}}{2}\\0\\\frac{\sqrt{2}}{2}\end{pmatrix}$,$\boldsymbol{\alpha}_2=\begin{pmatrix}-\frac{\sqrt{2}}{2}\\0\\\frac{\sqrt{2}}{2}\end{pmatrix}$,求矩阵 $\boldsymbol{A}$.

解　因为 $\boldsymbol{A}$ 是正交矩阵,所以列向量是两两正交的单位向量,故满足 $\begin{cases}\boldsymbol{\alpha}_1^{\mathrm{T}}\boldsymbol{x}=0\\\boldsymbol{\alpha}_2^{\mathrm{T}}\boldsymbol{x}=0\end{cases}$,即 $\begin{cases}x_1+x_3=0\\x_1-x_3=0\end{cases}$,得基础解系为 $\boldsymbol{\xi}=\begin{pmatrix}0\\1\\0\end{pmatrix}$,长度为 1 的向量为 $\boldsymbol{\alpha}_3=$

$\begin{pmatrix}0\\1\\0\end{pmatrix}$，或 $\boldsymbol{\alpha}_3=\begin{pmatrix}0\\-1\\0\end{pmatrix}$.

故
$$\boldsymbol{A}=(\boldsymbol{\alpha}_1,\boldsymbol{\alpha}_2,\boldsymbol{\alpha}_3)=\begin{pmatrix}\frac{\sqrt{2}}{2} & -\frac{\sqrt{2}}{2} & 0\\ 0 & 0 & 1\\ \frac{\sqrt{2}}{2} & \frac{\sqrt{2}}{2} & 0\end{pmatrix}$$

或
$$\boldsymbol{A}=(\boldsymbol{\alpha}_1,\boldsymbol{\alpha}_2,\boldsymbol{\alpha}_3)=\begin{pmatrix}\frac{\sqrt{2}}{2} & -\frac{\sqrt{2}}{2} & 0\\ 0 & 0 & -1\\ \frac{\sqrt{2}}{2} & \frac{\sqrt{2}}{2} & 0\end{pmatrix}.$$

习　题　5.3

1. 求下列向量的夹角，指出哪两向量正交.

$$\boldsymbol{\alpha}_1=(1,2,3,0),\quad \boldsymbol{\alpha}_2=(1,1,0,1),\quad \boldsymbol{\alpha}_3=(1,0,0,-1)$$

2. 求1题中向量的单位化向量.

3. 设 $\boldsymbol{\alpha}$ 与 $\boldsymbol{\beta}$ 是两 n 维实向量，证明：$\|\boldsymbol{\alpha}-\boldsymbol{\beta}\|\geqslant|\|\boldsymbol{\alpha}\|-\|\boldsymbol{\beta}\||$.

4. 已知 $\boldsymbol{\alpha}_1=(1,-1,1)^{\mathrm{T}}$，求一组非零向量 $\boldsymbol{\alpha}_2,\boldsymbol{\alpha}_3$，使 $\boldsymbol{\alpha}_1,\boldsymbol{\alpha}_2,\boldsymbol{\alpha}_3$ 成为正交向量组.

5. 判断向量哪个矩阵是正交矩阵：

$$\boldsymbol{A}_1=\frac{\sqrt{2}}{2}\begin{pmatrix}1 & 1\\ -1 & 1\end{pmatrix},\quad \boldsymbol{A}_2=\begin{pmatrix}1 & 1\\ -1 & 1\end{pmatrix},$$

$$\boldsymbol{A}_3=\frac{\sqrt{3}}{3}\begin{pmatrix}2 & 1 & 0\\ -1 & 2 & 0\\ 0 & 0 & \sqrt{5}\end{pmatrix},\quad \boldsymbol{A}_4=\frac{\sqrt{5}}{5}\begin{pmatrix}2 & 1 & 0\\ -1 & 2 & 0\\ 0 & 0 & \sqrt{5}\end{pmatrix}$$

6. 设 $\boldsymbol{A}$ 是3阶正交矩阵，且 $\det\boldsymbol{A}=-1$，证明 $\det(\boldsymbol{A}+\boldsymbol{E})=0$

5.4　实对称矩阵的相似对角化

本节讨论实对称矩阵的特征值与特征向量的特点，以及对角化问题.

5.4.1　实对称矩阵的特征值与特征向量

实对称矩阵不仅具有一般方阵所有的特征值、特征向量的性质，并且还有一些特殊的性质.

定理 5.9　实对称矩阵的特征值是实数，且相应的特征向量可以是实向量.

证　设 $\boldsymbol{A}$ 是实对称矩阵，即 $\boldsymbol{A}^{\mathrm{T}}=\boldsymbol{A},\overline{\boldsymbol{A}}=\boldsymbol{A},\lambda$ 是 $\boldsymbol{A}$ 的某一个特征值，且 $\boldsymbol{x}$ 是对应的特征向量，即 $\boldsymbol{Ax}=\lambda\boldsymbol{x}$，两端取共轭转置，则有 $\overline{\boldsymbol{x}}^{\mathrm{T}}\boldsymbol{A}=\overline{\boldsymbol{\lambda}}\,\overline{\boldsymbol{x}}^{\mathrm{T}}$，因为

$$\overline{\boldsymbol{x}}^{\mathrm{T}}\boldsymbol{Ax}=\overline{\boldsymbol{x}}^{\mathrm{T}}(\boldsymbol{Ax})=\lambda\,\overline{\boldsymbol{x}}^{\mathrm{T}}\boldsymbol{x},\quad \overline{\boldsymbol{x}}^{\mathrm{T}}\boldsymbol{Ax}=(\overline{\boldsymbol{x}}^{\mathrm{T}}\boldsymbol{A})\boldsymbol{x}=\overline{\boldsymbol{\lambda}}\,\overline{\boldsymbol{x}}^{\mathrm{T}}\boldsymbol{x}$$

所以 $\lambda\,\overline{\boldsymbol{x}}^{\mathrm{T}}\boldsymbol{x}=\overline{\boldsymbol{\lambda}}\,\overline{\boldsymbol{x}}^{\mathrm{T}}\boldsymbol{x}$，即

$$(\lambda-\overline{\lambda})\overline{\boldsymbol{x}}^{\mathrm{T}}\boldsymbol{x}=0 \tag{5-11}$$

设 $\boldsymbol{x}=(x_1,x_2,\cdots,x_n)^{\mathrm{T}}$，则

$$\overline{\boldsymbol{x}}^{\mathrm{T}}\boldsymbol{x}=|x_1|^2+|x_2|^2+\cdots+|x_n|^2$$

因为 $\boldsymbol{x}\neq\boldsymbol{0}$，所以 $\overline{\boldsymbol{x}}^{\mathrm{T}}\boldsymbol{x}\neq 0$，则式(5-11)成立必有 $\lambda-\overline{\lambda}=0$，即 $\lambda=\overline{\lambda}$. 故实对称矩阵的特征值实数.

因为 $\boldsymbol{A}$ 是实矩阵，λ 是实数，所以由 $(\boldsymbol{A}-\lambda\boldsymbol{E})\boldsymbol{x}=\boldsymbol{0}$ 解得的向量可以是实向量，故实对称矩阵的特征向量可以是实向量.

证毕

定理 5.10　实对称矩阵的属于不同特征值的实特征向量正交.

证　设 $\boldsymbol{A}$ 是实对称矩阵，即 $\boldsymbol{A}^{\mathrm{T}}=\boldsymbol{A},\overline{\boldsymbol{A}}=\boldsymbol{A},\boldsymbol{\lambda},\boldsymbol{\mu}$ 是 $\boldsymbol{A}$ 的两个互异特征值，且 $\boldsymbol{x},\boldsymbol{y}$ 是分别对应的实特征向量，即 $\boldsymbol{Ax}=\lambda\boldsymbol{x},\boldsymbol{Ay}=\mu\boldsymbol{y}$，因为 $(\boldsymbol{Ax})^{\mathrm{T}}=\boldsymbol{x}^{\mathrm{T}}\boldsymbol{A}=\lambda\boldsymbol{x}^{\mathrm{T}}$，有

$$\boldsymbol{x}^{\mathrm{T}}\boldsymbol{Ay}=\boldsymbol{x}^{\mathrm{T}}(\boldsymbol{Ay})=\mu\boldsymbol{x}^{\mathrm{T}}\boldsymbol{y},\quad \boldsymbol{x}^{\mathrm{T}}\boldsymbol{Ay}=(\boldsymbol{x}^{\mathrm{T}}\boldsymbol{A})\boldsymbol{y}=\lambda\boldsymbol{x}^{\mathrm{T}}\boldsymbol{y}$$

所以 $\mu\boldsymbol{x}^{\mathrm{T}}\boldsymbol{y}=\lambda\boldsymbol{x}^{\mathrm{T}}\boldsymbol{y}$，即 $(\mu-\lambda)\boldsymbol{x}^{\mathrm{T}}\boldsymbol{y}=0$；又因为 $\lambda\neq\mu$，所以 $\boldsymbol{x}^{\mathrm{T}}\boldsymbol{y}=\boldsymbol{0}$，故 $\boldsymbol{x}$ 与 $\boldsymbol{y}$ 正交. 即属于不同特征值的实特征向量正交.

证毕

例 5.9　已知 $\boldsymbol{A}$ 是二阶实对称矩阵，$\boldsymbol{\xi}_1=(1,a)$，$\boldsymbol{\xi}_2=(1,1)$ 分别是对应于 $\boldsymbol{A}$ 特征值 0,1 的特征向量. 求参数 a 的值.

解　根据定理 5.10，$\boldsymbol{\xi}_1\perp\boldsymbol{\xi}_2$，所以 $\boldsymbol{\xi}_1^{\mathrm{T}}\boldsymbol{\xi}_2=0$，即 $1+a=0$，故 $a=-1$.

5.4.2　实对称矩阵正交相似于对角矩阵

如果两相似矩阵的相似变换矩阵是正交矩阵，则称两矩阵正交相似.

定理 5.11　实对称矩阵正交相似于对角矩阵.

证 设 $\boldsymbol{A}$ 是 n 阶实对称矩阵，针对阶数 n 用数学归纳证明.

当 $n=1$ 时，$\boldsymbol{A}$ 就是对角矩阵，取正交矩阵 $\boldsymbol{Q}=1$，则定理成立. 假设对于 $n-1$ 阶实对称矩阵定理成立. 下面证明对于 n 阶实对称矩阵 $\boldsymbol{A}$，定理成立. 设 $\boldsymbol{q}_1$ 是 $\boldsymbol{A}$ 的对应于特征值 λ_1 的单位特征向量，即有

$$\boldsymbol{A}\boldsymbol{q}_1=\lambda_1\boldsymbol{q}_1,\quad \|\boldsymbol{q}_1\|=1$$

由定理 5.7 的推论知，一定存在 $n-1$ 个单位正交向量 $\boldsymbol{q}_2,\boldsymbol{q}_3,\cdots,\boldsymbol{q}_n$，使得 $\boldsymbol{q}_1,\boldsymbol{q}_2,\cdots,\boldsymbol{q}_n$ 是单位正交向量组，构造矩阵 $\boldsymbol{Q}_1=(\boldsymbol{q}_1,\boldsymbol{q}_2,\cdots,\boldsymbol{q}_n)$，它是正交矩阵.

因为
$$\boldsymbol{q}_1^{\mathrm{T}}\boldsymbol{A}\boldsymbol{q}_i=(\boldsymbol{q}_1^{\mathrm{T}}\boldsymbol{A}\boldsymbol{q}_i)^{\mathrm{T}}=\boldsymbol{q}_i^{\mathrm{T}}\boldsymbol{A}\boldsymbol{q}_1=\begin{cases}\lambda_1, & i=1\\ 0, & i\neq 1\end{cases}$$

$$\boldsymbol{Q}_1^{-1}\boldsymbol{A}\boldsymbol{Q}_1=\boldsymbol{Q}_1^{\mathrm{T}}\boldsymbol{A}\boldsymbol{Q}_1=\begin{pmatrix}\boldsymbol{q}_1^{\mathrm{T}}\\ \boldsymbol{q}_2^{\mathrm{T}}\\ \vdots\\ \boldsymbol{q}_n^{\mathrm{T}}\end{pmatrix}\boldsymbol{A}(\boldsymbol{q}_1,\boldsymbol{q}_2,\cdots,\boldsymbol{q}_n)=$$

$$\begin{pmatrix}\boldsymbol{q}_1^{\mathrm{T}}\boldsymbol{A}\boldsymbol{q}_1 & \boldsymbol{q}_1^{\mathrm{T}}\boldsymbol{A}\boldsymbol{q}_2 & \cdots & \boldsymbol{q}_1^{\mathrm{T}}\boldsymbol{A}\boldsymbol{q}_n\\ \boldsymbol{q}_2^{\mathrm{T}}\boldsymbol{A}\boldsymbol{q}_1 & \boldsymbol{q}_2^{\mathrm{T}}\boldsymbol{A}\boldsymbol{q}_2 & \cdots & \boldsymbol{q}_2^{\mathrm{T}}\boldsymbol{A}\boldsymbol{q}_n\\ \vdots & \vdots & & \vdots\\ \boldsymbol{q}_n^{\mathrm{T}}\boldsymbol{A}\boldsymbol{q}_1 & \boldsymbol{q}_n^{\mathrm{T}}\boldsymbol{A}\boldsymbol{q}_2 & \cdots & \boldsymbol{q}_n^{\mathrm{T}}\boldsymbol{A}\boldsymbol{q}_n\end{pmatrix}=\begin{pmatrix}\lambda_1 & 0 & \cdots & 0\\ 0 & b_{22} & \cdots & b_{2n}\\ \vdots & \vdots & & \vdots\\ 0 & b_{n2} & \cdots & b_{nn}\end{pmatrix},$$

其中 $b_{ij}=\boldsymbol{q}_i^{\mathrm{T}}\boldsymbol{A}\boldsymbol{q}_j\,(i,j=2,3,\cdots,n)$，记

$$\boldsymbol{B}=\begin{pmatrix}b_{22} & \cdots & b_{2n}\\ \vdots & & \\ b_{n2} & \cdots & b_{nn}\end{pmatrix}$$

由于 b_{ij} 是实数，且

$$b_{ij}=\boldsymbol{q}_i^{\mathrm{T}}\boldsymbol{A}\boldsymbol{q}_j=(\boldsymbol{q}_i^{\mathrm{T}}\boldsymbol{A}\boldsymbol{q}_j)^{\mathrm{T}}=\boldsymbol{q}_j^{\mathrm{T}}\boldsymbol{A}\boldsymbol{q}_i=b_{ji},$$

所以 $\boldsymbol{B}$ 为 $n-1$ 阶实对称矩阵，由归纳法假设，存在 $n-1$ 阶正交矩阵 $\bar{\boldsymbol{Q}}_2$，使得

$$\bar{\boldsymbol{Q}}_2^{-1}\boldsymbol{B}\bar{\boldsymbol{Q}}_2=\bar{\boldsymbol{Q}}_2^{\mathrm{T}}\boldsymbol{B}\bar{\boldsymbol{Q}}_2=\mathrm{diag}(\lambda_2,\lambda_3,\cdots,\lambda_n)$$

令
$$\boldsymbol{Q}_2=\begin{pmatrix}1 & \boldsymbol{0}^{\mathrm{T}}\\ \boldsymbol{0} & \bar{\boldsymbol{Q}}_2\end{pmatrix},\quad \boldsymbol{Q}=\boldsymbol{Q}_1\boldsymbol{Q}_2$$

显然，$\boldsymbol{Q}_2$ 是正交矩阵，从而 $\boldsymbol{Q}$ 是 n 阶正交矩阵，且有

$$\boldsymbol{Q}^{-1}\boldsymbol{A}\boldsymbol{Q}=\boldsymbol{Q}^{\mathrm{T}}\boldsymbol{A}\boldsymbol{Q}=\boldsymbol{Q}_2^{\mathrm{T}}\boldsymbol{Q}_1^{\mathrm{T}}\boldsymbol{A}\boldsymbol{Q}_1\boldsymbol{Q}_2=\begin{pmatrix}1 & \boldsymbol{0}^{\mathrm{T}}\\ \boldsymbol{0} & \bar{\boldsymbol{Q}}_2^{\mathrm{T}}\end{pmatrix}\begin{pmatrix}\lambda_1 & \boldsymbol{0}^{\mathrm{T}}\\ \boldsymbol{0} & \boldsymbol{B}\end{pmatrix}\begin{pmatrix}1 & \boldsymbol{0}^{\mathrm{T}}\\ \boldsymbol{0} & \bar{\boldsymbol{Q}}_2\end{pmatrix}=$$

$$\begin{pmatrix} \lambda_1 & \mathbf{0}^{\mathrm{T}} \\ \mathbf{0} & \overline{\boldsymbol{Q}}_2^{\mathrm{T}} \boldsymbol{B} \overline{\boldsymbol{Q}}_2 \end{pmatrix} = \mathrm{diag}(\lambda_1, \lambda_2, \cdots, \lambda_n)$$

故实对称矩阵正交相似对角矩阵.

证毕

由定理 5.11 与定理 5.3 的推论 2 得以下推论.

推论　设 $\lambda_i (i=1,2,\cdots,m)$ 是 n 阶实对称矩阵 $\boldsymbol{A}$ 的 m 个互异特征值，其重数为 r_i，且 $r_1+r_2+\cdots+r_m=n$，则 $\boldsymbol{A}$ 的属于特征值 λ_i 线性无关的特征向量的个数为 $r_i (i=1,2,\cdots,m)$.

根据定理 5.10 知，实对称矩阵 $\boldsymbol{A}$ 的属于不同特征值的特征向量是正交使 n 阶实对称矩阵正交相似于对角矩阵的具体步骤如下：

(1) 求出 $\boldsymbol{A}$ 的全部特征值. 设 $\lambda_i (i=1,2,\cdots,m)$ 是 $\boldsymbol{A}$ 的互异特征值，其重数为 $r_i (i=1,2,\cdots,m)$，且 $r_1+r_2+\cdots+r_m=n$.

(2) 对于每个特征值 $\lambda_i (i=1,2,\cdots,m)$ 求出对应的 $r_i (i=1,2,\cdots,m)$ 个线性无关的特征向量 $\boldsymbol{\xi}_{i1}, \boldsymbol{\xi}_{i2}, \cdots, \boldsymbol{\xi}_{ir_i} (i=1,2,\cdots,m)$.

(3) 将 $\boldsymbol{\xi}_{i1}, \boldsymbol{\xi}_{i2}, \cdots, \boldsymbol{\xi}_{ir_i}$ 用 Schmidt 正交化法正交化，再单位化得 $\boldsymbol{q}_{i1}, \boldsymbol{q}_{i2}, \cdots, q_{ir_i}$，它们仍然是 $\boldsymbol{A}$ 的属于特征值 λ_i 的特征向量 $(i=1,2,\cdots,m)$.

(4) 构造正交矩阵

$$\boldsymbol{Q} = (\boldsymbol{q}_{11}, \boldsymbol{q}_{12}, \cdots, \boldsymbol{q}_{1r_1}, \boldsymbol{q}_{21}, \boldsymbol{q}_{22}, \cdots, \boldsymbol{q}_{2r_2}, \cdots, \boldsymbol{q}_{m1}, \boldsymbol{q}_{m2}, \cdots, \boldsymbol{q}_{mr_m})$$

则有

$$\boldsymbol{Q}^{-1}\boldsymbol{A}\boldsymbol{Q} = \boldsymbol{Q}^{\mathrm{T}}\boldsymbol{A}\boldsymbol{Q} = \begin{pmatrix} \lambda_1 \boldsymbol{E}_{r_1} & & & \\ & \lambda_2 \boldsymbol{E}_{r_2} & & \\ & & \ddots & \\ & & & \lambda_m \boldsymbol{E}_{r_m} \end{pmatrix} = \boldsymbol{\Lambda}$$

例 5.10　对于下列实对称矩阵，求正交矩阵，使得矩阵正交相似于对角矩阵.

(1) $\boldsymbol{A} = \begin{pmatrix} 1 & 2 \\ 2 & 1 \end{pmatrix}$　　　　(2) $\boldsymbol{B} = \begin{pmatrix} 2 & 0 & 0 \\ 0 & 1 & 1 \\ 0 & 1 & 1 \end{pmatrix}$

解　(1) 因为

$$\det(\boldsymbol{A} - \lambda\boldsymbol{E}) = \begin{vmatrix} 1-\lambda & 2 \\ 2 & 1-\lambda \end{vmatrix} = (1-\lambda)^2 - 4 = (\lambda+1)(\lambda-3) = 0$$

所以 $\boldsymbol{A}$ 的特征值为 $\lambda_1=-1, \lambda_2=3$.

当 $\lambda_1=-1$ 时，解齐次线性方程组 $(\boldsymbol{A}+\boldsymbol{E})\boldsymbol{x}=\boldsymbol{0}$，有

$$\boldsymbol{A}+\boldsymbol{E}=\begin{pmatrix}2&2\\2&2\end{pmatrix}\xrightarrow{\text{行变换}}\begin{pmatrix}2&2\\0&0\end{pmatrix}$$

同解方程组是 $x_1=-x_2$，基础解系为

$$\boldsymbol{\xi}_1=\begin{pmatrix}-1\\1\end{pmatrix}$$

单位化得

$$\boldsymbol{q}_1=\frac{\sqrt{2}}{2}\begin{pmatrix}-1\\1\end{pmatrix}$$

当 $\lambda_1=3$ 时，解齐次线性方程组 $(\boldsymbol{A}-3\boldsymbol{E})\boldsymbol{x}=\boldsymbol{0}$，有

$$\boldsymbol{A}-3\boldsymbol{E}=\begin{pmatrix}-2&2\\2&-2\end{pmatrix}\xrightarrow{\text{行变换}}\begin{pmatrix}1&-1\\0&0\end{pmatrix}$$

同解方程组是 $x_1=x_2$，基础解系为

$$\boldsymbol{\xi}_2=\begin{pmatrix}1\\1\end{pmatrix}$$

单位化得
$$\boldsymbol{q}_2=\frac{\sqrt{2}}{2}\begin{pmatrix}1\\1\end{pmatrix}$$

构造正交矩阵

$$\boldsymbol{Q}=\frac{\sqrt{2}}{2}\begin{pmatrix}-1&1\\1&1\end{pmatrix}$$

则有

$$\boldsymbol{Q}^{\mathrm{T}}\boldsymbol{A}\boldsymbol{Q}=\mathrm{diag}(-1,3).$$

(2) 因为

$$\det(\boldsymbol{A}-\lambda\boldsymbol{E})=\begin{vmatrix}2-\lambda&1&1\\1&2-\lambda&1\\1&1&2-\lambda\end{vmatrix}=(4-\lambda)(1-\lambda)^2=0$$

所以 $\boldsymbol{A}$ 的特征值为 $\lambda_1=\lambda_2=1$（二重根），$\lambda_3=4$.

对于 $\lambda_1=\lambda_2=1$，解齐次线性方程组 $(\boldsymbol{A}-\boldsymbol{E})\boldsymbol{x}=\boldsymbol{0}$. 由

$$\boldsymbol{A}-\boldsymbol{E}=\begin{pmatrix}1&1&1\\1&1&1\\1&1&1\end{pmatrix}\xrightarrow{\text{行变换}}\begin{pmatrix}1&1&1\\0&0&0\\0&0&0\end{pmatrix}$$

得基础解系为
$$\boldsymbol{\xi}_1=\begin{pmatrix}-1\\1\\0\end{pmatrix},\quad \boldsymbol{\xi}_2=\begin{pmatrix}-1\\0\\1\end{pmatrix}$$

采用 Schmidt 正交化方法，将 $\boldsymbol{\xi}_1$ 与 $\boldsymbol{\xi}_2$ 正交化，得

$$\boldsymbol{\alpha}_1=\boldsymbol{\xi}_1,\quad \boldsymbol{\alpha}_2=\boldsymbol{\xi}_2-\frac{(\boldsymbol{\xi}_2,\boldsymbol{\alpha}_1)}{(\boldsymbol{\alpha}_1,\boldsymbol{\alpha}_1)}\boldsymbol{\alpha}_1=\begin{pmatrix}-1\\0\\1\end{pmatrix}-\frac{1}{2}\begin{pmatrix}-1\\1\\0\end{pmatrix}=\frac{1}{2}\begin{pmatrix}-1\\-1\\2\end{pmatrix}$$

再单位化，得

$$\boldsymbol{q}_1=\frac{\boldsymbol{\alpha}_1}{\|\boldsymbol{\alpha}_1\|}=\frac{\sqrt{2}}{2}\begin{pmatrix}-1\\1\\0\end{pmatrix},\quad \boldsymbol{q}_2=\frac{\boldsymbol{\alpha}_2}{\|\boldsymbol{\alpha}_2\|}=\frac{\sqrt{6}}{6}\begin{pmatrix}-1\\-1\\2\end{pmatrix}$$

对于 $\lambda_3=4$，解齐次线性方程组 $(\boldsymbol{A}-4\boldsymbol{E})\boldsymbol{x}=\boldsymbol{0}$. 由

$$\boldsymbol{A}-4\boldsymbol{E}=\begin{pmatrix}-2&1&1\\1&-2&1\\1&1&-2\end{pmatrix}\xrightarrow{\text{行变换}}\begin{pmatrix}1&0&-1\\0&1&-1\\0&0&0\end{pmatrix}$$

得基础解系为

$$\boldsymbol{\xi}_3=\begin{pmatrix}1\\1\\1\end{pmatrix}$$

单位化，得 $\boldsymbol{q}_3=\dfrac{\boldsymbol{\xi}_3}{\|\boldsymbol{\xi}_3\|}=\dfrac{\sqrt{3}}{3}\begin{pmatrix}1\\1\\1\end{pmatrix}$；构造正交矩阵 $\boldsymbol{Q}=(\boldsymbol{q}_1\quad\boldsymbol{q}_2\quad\boldsymbol{q}_3)$，故有

$$\boldsymbol{Q}^{\mathrm{T}}\boldsymbol{A}\boldsymbol{Q}=\mathrm{diag}(1,1,4)$$

习　题　5.4

1. 设三阶实对称矩阵 $\boldsymbol{A}$ 的特征值为 1，0，0，若 $\boldsymbol{\xi}_1=(1,0,-1)^{\mathrm{T}}$ 是属于特征值 1 的特征向量，求属于特征值 0 的全部特征向量.

2. 对于下列实对称矩阵，求正交矩阵，使得矩阵正交相似于对角矩阵.

(1) $\boldsymbol{A}=\begin{pmatrix}2&2\\2&-1\end{pmatrix}$　　(2) $\boldsymbol{B}=\begin{pmatrix}2&1&0\\1&2&0\\0&0&1\end{pmatrix}$

3. 设三阶实对称矩阵 $\boldsymbol{A}$ 的特征值为 1，1，2，属于特征值 2 的特征向量为 $\boldsymbol{\xi}=(1,0,-1)^{\mathrm{T}}$，求矩阵 $\boldsymbol{A}$.

4. 证明实反对称矩阵的特征值是 0 或纯虚数.

5. 设 $\boldsymbol{A}=\begin{pmatrix}1&a&1\\a&1&b\\1&b&1\end{pmatrix}$，$\boldsymbol{B}=\begin{pmatrix}0&0&0\\0&1&0\\0&0&2\end{pmatrix}$，且 $\boldsymbol{A}\sim\boldsymbol{B}$.

(1) 求 a,b 的值.

(2) 求可逆矩阵 $\boldsymbol{P}$ 使得 $\boldsymbol{P}^{-1}\boldsymbol{AP}=\boldsymbol{B}$

总习题5

1. 判断题(设 $\boldsymbol{A},\boldsymbol{B}$ 均是 n 阶方阵)(对的打 √,错的打 ×)

(1) 如果 $\boldsymbol{A}\cong\boldsymbol{B}$,则 $\boldsymbol{A}\sim\boldsymbol{B}$. ( )

(2) 如果 $\boldsymbol{A}\sim\boldsymbol{B}$,则 $\det(\boldsymbol{A}-\lambda\boldsymbol{E})=\det(\boldsymbol{B}-\lambda\boldsymbol{E})$. ( )

(3) 如果 $\boldsymbol{A},\boldsymbol{B}$ 均是实对称矩阵,且 $\det(\boldsymbol{A}-\lambda\boldsymbol{E})=\det(\boldsymbol{B}-\lambda\boldsymbol{E})$,则 $\boldsymbol{A}\sim\boldsymbol{B}$. ( )

(4) 如果 $\boldsymbol{A}$ 满足 $\boldsymbol{A}^2+2\boldsymbol{A}-3\boldsymbol{E}=\boldsymbol{O}$,则 $-3,1$ 一定是 $\boldsymbol{A}$ 的特征值. ( )

(5) 设 $\boldsymbol{\xi}_1$ 与 $\boldsymbol{\xi}_2$ 是 $\boldsymbol{A}$ 的属于特征值 λ_0 的两个特征向量,则 $k_1\boldsymbol{\xi}_1+k_2\boldsymbol{\xi}_2$($k_1,k_2$ 是任意常数)也是 $\boldsymbol{A}$ 的特征向量. ( )

(6) 设 λ,μ 是方阵 $\boldsymbol{A}$ 的两个互异特征值,$\boldsymbol{x},\boldsymbol{y}$ 分别是属于它们的特征向量,则 $\boldsymbol{x}$ 与 $\boldsymbol{y}$ 正交. ( )

(7) 如果方阵 $\boldsymbol{A}$ 可与对角矩阵相似,则 $\boldsymbol{A}^2$ 可与对角矩阵相似. ( )

(8) 设矩阵 $\boldsymbol{A},\boldsymbol{B}$ 分别为 $m\times n$ 与 $n\times m$ 矩阵,则 $\mathrm{tr}(\boldsymbol{AB})=\mathrm{tr}(\boldsymbol{BA})$. ( )

2. 选择题

(1) 如果3阶方阵 $\boldsymbol{A}$ 满足 $\det(\boldsymbol{A}-\boldsymbol{E})=0,\det(\boldsymbol{A}+\boldsymbol{E})=0,\det(\boldsymbol{A}-2\boldsymbol{E})=0$,则 $\det\boldsymbol{A}=$( ).

A. 2　　B. -2　　C. 1　　D. -1

(2) 如果 $\boldsymbol{A}$ 是3阶实对称矩阵,1,1,0是 $\boldsymbol{A}$ 的3个特征值,则 $\boldsymbol{A}$ 的秩 $\mathrm{rank}\boldsymbol{A}=$( ).

A. 0　　B. 1　　C. 2　　D. 3

(3) 设 $\boldsymbol{A}$ 是3阶实对称矩阵,且满足 $\boldsymbol{A}^2=\boldsymbol{A}$,$\mathrm{rank}\boldsymbol{A}=1$,则 $\boldsymbol{A}$ 与( )相似.

A. $\begin{pmatrix}1&&\\&0&\\&&0\end{pmatrix}$　B. $\begin{pmatrix}1&&\\&1&\\&&0\end{pmatrix}$　C. $\begin{pmatrix}-1&&\\&0&\\&&0\end{pmatrix}$　D. $\begin{pmatrix}1&&\\&-1&\\&&0\end{pmatrix}$

(4) 若3阶方阵 $\boldsymbol{A}$ 的秩为2,则( )一定是 $\boldsymbol{A}$ 的特征值.

A. 0　　B. 1　　C. 2　　D. 3

(5) 如果 $\boldsymbol{A}=\begin{pmatrix} 0 & 0 & -1 \\ \frac{3}{5} & a & 0 \\ \frac{4}{5} & -\frac{3}{5} & 0 \end{pmatrix}$ 是正交矩阵，则 $a=$(　　).

A. $\frac{3}{5}$　　B. $-\frac{3}{5}$　　C. $\frac{4}{5}$　　D. $-\frac{4}{5}$

(6) 如果3阶方阵 $\boldsymbol{A}$ 的每行元素之和都为2，则(　　)一定是 $\boldsymbol{A}$ 的特征值.

A. 0　　B. 1　　C. 2　　D. 3

(7) 设 $\boldsymbol{A}$ 是2阶实方阵，如果 $\det\boldsymbol{A}<0$，则 $\boldsymbol{A}$(　　).

A，相似于对角矩阵　　B. 不能相似于对角矩阵

C. 不确定是否相似于对角矩阵

3. 填空题

(1) 设 $\boldsymbol{A}$ 是3阶方阵，2是 $\boldsymbol{A}$ 的一个特征值，________一定是 $\boldsymbol{A}^{\mathrm{T}}$ 的特征值.

(2) 设 $\boldsymbol{A}$ 是3阶方阵，$\det\boldsymbol{A}=2$，若3是 $\boldsymbol{A}$ 的一个特征值，则 $\boldsymbol{A}^*$ 的一个特征值一定是________.

(3) 如果方阵 $\boldsymbol{A}$ 的行列式 $\det\boldsymbol{A}=0$，则________一定是 $\boldsymbol{A}$ 的特征值.

(4) 如果方阵 $\boldsymbol{A}$ 的迹 $\mathrm{tr}\boldsymbol{A}=r$，则 $\mathrm{tr}(\boldsymbol{A}+\boldsymbol{P}^{-1}\boldsymbol{A}\boldsymbol{P})=$________.

(5) 设1，-1是2阶方阵 $\boldsymbol{A}$ 的两个特征值，$\boldsymbol{\xi}_1=(1,a)^{\mathrm{T}}$ 与 $\boldsymbol{\xi}_2=(1+a,1)^{\mathrm{T}}$ 分别是属于这两个特征值的特征向量，则 $a=$________.

(6) 若 $\boldsymbol{A}=\begin{pmatrix} 1 & 0 & 0 \\ 0 & a & -a \\ 0 & b & b \end{pmatrix}$ 是正交矩阵，且 $a>0,b>0$，则 $a=$________，$b=$________.

(7) 若方阵 $\boldsymbol{A}=\begin{pmatrix} a & b & 0 \\ 1 & 1 & 0 \\ 1 & -1 & 3 \end{pmatrix}$ 与 $\boldsymbol{B}=\begin{pmatrix} 1 & & \\ & 2 & \\ & & c \end{pmatrix}$ 相似，则 $a=$________，$b=$________，$c=$________.

4. 设 $\boldsymbol{A}=\begin{pmatrix} 3 & 1 & 1 \\ 1 & 3 & 1 \\ 1 & 1 & 3 \end{pmatrix}$，向量 $\boldsymbol{x}=(1,k,1)^{\mathrm{T}}$ 是 $\boldsymbol{A}^{-1}$ 的特征向量，求 k 值与对应的特征值.

5. 已知 $\boldsymbol{A}=\boldsymbol{\alpha}\boldsymbol{\beta}^{\mathrm{T}}$，其中 $\boldsymbol{\alpha}=(1,2,3)^{\mathrm{T}}$，$\boldsymbol{\beta}=(1,-1,0)^{\mathrm{T}}$，求 $\boldsymbol{A}$ 的特征值与特征向量.

6. 设 $\boldsymbol{A}=\begin{pmatrix}2&3&3\\3&2&3\\3&3&2\end{pmatrix}$：

(1) 求正交矩阵 $\boldsymbol{Q}$，使得 $\boldsymbol{Q}^{-1}\boldsymbol{A}\boldsymbol{Q}$ 是对角矩阵.

(2) 求 $\boldsymbol{A}^{100}$.

7. 若 $\boldsymbol{A}$ 是 3 阶方阵，$\mathrm{rank}\boldsymbol{A}=1$，又 $\boldsymbol{A}$ 的每行之和是 3，证明 $\boldsymbol{A}$ 可相似于对角矩阵.

8. 设 $\boldsymbol{A}=\begin{pmatrix}3&0&0\\1&1&2\\a&1&2\end{pmatrix}$，问 a 为何值时，$\boldsymbol{A}$ 可以相似于对角矩阵.

第6章　二　次　型

※学习基本要求

1. 了解 n 元二次型的概念，会将二次型表示为矩阵形式.

2. 了解矩阵的合同变换与性质.

3. 会用正交变换法化二次型为标准形.

4. 了解惯性定理，熟练计算正惯性指数与负惯性指数.

5. 了解正定二次型的概念，掌握判断二次型正定的基本方法.

※内容要点

1. 二次型的定义、矩阵形式以及秩见表 6.1

表　6.1

二次型的定义	二次型的矩阵形式	二次型的秩
$f=\sum_{i=1}^{n}\sum_{j=1}^{n}a_{ij}\boldsymbol{x}_i\boldsymbol{x}_j$	$f=\boldsymbol{x}^{\mathrm{T}}\boldsymbol{A}\boldsymbol{x}$ $\boldsymbol{A},\boldsymbol{x}$ 分别是对称矩阵，列向量	二次型矩阵形式 $f=\boldsymbol{x}^{\mathrm{T}}\boldsymbol{A}\boldsymbol{x}$ f 的秩 $=\mathrm{rank}\boldsymbol{A}$

2. 合同变换的定义与性质见表 6.2

表　6.2

合同变换定义	合同变换的性质
$\boldsymbol{A}\simeq\boldsymbol{B}\Leftrightarrow\boldsymbol{C}^{-1}\boldsymbol{A}\boldsymbol{C}=\boldsymbol{B}$	$\boldsymbol{A}\simeq\boldsymbol{B}\Leftrightarrow\boldsymbol{B}\simeq\boldsymbol{A},\mathrm{rank}\boldsymbol{A}=\mathrm{rank}\boldsymbol{B}$ $\boldsymbol{A}\simeq\boldsymbol{B},\boldsymbol{A}^{\mathrm{T}}=\boldsymbol{A}\Rightarrow\boldsymbol{B}^{\mathrm{T}}=\boldsymbol{B}$

3. 二次型标准形的性质(惯性定理)与算法见表 6.3

表　6.3

二次型标准形性质	化二次型为标准形的方法
$f=\boldsymbol{x}^{\mathrm{T}}\boldsymbol{A}\boldsymbol{x}=d_1y_1^2+\cdots+d_py_p^2-d_{p+1}y_{p+1}^2-\cdots-d_ry_r^2$ $d_i>0,r=\mathrm{rank}\boldsymbol{A},p$ 是 $\boldsymbol{A}$ 的正惯性指数	1. 正交变换方法 2. 配方法 3. 初等变换法

4. 二次型正定(负)的定义与主要结论见表 6.4

表 6.4

定义	结论
$\forall \boldsymbol{x} \neq \boldsymbol{0}, f = \boldsymbol{x}^{\mathrm{T}}\boldsymbol{A}\boldsymbol{x} > 0 \Rightarrow f$ 是正定的; $\forall \boldsymbol{x} \neq \boldsymbol{0}, f = \boldsymbol{x}^{\mathrm{T}}\boldsymbol{A}\boldsymbol{x} < 0 \Rightarrow f$ 是负定的	$\boldsymbol{x}^{\mathrm{T}}\boldsymbol{A}\boldsymbol{x}$ 正定 $\Leftrightarrow \boldsymbol{x}^{\mathrm{T}}\boldsymbol{A}\boldsymbol{x}$ 的正惯性指数为 n; $\boldsymbol{A}$ 的特征值都大于 0; $\boldsymbol{A}$ 的顺序主子式都大于零

※ 知识结构图

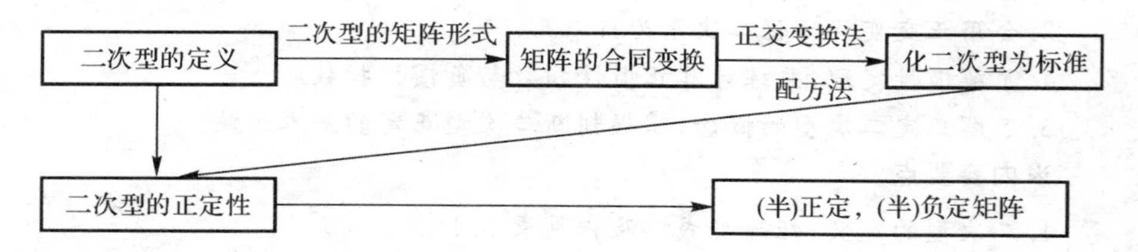

6.1 二次型的矩阵形式

在平面解析几何中,为了研究曲线类型及性质,常将二次曲线方程化为标准形. 例如二次曲线方程

$$3x^2 + 4xy + 3y^2 = 1 \tag{6-1}$$

可经过标准旋转变换,得

$$\begin{cases} x = x'\cos\dfrac{\pi}{4} - y'\sin\dfrac{\pi}{4} \\ y = x'\sin\dfrac{\pi}{4} + y'\cos\dfrac{\pi}{4} \end{cases}$$

化为标准形为

$$x'^2 + 5y'^2 = 1$$

即

$$\frac{x'^2}{1} + \frac{y'^2}{\frac{1}{5}} = 1$$

这样,便从它的标准形知,式(6-1)表示的二次曲线是椭圆.

在空间解析几何中,对应二次曲面也有类似的化简问题. 式(6-1)的左边是一个二次齐次多项式,将方程化为标准形的过程就是:通过变量的线性变换,将二次齐次多项式化为变量的平方和形式.更一般地,这里讨论 n 个变量的二次齐次多项式的化简问题.

定义 6.1 设 n 元二次齐次多项式

$$f(x_1,x_2,\cdots x_n)=a_{11}x_1^2+2a_{12}x_1x_2+\cdots+2a_{1n}x_1x_n+ \\ a_{22}x_2^2+\cdots+2a_{2n}x_2x_n+ \\ \cdots+ \\ a_{nn}x_n^2 \tag{6-2}$$

其中 $x_1,x_2,\cdots,x_n$ 为 n 个未知量,$a_{ij}\ (i=1,2,\cdots,n;j=1,2,\cdots,n)$ 为系数,则 f 称为 n 元二次型.如果 a_{ij} 均是实数,则称 f 为**实二次型**,如果 a_{ij} 均是复数,则称 f 为**复二次型**.如果二次型中只含有变量的平方项,即

$$f(x_1,x_2,\cdots,x_n)=d_1x_1^2+d_2x_2^2+\cdots+d_nx_n^2$$

则称为标准形式的二次型,简称为**标准形**.

采用矩阵研究二次型可以化简二次型,从而将问题得以简化,因此我们先将二次型用矩阵来表示.

取 $a_{ji}=a_{ij}$,则有

$$2a_{ij}x_ix_j=a_{ij}x_ix_j+a_{ji}x_jx_i$$

于是,式(6-2)可以改写为

$$\begin{aligned} f(x_1,x_2,\cdots x_n)=&a_{11}x_1^2+a_{12}x_1x_2+\cdots+a_{1n}x_1x_n+a_{12}x_2x_1+ \\ &a_{22}x_2^2+\cdots+2a_{2n}x_2x_n+\cdots+a_{n1}x_nx_1+a_{n2}x_nx_2+\cdots+ \\ &a_{nn}x_n^2=x_1(a_{11}x_1+a_{12}x_2+\cdots+a_{1n}x_n)+ \\ &x_2(a_{21}x_1+a_{22}x_2+\cdots+a_{2n}x_n)+\cdots+ \\ &x_n(a_{n1}x_1+a_{n2}x_2+\cdots+a_{nn}x_n)= \\ &(x_1,x_2,\cdots,x_n)\begin{pmatrix} a_{11}x_1+a_{12}x_2+\cdots+a_{1n}x_n \\ a_{21}x_1+a_{22}x_2+\cdots+a_{2n}x_n \\ \cdots\cdots \\ a_{n1}x_1+a_{1n}x_2+\cdots+a_{nn}x_n \end{pmatrix}= \\ &(x_1,x_2,\cdots,x_n)\begin{pmatrix} a_{11} & a_{12} & \cdots & a_{1n} \\ a_{21} & a_{22} & \cdots & a_{2n} \\ \vdots & \vdots & & \vdots \\ a_{n1} & a_{n2} & \cdots & a_{nn} \end{pmatrix}\begin{pmatrix} x_1 \\ x_2 \\ \vdots \\ x_n \end{pmatrix} \end{aligned}$$

记 $$\boldsymbol{A}=\begin{pmatrix} a_{11} & a_{12} & \cdots & a_{1n} \\ a_{21} & a_{22} & \cdots & a_{2n} \\ \vdots & \vdots & & \vdots \\ a_{n1} & a_{n2} & \cdots & a_{nn} \end{pmatrix},\quad \boldsymbol{x}=\begin{pmatrix} x_1 \\ x_2 \\ \vdots \\ x_n \end{pmatrix}$$

则二次型可记作

$$f=\boldsymbol{x}^{\mathrm{T}}\boldsymbol{A}\boldsymbol{x} \tag{6-3}$$

其中,$\boldsymbol{A}$ 是对称矩阵,称式(6-3)为二次型的**矩阵的形式**.

例如,二次型 $f(x_1,x_2,x_3)=x_1^2+2x_2^2+3x_3^2+2x_1x_2+4x_2x_3-2x_1x_3$ 的矩阵形式为

$$f(x_1,x_2,x_3)=(x_1,x_2,x_3)\begin{pmatrix} 1 & 1 & -1 \\ 1 & 2 & 2 \\ -1 & 2 & 3 \end{pmatrix}\begin{pmatrix} x_1 \\ x_2 \\ x_3 \end{pmatrix}$$

由式(6-3)知,任意一个二次型都唯一确定一个对称矩阵;反之,任意一个对称矩阵都唯一确定一个二次型.因此,二次型与对称矩阵之间是一一对应的关系,对称矩阵$\boldsymbol{A}$被称为二次型f的矩阵,f也被称为对称矩阵$\boldsymbol{A}$的二次型.称对称矩阵 $\boldsymbol{A}$ 的秩为二次型 f 的秩.

例 6.1 求二次型

$$f(x_1,x_2,x_3)=x_1^2+2x_2^2+2x_3^2+2x_1x_2+2x_2x_3-2x_1x_3$$

的秩.

解 因为二次型 f 的矩阵

$$\boldsymbol{A}=\begin{pmatrix} 1 & 1 & -1 \\ 1 & 2 & 1 \\ -1 & 1 & 2 \end{pmatrix}$$

$\boldsymbol{A}\rightarrow\begin{pmatrix} 1 & 1 & -1 \\ 0 & 1 & 2 \\ 0 & 0 & 1 \end{pmatrix}$,所以 $\mathrm{rank}\boldsymbol{A}=3$,故二次型 f 的秩为 3.

对于二次型,讨论的主要问题是,寻找可逆线性变换

$$\begin{cases} x_1=c_{11}y_1+c_{12}y_2+\cdots+c_{1n}y_n \\ x_2=c_{21}y_1+c_{22}y_2+\cdots+c_{2n}y_n \\ \qquad\cdots\cdots \\ x_n=c_{n1}y_1+c_{n2}y_2+\cdots+c_{nn}y_n \end{cases}$$

它的矩阵表示式为

$$\boldsymbol{x}=\boldsymbol{C}\boldsymbol{y} \tag{6-4}$$

其中$\boldsymbol{C}=(c_{ij})$，且$\det\boldsymbol{C}\neq 0$.使二次型f为标准形，即将式(6-4)代入式(6-3)，使得

$$f=\boldsymbol{x}^{\mathrm{T}}\boldsymbol{A}\boldsymbol{x}=\boldsymbol{y}^{\mathrm{T}}\boldsymbol{C}^{\mathrm{T}}\boldsymbol{A}\boldsymbol{C}\boldsymbol{y}=d_1y_1^2+d_2y_2^2+\cdots+d_ny_n^2$$

即

$$\boldsymbol{C}^{\mathrm{T}}\boldsymbol{A}\boldsymbol{C}=\begin{pmatrix} d_1 & & & \\ & d_2 & & \\ & & \ddots & \\ & & & d_n \end{pmatrix}$$

定义 6.2 设$\boldsymbol{A},\boldsymbol{B}$均为$n$阶方阵，若有$n$阶可逆矩阵$\boldsymbol{C}$，使得

$$\boldsymbol{C}^{\mathrm{T}}\boldsymbol{A}\boldsymbol{C}=\boldsymbol{B}$$

则称矩阵$\boldsymbol{A}$与$\boldsymbol{B}$ **合同**，记为$\boldsymbol{A}\simeq\boldsymbol{B}$.

合同是矩阵之间的一种关系，合同关系具有以下基本性质.

(1) 反身性：$\boldsymbol{A}\simeq\boldsymbol{A}$.

(2) 对称性：若$\boldsymbol{A}\simeq\boldsymbol{B}$，则$\boldsymbol{B}\simeq\boldsymbol{A}$.

(3) 传递性：若$\boldsymbol{A}\simeq\boldsymbol{B}$，$\boldsymbol{B}\simeq\boldsymbol{C}$，则$\boldsymbol{A}\simeq\boldsymbol{C}$.

证 (1) 因为$\boldsymbol{E}^{\mathrm{T}}\boldsymbol{A}\boldsymbol{E}=\boldsymbol{A}$，所以$\boldsymbol{A}\simeq\boldsymbol{A}$；

(2) 因为存在可逆矩阵$\boldsymbol{C}$，使得$\boldsymbol{C}^{\mathrm{T}}\boldsymbol{A}\boldsymbol{C}=\boldsymbol{B}$，所以$(\boldsymbol{C}^{-1})^{\mathrm{T}}\boldsymbol{B}\boldsymbol{C}^{-1}=\boldsymbol{A}$，故$\boldsymbol{B}\simeq\boldsymbol{A}$.

(3) 因为存在可逆矩阵$\boldsymbol{P}_1,\boldsymbol{P}_2$，使得$\boldsymbol{P}_1^{\mathrm{T}}\boldsymbol{A}\boldsymbol{P}_1=\boldsymbol{B}$，$\boldsymbol{P}_2^{\mathrm{T}}\boldsymbol{B}\boldsymbol{P}_2=\boldsymbol{C}$，所以$\boldsymbol{P}_2^{\mathrm{T}}\boldsymbol{P}_1^{\mathrm{T}}\boldsymbol{A}\boldsymbol{P}_1\boldsymbol{P}_2=\boldsymbol{C}$，即$(\boldsymbol{P}_1\boldsymbol{P}_2)^{\mathrm{T}}\boldsymbol{A}\boldsymbol{P}_1\boldsymbol{P}_2=\boldsymbol{C}$，故$\boldsymbol{A}\simeq\boldsymbol{C}$.

证毕

关于矩阵的合同还有以下性质：

定理 6.1 若n阶方阵$\boldsymbol{A}$与$\boldsymbol{B}$合同，且$\boldsymbol{A}$为对称矩阵，则$\boldsymbol{B}$也为对称矩阵，且$\mathrm{rank}\boldsymbol{A}=\mathrm{rank}\boldsymbol{B}$.

证 因为存在可逆矩阵$\boldsymbol{C}$使得$\boldsymbol{C}^{\mathrm{T}}\boldsymbol{A}\boldsymbol{C}=\boldsymbol{B}$，所以

$$\boldsymbol{B}^{\mathrm{T}}=(\boldsymbol{C}^{\mathrm{T}}\boldsymbol{A}\boldsymbol{C})^{\mathrm{T}}=\boldsymbol{C}^{\mathrm{T}}\boldsymbol{A}^{\mathrm{T}}\boldsymbol{C}=\boldsymbol{C}^{\mathrm{T}}\boldsymbol{A}\boldsymbol{C}=\boldsymbol{B}$$

故$\boldsymbol{B}$也为对称矩阵.

若$\boldsymbol{A}$与$\boldsymbol{B}$合同，由定理3.2的推论2知，$\boldsymbol{A}$与$\boldsymbol{B}$等价，故$\mathrm{rank}\boldsymbol{A}=\mathrm{rank}\boldsymbol{B}$.

证毕

将可逆线性变换式(6-4)代入二次型式(6-3)，得

$$f=\boldsymbol{x}^{\mathrm{T}}\boldsymbol{A}\boldsymbol{x}=\boldsymbol{y}^{\mathrm{T}}\boldsymbol{C}^{\mathrm{T}}\boldsymbol{A}\boldsymbol{C}\boldsymbol{y}=\boldsymbol{y}^{\mathrm{T}}\boldsymbol{B}\boldsymbol{y}$$

其中，$\boldsymbol{B}=\boldsymbol{C}^{\mathrm{T}}\boldsymbol{A}\boldsymbol{C}$.由于$\boldsymbol{A}$是对称矩阵，由定理6.1知，$\boldsymbol{B}$也是对称矩阵，这表明可逆线性变换将二次型仍变为二次型的矩阵形式，且变换前后的矩阵是合同的.若$\boldsymbol{B}$是对角矩阵，则$\boldsymbol{y}^{\mathrm{T}}\boldsymbol{B}\boldsymbol{y}$就是标准形.因此将二次型化为标准形的问题，实质

上是:对于对称矩阵 $\boldsymbol{A}$,寻找可逆矩阵 $\boldsymbol{C}$,使得 $\boldsymbol{C}^{\mathrm{T}}\boldsymbol{A}\boldsymbol{C}$ 为对角矩阵.

习　题　6.1

1. 下列式子哪些是二次型.

(1)$f(x,y)=x^2+2xy+2y^2$

(2)$f(x,y)=x^2+3xy-2y^2+x$

(3)$f(x,y)=(x,y)\begin{pmatrix}1 & 2\\ 2 & -1\end{pmatrix}\begin{pmatrix}x\\ y\end{pmatrix}$

(4)$f(x,y)=(x,y)\begin{pmatrix}1 & 2\\ 3 & 2\end{pmatrix}\begin{pmatrix}x\\ y\end{pmatrix}$

2. 将下列二次型写成二次型的矩阵形式.

(1)$f(x,y)=x^2+2xy+2y^2$

(2)$f(x_1,x_2,x_3)=x_1^2+2x_2^2-3x_3^2+2x_1x_2-2x_2x_3+6x_1x_3$

(3)$f(x_1,x_2,x_3)=(x_1,x_2,x_3)\begin{pmatrix}1 & -1 & 3\\ 3 & 2 & 2\\ 1 & 2 & -1\end{pmatrix}\begin{pmatrix}x_1\\ x_2\\ x_3\end{pmatrix}$

3. 求 2 题的二次型的秩.

6.2　化二次型为标准形

本节介绍将二次型化为标准形的 3 种方法.

6.2.1　正交变换法

由上章的定理 5.10,对于 n 阶实对称矩阵 $\boldsymbol{A}$,一定存在 n 阶正交矩阵 $\boldsymbol{Q}$,使得

$$\boldsymbol{Q}^{\mathrm{T}}\boldsymbol{A}\boldsymbol{Q}=\boldsymbol{Q}^{-1}\boldsymbol{A}\boldsymbol{Q}=\boldsymbol{\Lambda}=\mathrm{diag}(\lambda_1,\lambda_2,\cdots,\lambda_n)$$

其中,$\lambda_1,\lambda_2,\cdots,\lambda_n$ 是矩阵 $\boldsymbol{A}$ 的特征值,可见实对称矩阵 $\boldsymbol{A}$ 一定与对角矩阵合同. 取可逆线性变换

$$\boldsymbol{x}=\boldsymbol{Q}\boldsymbol{y}$$

由于 $\boldsymbol{Q}$ 是正交矩阵,变换 $\boldsymbol{x}=\boldsymbol{Q}\boldsymbol{y}$ 也称为**正交变换**,用此变换二次型(6-2)化为

$$f=\boldsymbol{x}^{\mathrm{T}}\boldsymbol{A}\boldsymbol{x}=\boldsymbol{y}^{\mathrm{T}}\boldsymbol{Q}^{\mathrm{T}}\boldsymbol{A}\boldsymbol{Q}\boldsymbol{y}=\lambda_1y_1^2+\lambda_2y_2^2+\cdots+\lambda_ny_n^2$$

这种用正交变换化二次型为标准形的方法称为**正交变换法**. 于是有下述定理.

定理 6.2　对于任何一个 n 元实二次型 $f=\boldsymbol{x}^{\mathrm{T}}\boldsymbol{A}\boldsymbol{x}$,存在正交变换 $\boldsymbol{x}=\boldsymbol{Q}\boldsymbol{y}$,

二次型 f 化为标准形

$$f=\lambda_1 y_1^2+\lambda_2 y_2^2+\cdots+\lambda_n y_n^2 \tag{6-5}$$

其中,$\lambda_1,\lambda_2,\cdots,\lambda_n$ 是实对称矩阵$\boldsymbol{A}$ 的特征值,Q的列向量是$\boldsymbol{A}$ 的属于n 个特征值的正交的特征向量. 称(6-5) 式为实二次型在正交变换下的标准形.

由于,$\boldsymbol{A}$ 的特征值是确定的,所以,在不考虑特征值的排序情况下,正交变换所得的二次型的标准形是唯一的.

例 6.2 用正交变换化二次型

$$f(x_1,x_2,x_3)=x_1^2+x_2^2+x_3^2+2x_1x_2+2x_2x_3+2x_1x_3$$

为标准形,并写出所用的正交变换.

解 二次型的矩阵为

$$\boldsymbol{A}=\begin{pmatrix}1&1&1\\1&1&1\\1&1&1\end{pmatrix}$$

因为 $\det(\boldsymbol{A}-\lambda\boldsymbol{E})=\lambda^2(3-\lambda)$,所以 $\boldsymbol{A}$ 的特征值为$\lambda_1=3,\lambda_2=\lambda_3=0$.

由$(\boldsymbol{A}-3\boldsymbol{E})\boldsymbol{x}=\boldsymbol{0}$求得属于特征值3的特征向量$\boldsymbol{\xi}_1=(1,1,1)^{\mathrm{T}}$,单位化有

$$\boldsymbol{q}_1=\frac{\sqrt{3}}{3}(1,1,1)^{\mathrm{T}}$$

由 $\boldsymbol{A}\boldsymbol{x}=\boldsymbol{0}$ 求得属于特征值 0 的特征向量 $\boldsymbol{\xi}_2=(-1,1,0)^{\mathrm{T}}$,$\boldsymbol{\xi}_3=(-1,0,1)^{\mathrm{T}}$,将 $\boldsymbol{\xi}_2,\boldsymbol{\xi}_3$ 正交化得

$$\boldsymbol{\alpha}_2=\boldsymbol{\xi}_2,\quad \boldsymbol{\alpha}_3=\boldsymbol{\xi}_3-\frac{(\boldsymbol{\xi}_3,\boldsymbol{\alpha}_2)}{(\boldsymbol{\alpha}_2,\boldsymbol{\alpha}_2)},\quad \boldsymbol{\alpha}_2=\left(-\frac{1}{2},-\frac{1}{2},1\right)^{\mathrm{T}}$$

单位化,有

$$\boldsymbol{q}_2=\frac{\boldsymbol{\alpha}_2}{\|\boldsymbol{\alpha}_2\|}=\frac{\sqrt{2}}{2}(-1,1,0)^{\mathrm{T}},\quad \boldsymbol{q}_3=\frac{\boldsymbol{\alpha}_3}{\|\boldsymbol{\alpha}_3\|}=\frac{\sqrt{6}}{6}(-1,-1,2)^{\mathrm{T}}$$

于是,正交矩阵

$$\boldsymbol{Q}=(\boldsymbol{q}_1,\boldsymbol{q}_2,\boldsymbol{q}_3)=\begin{pmatrix}\frac{\sqrt{3}}{3}&-\frac{\sqrt{2}}{2}&-\frac{\sqrt{6}}{6}\\\frac{\sqrt{3}}{3}&\frac{\sqrt{2}}{2}&-\frac{\sqrt{6}}{6}\\\frac{\sqrt{3}}{3}&0&\frac{\sqrt{6}}{3}\end{pmatrix}$$

用正交变换 $\boldsymbol{x}=\boldsymbol{Q}\boldsymbol{y}$,化二次型为 $f=3y_1^2$.

下面,讨论正交变换的特性. 对于任意两个向量 $\boldsymbol{y}_1,\boldsymbol{y}_2$,经正交变换后得:

$\boldsymbol{x}_1 = \boldsymbol{Q}\boldsymbol{y}_1, \boldsymbol{x}_2 = \boldsymbol{Q}\boldsymbol{y}_2$，其中 $\boldsymbol{Q}$ 是正交矩阵. 因为

$$(\boldsymbol{x}_1, \boldsymbol{x}_2) = (\boldsymbol{Q}\boldsymbol{y}_1)^{\mathrm{T}}\boldsymbol{Q}\boldsymbol{y}_2 = \boldsymbol{y}_1^{\mathrm{T}}\boldsymbol{Q}^{\mathrm{T}}\boldsymbol{Q}\boldsymbol{y}_2 = \boldsymbol{y}_1^{\mathrm{T}}\boldsymbol{y}_2 = (\boldsymbol{y}_1, \boldsymbol{y}_2)$$

所以，正交变换不改变向量的内积；由**向量范数**的定义，有

$$\|\boldsymbol{x}\| = \sqrt{(\boldsymbol{x}, \boldsymbol{x})}$$

显然，正交变换不改变向量的范数；进而不改变向量的夹角，即 $\boldsymbol{y}_1, \boldsymbol{y}_2$ 的夹角与 $\boldsymbol{x}_1, \boldsymbol{x}_2$ 的夹角相同.

由于正交变换上述的特殊性质，所以它不改变图像的形状，因而它被广泛应用. 尤其在解析几何中，化简二次曲线或二次曲面方程时通常采用正交变换.

下面我们具体研究一个例子，了解如何把二次曲线方程化为标准方程.

例 6.3 将二次曲线 $x^2 + 4xy - 2y^2 + 2x - y - 1 = 0$ 化为标准形.

解 首先将曲线方程用矩阵形式表示为

$$(x, y)\begin{pmatrix} 1 & 2 \\ 2 & -2 \end{pmatrix}\begin{pmatrix} x \\ y \end{pmatrix} + (2, -1)\begin{pmatrix} x \\ y \end{pmatrix} - 1 = 0$$

采用正交变换，将二次型部分化为标准形：

因为 $\det(\boldsymbol{A} - \lambda\boldsymbol{E}) = (\lambda + 3)(\lambda - 2)$，所以 $\boldsymbol{A}$ 的特征值为 $\lambda_1 = -3, \lambda_2 = 2$. 由 $(\boldsymbol{A} + 3\boldsymbol{E})\boldsymbol{x} = \boldsymbol{0}$ 求得属于特征值 -3 的特征向量 $\boldsymbol{\xi}_1 = (1, -2)^{\mathrm{T}}$，单位化，有

$$\boldsymbol{q}_1 = \frac{\sqrt{5}}{5}(1, -2)^{\mathrm{T}}$$

由 $(\boldsymbol{A} - 2\boldsymbol{E})\boldsymbol{x} = \boldsymbol{0}$ 求得属于特征值 2 的特征向量 $\boldsymbol{\xi}_2 = (2, 1)^{\mathrm{T}}$，单位化，有

$$\boldsymbol{q}_2 = \frac{\sqrt{5}}{5}(1, 2)^{\mathrm{T}}$$

于是，正交矩阵

$$\boldsymbol{Q} = (\boldsymbol{q}_1, \boldsymbol{q}_2) = \frac{\sqrt{5}}{5}\begin{pmatrix} 1 & 2 \\ -2 & 1 \end{pmatrix}$$

用正交变换 $\boldsymbol{x} = \boldsymbol{Q}\boldsymbol{x}'$，其中 $\boldsymbol{x} = (x, y)^{\mathrm{T}}, \boldsymbol{x}' = (x', y')^{\mathrm{T}}$ 曲线方程化为

$$-3x'^2 + 2y'^2 + \frac{4\sqrt{5}}{5}x' + \frac{3\sqrt{5}}{5}y' = 1$$

再通过坐标平移，去掉一次项，有

$$-3\left(x'^2 - \frac{4\sqrt{5}}{15}x' + \frac{4}{45}\right) + 2\left(y'^2 + \frac{3\sqrt{5}}{10}y' + \frac{9}{80}\right) + \frac{1}{24} = 1$$

即
$$-3\left(x' - \frac{2\sqrt{5}}{15}\right)^2 + 2\left(y'^2 + \frac{3\sqrt{5}}{20}\right)^2 = \frac{23}{24}$$

令 $x''=x'-\frac{2\sqrt{5}}{15}$, $y''=y'+\frac{3\sqrt{5}}{20}$,则有

$$-\frac{72}{23}x''^2+\frac{48}{23}y''^2=1$$

便得到该二次曲线的标准形,从曲线的标准形可以知道此曲线是双曲线.

例 6.4 将二次曲面 $x^2+y^2+z^2-2xz+4x+2y-4z-5=0$ 化为标准形.

解 首先将方程的二次型部分采用正交变换化为标准形:

方程左端二次型部分 $x^2+y^2+z^2-2xz$ 的矩阵为

$$\boldsymbol{A}=\begin{pmatrix}1&0&-1\\0&1&0\\-1&0&1\end{pmatrix}$$

因为 $\det(\boldsymbol{A}-\lambda\boldsymbol{E})=-\lambda(\lambda-1)(\lambda-2)$,所以 $\boldsymbol{A}$ 的特征值为 $\lambda_1=1,\lambda_2=2,\lambda_3=0$. 属于它们的特征向量分别为

$$\boldsymbol{\xi}_1=(0,1,0)^{\mathrm{T}},\quad \boldsymbol{\xi}_2=(-1,0,1)^{\mathrm{T}},\quad \boldsymbol{\xi}_3=(1,0,1)^{\mathrm{T}}$$

将它们单位化,有

$$\boldsymbol{q}_1=(0,1,1)^{\mathrm{T}},\quad \boldsymbol{q}_2=\frac{\sqrt{2}}{2}(-1,0,1)^{\mathrm{T}},\quad \boldsymbol{q}_3=\frac{\sqrt{2}}{2}(1,0,1)^{\mathrm{T}}$$

于是,正交矩阵为

$$\boldsymbol{Q}=(\boldsymbol{q}_1,\boldsymbol{q}_2,\boldsymbol{q}_3)=\begin{pmatrix}0&-\frac{\sqrt{2}}{2}&\frac{\sqrt{2}}{2}\\1&0&0\\1&\frac{\sqrt{2}}{2}&\frac{\sqrt{2}}{2}\end{pmatrix}$$

用正交变换 $\boldsymbol{x}=\boldsymbol{Q}\boldsymbol{x}'$,其中 $\boldsymbol{x}=(x,y,z)^{\mathrm{T}}$, $\boldsymbol{x}'=(x',y',z')^{\mathrm{T}}$ 曲面方程化为

$$x'^2+2y'^2+2x'-4\sqrt{2}y'=5$$

再通过坐标平移,去掉一次项,有

$$(x'^2+2x'+1)+2(y'^2+2\sqrt{2}y'+2)-5=5$$

即

$$(x'+1)^2+2(y'^2+\sqrt{2})^2=10$$

令 $x''=x'+1$, $y''=y'+\sqrt{2}$, $z''=z'$,得到二次曲面的标准方程为

$$x''^2+2y''^2=10$$

这是椭圆柱面.

从上述求解过程我们知道了化二次曲线或二次曲面为标准形的基本

步骤：

(1) 采用正交变换将方程的二次型部分化为标准形.

(2) 采用坐标平移，将方程的含有平方项的一次项去掉，便得到二次曲线或二次曲面为标准形.

从几何应用中，可以知道，特征向量的几何意义：特征向量的方向与图像的主轴方向共线.

6.2.2 配方法

如果不限于正交变换，还可以有多种方法将二次型化为标准形，配方法是其中的一种.

配方法的基本思想是配平方，下面举例说明这种方法.

例 6.5 用配方法化例 6.2 的二次型

$$f(x_1,x_2,x_3)=x_1^2+x_2^2+x_3^2+2x_1x_2+2x_2x_3+2x_1x_3$$

为标准形

解 先集中所有含 x_1 的项并配方，得

$$f=(x_1^2+2x_1(x_2+x_3)+(x_2+x_3)^2)-(x_2+x_3)^2+x_2^2+x_3^2+2x_2x_3=(x_1+x_2+x_3)^2$$

令 $\begin{cases} y_1=x_1+x_2+x_3 \\ y_2=x_2 \\ y_3=x_3 \end{cases}$，即 $\begin{cases} x_1=y_1-y_2-y_3 \\ x_2=y_2 \\ x_3=y_3 \end{cases}$

得标准形为

$$f=y_1^2$$

所用可逆变换为

$$\begin{cases} x_1=y_1-y_2-y_3 \\ x_2=y_2 \\ x_3=y_3 \end{cases}$$

即

$$x=Cy$$

其中 $\boldsymbol{C}=\begin{pmatrix} 1 & -1 & -1 \\ 0 & 1 & 0 \\ 0 & 0 & 1 \end{pmatrix}$，$\boldsymbol{x}=\begin{pmatrix} x_1 \\ x_2 \\ x_3 \end{pmatrix}$，$\boldsymbol{y}=\begin{pmatrix} y_1 \\ y_2 \\ y_3 \end{pmatrix}$

例 6.6 用配方法化二次型

$$f(x_1,x_2,x_3)=x_1x_2+2x_2x_3-x_1x_3$$

为标准形，并写出所用的可逆线性变换.

解 因为 f 中不含平方项而含混合项,则令

$$\left.\begin{aligned} x_1 &= y_1 - y_2 \\ x_2 &= y_1 + y_2 \\ x_3 &= y_3 \end{aligned}\right\} \tag{6-6}$$

代入二次型 f,得

$$f = y_1^2 - y_2^2 + 2(y_1 + y_2)y_3 - (y_1 - y_2)y_3 = y_1^2 - y_2^2 + y_1y_3 + 3y_2y_3$$

再按例 6.5 的方法化为标准形,有

$$\begin{aligned} f &= \left(y_1^2 + y_1y_3 + \frac{1}{4}y_3^2\right) - \frac{1}{4}y_3^2 - y_2^2 + 3y_2y_3 = \\ &\left(y_1 + \frac{1}{2}y_3\right)^2 - \left(y_2^2 - 3y_2y_3 + \frac{9}{4}y_3^2\right) + 2y_3^2 = \\ &\left(y_1 + \frac{1}{2}y_3\right)^2 - \left(y_2 - \frac{3}{2}y_3\right)^2 + 2y_3^2 \end{aligned}$$

令
$$\begin{cases} z_1 = y_1 + \dfrac{1}{2}y_3 \\ z_2 = y_2 - \dfrac{3}{2}y_3 \\ z_3 = y_3 \end{cases}$$

即
$$\begin{cases} y_1 = z_1 - \dfrac{1}{2}z_3 \\ y_2 = z_2 + \dfrac{3}{2}z_3 \\ y_3 = z_3 \end{cases} \tag{6-7}$$

则化二次型为标准形

$$f = z_1^2 - z_2^2 + 2z_3^2 \tag{6-8}$$

将式(6-7)代入式(6-8),得可逆线性变换

$$\begin{cases} x_1 = z_1 - z_2 - 2z_3 \\ x_2 = z_1 + z_2 + z_3 \\ x_3 = z_3 \end{cases}$$

如果再进行可逆线性变换,有

$$\begin{cases} u_1 = z_1 \\ u_2 = z_2 \\ u_3 = \sqrt{2}\, z_3 \end{cases}$$

即
$$\begin{cases}x_1=u_1-u_2-\sqrt{2}u_3\\ x_2=u_1+u_2+\dfrac{\sqrt{2}}{2}u_3\\ x_3=\dfrac{\sqrt{2}}{2}u_3\end{cases}$$

则二次型化为标准形

$$f=u_1^2-u_2^2+u_3^2$$

如果再进行可逆线性变换

$$\begin{cases}v_1=u_1\\ v_2=u_3\\ v_3=u_2\end{cases}$$

即有可逆变换
$$\begin{cases}x_1=v_1-v_3-\sqrt{2}v_2\\ x_2=v_1+v_3+\dfrac{\sqrt{2}}{2}v_2\\ x_3=\dfrac{\sqrt{2}}{2}v_2\end{cases}$$

则二次型化为标准形

$$f=v_1^2+v_2^2-v_3^2$$

注 (1) 任意一二次型存在可逆线性变换将其化为标准形.

(2) 二次型的标准形不唯一,但标准形中的非零平方项的个数是唯一的,等于二次型的秩;同时化成标准形的可逆变换当然也不唯一.

显然,对于实对称矩阵便有下述结论.

定理6.3 秩 r 的任意 n 阶对称矩阵 $\boldsymbol{A}$ 都可以合同对角矩阵,即存在可逆矩阵 $\boldsymbol{C}$,使得

$$\boldsymbol{C}^{\mathrm{T}}\boldsymbol{A}\boldsymbol{C}=\boldsymbol{D}=\mathrm{diag}(d_1,d_2,\cdots,d_r,0,\cdots,0)\ (d_i\neq 0,i=1,2,\cdots,r)$$

6.2.3 初等变换法

本节是讨论关于将二次型化为标准形的另一种方法 —— 初等变换法. 主要思想是从矩阵的方面入手. 由于将二次型 $f=\boldsymbol{x}^{\mathrm{T}}\boldsymbol{A}\boldsymbol{x}$ 化为标准形,实质上就是寻找可逆矩阵 $\boldsymbol{C}$ 使得 $\boldsymbol{C}^{\mathrm{T}}\boldsymbol{A}\boldsymbol{C}$ 是对角矩阵,因为 $\boldsymbol{C}$ 是可逆矩阵,由第 3 章的定理 3.4 可知它可以表示成若干初等矩阵的乘积,不妨设

$$\boldsymbol{C}=\boldsymbol{P}_1\boldsymbol{P}_2\cdots\boldsymbol{P}_s$$

其中 $\boldsymbol{P}_1\boldsymbol{P}_2\cdots\boldsymbol{P}_s$ 均为初等矩阵,则有

$$C^{\mathrm{T}}=P_s^{\mathrm{T}}P_{s-1}^{\mathrm{T}}\cdots P_1^{\mathrm{T}}$$

显然,$P_i^{\mathrm{T}}(i=1,2,\cdots s)$仍然为初等矩阵.则有

$$C^{\mathrm{T}}AC=P_s^{\mathrm{T}}P_{s-1}^{\mathrm{T}}\cdots P_1^{\mathrm{T}}AP_1P_2\cdots P_s=\mathrm{diag}(d_1,d_2,\cdots,d_n) \qquad (6-9)$$

$P_i^{\mathrm{T}}(i=1,2,\cdots s)$左乘矩阵与$P_i(i=1,2,\cdots s)$右乘矩阵,等同于将矩阵进行相同的行与列变换.如矩阵

$$A=\begin{pmatrix}1&2&2\\2&1&3\\2&3&1\end{pmatrix}$$

若初等矩阵$P=\begin{pmatrix}1&-2&0\\0&1&0\\0&0&1\end{pmatrix}$,则$P^{\mathrm{T}}=\begin{pmatrix}1&0&0\\-2&1&0\\0&0&1\end{pmatrix}$,$P^{\mathrm{T}}AP$应等于将矩阵$A$的第2行减第一行的2倍,且第2列减第一列的2倍,即

$$A=\begin{pmatrix}1&2&2\\2&1&3\\2&3&1\end{pmatrix}\xrightarrow{r_2-2r_1}\begin{pmatrix}1&2&2\\0&-3&-1\\2&3&1\end{pmatrix}\xrightarrow{c_2-2c_1}\begin{pmatrix}1&0&2\\0&-3&-1\\2&-1&1\end{pmatrix}$$

故$P^{\mathrm{T}}AP=\begin{pmatrix}1&0&2\\0&-3&-1\\2&-1&1\end{pmatrix}$.

这样,问题便转换为将矩阵A进行行与列相同的初等变换,使其化为对角矩阵;又

$$\begin{pmatrix}C^{\mathrm{T}}A\\E\end{pmatrix}C=\begin{pmatrix}C^{\mathrm{T}}AC\\C\end{pmatrix}=\begin{pmatrix}D\\C\end{pmatrix}$$

所以,只要构造矩阵

$$\bar{A}=\begin{pmatrix}A\\E\end{pmatrix}$$

对$\bar{A}$进行行变换,再对$\bar{A}$进行同样的列变换,最后将A变成对角矩阵时,E就变成矩阵C.这样,便得到对应可逆变换的矩阵C及相应的标准形.

例 6.7 用初等变换化例 6.2 的二次型

$$f(x_1,x_2,x_3)=x_1^2+x_2^2+x_3^2+2x_1x_2+2x_2x_3+2x_1x_3$$

为标准形,并写出所用的可逆线性变换.

解 二次型的矩阵为

$$A=\begin{pmatrix}1&1&1\\1&1&1\\1&1&1\end{pmatrix}$$

$$\begin{pmatrix}\boldsymbol{A}\\\boldsymbol{E}\end{pmatrix}=\begin{pmatrix}1&1&1\\1&1&1\\1&1&1\\1&0&0\\0&1&0\\0&0&1\end{pmatrix}\xrightarrow[r_3-r_1]{r_2-r_1}\begin{pmatrix}1&1&1\\0&0&0\\0&0&0\\1&0&0\\0&1&0\\0&0&1\end{pmatrix}\xrightarrow[c_3-c_1]{c_2-c_1}\begin{pmatrix}1&0&0\\0&0&0\\0&0&0\\1&-1&-1\\0&1&0\\0&0&1\end{pmatrix}$$

故 $\boldsymbol{C}=\begin{pmatrix}1&-1&-1\\0&1&0\\0&0&1\end{pmatrix}$，二次型 f 经可逆变换 $\boldsymbol{x}=\boldsymbol{C}\boldsymbol{y}$，化为标准形

$$f=y_1^2$$

例 6.8 用初等变换法化二次型

$$f(x_1,x_2,x_3)=2x_1x_2+2x_2x_3+2x_1x$$

为标准形，并写出所用的可逆线性变换.

解 二次型的矩阵为

$$\boldsymbol{A}=\begin{pmatrix}0&1&1\\1&0&1\\1&1&0\end{pmatrix}$$

$$\begin{pmatrix}\boldsymbol{A}\\\boldsymbol{E}\end{pmatrix}=\begin{pmatrix}0&1&1\\1&0&1\\1&1&0\\1&0&0\\0&1&0\\0&0&1\end{pmatrix}\xrightarrow{r_1+r_2}\begin{pmatrix}1&1&2\\1&0&1\\1&1&0\\1&0&0\\0&1&0\\0&0&1\end{pmatrix}\xrightarrow{c_1+c_2}\begin{pmatrix}2&1&2\\1&0&1\\2&1&0\\1&0&0\\1&1&0\\0&0&1\end{pmatrix}\xrightarrow[r_3-r_1]{r_2-\frac{1}{2}r_1}$$

$$\begin{pmatrix}2&1&2\\0&-\frac{1}{2}&0\\0&0&-2\\1&0&0\\1&1&0\\0&0&1\end{pmatrix}\xrightarrow[c_3-c_1]{c_2-\frac{1}{2}c_1}\begin{pmatrix}2&0&0\\0&-\frac{1}{2}&0\\0&0&-2\\1&-\frac{1}{2}&-1\\1&\frac{1}{2}&-1\\0&0&1\end{pmatrix}$$

得 $\boldsymbol{C}=\begin{pmatrix}1 & -\frac{1}{2} & -1\\ 1 & \frac{1}{2} & -1\\ 0 & 0 & 1\end{pmatrix}$,二次型 f 经可逆变换 $\boldsymbol{x}=\boldsymbol{Cy}$,化为标准形

$$f=2y_1^2-\frac{1}{2}y_2^2-2y_3^2$$

如果再继续进行初等变换,则有

$$\begin{pmatrix}2 & 0 & 0\\ 0 & -\frac{1}{2} & 0\\ 0 & 0 & -2\\ 1 & -\frac{1}{2} & -1\\ 1 & \frac{1}{2} & -1\\ 0 & 0 & 1\end{pmatrix}\xrightarrow[\frac{\sqrt{2}}{2}r_3]{\frac{1}{\sqrt{2}}r_1,\ \sqrt{2}r_2}\begin{pmatrix}\sqrt{2} & 0 & 0\\ 0 & -\frac{1}{\sqrt{2}} & 0\\ 0 & 0 & -\sqrt{2}\\ 1 & -\frac{1}{2} & -1\\ 1 & \frac{1}{2} & -1\\ 0 & 0 & 1\end{pmatrix}\xrightarrow[\frac{\sqrt{2}}{2}c_3]{\frac{1}{\sqrt{2}}c_1,\ \sqrt{2}c_2}\begin{pmatrix}1 & 0 & 0\\ 0 & -1 & 0\\ 0 & 0 & -1\\ \frac{1}{\sqrt{2}} & -\frac{\sqrt{2}}{2} & -\frac{1}{\sqrt{2}}\\ \frac{1}{\sqrt{2}} & \frac{\sqrt{2}}{2} & -\frac{1}{\sqrt{2}}\\ 0 & 0 & \frac{1}{\sqrt{2}}\end{pmatrix}$$

得 $\boldsymbol{C}_2=\frac{\sqrt{2}}{2}\begin{pmatrix}1 & -1 & -1\\ 1 & 1 & -1\\ 0 & 0 & 1\end{pmatrix}$,二次型 f 经可逆变换 $\boldsymbol{x}=\boldsymbol{C}_2\boldsymbol{z}$,化为标准形

$$f=z_1^2-z_2^2-z_3^2$$

同样地,由可逆变换化二次型为标准型,不仅可逆变换不唯一,标准形也不唯一;但标准形的非零项个数唯一,等于二次型的秩.

习 题 6.2

1. 用正交变换化下列二次型为标准形,并写出所用的正交变换.

(1) $f(x_1,x_2)=x_1^2+x_2^2-2x_1x_2$

(2) $f(x_1,x_2,x_3)=2x_1^2+3x_2^2+3x_3^2+4x_2x_3$

(3) $f(x_1,x_2,x_3)=x_1^2+x_2^2+x_3^2-4x_1x_2-4x_2x_3-4x_3x_1$

2. 用配方法化1题的二次型为标准形,并写出所用的可逆变换.

3. 用初等变换方法化1题的二次型为标准形,并写出所用的可逆变换.

4. 已知二次型

$$f(x_1,x_2,x_3)=x_1^2+x_2^2+x_3^2+2ax_1x_2+2bx_2x_3+2x_3x_1$$

经正交变换化为标准形 $f=y_2^2+2y_3^2$,试求参数 a,b 及所用的正交变换矩阵.

6.3 正定二次型

上节的结论表明，二次型的标准形不唯一，它与所做的可逆线性变换有关. 但标准形中所含非零平方项的个数不变，等于该二次型的秩. 本节讨论其标准形的其它性质.

6.3.1 惯性定理

设 $f(x_1,x_2,\cdots,x_n)$ 是一个秩为 r 的复二次型，由定理 6.3 知，经过适当的可逆线性变换后可化 f 为标准形

$$f=d_1y_1^2+d_2y_2^2+\cdots+d_ry_r^2(d_i\neq 0,i=1,2,\cdots,r)$$

再做可逆线性变换

$$y_1=\frac{1}{\sqrt{d_1}}z_1,\cdots,y_r=\frac{1}{\sqrt{d_r}}z_r,y_{r+1}=z_{r+1},\cdots y_n=z_n$$

可将二次型化为

$$f=z_1^2+z_2^2+\cdots+z_r^2$$

称之为**复二次型的规范形**. 显然，复二次型的规范形完全由原二次型的秩所决定.

定理 6.4 秩为 r 的任一复二次型 $\boldsymbol{f=x^{\mathrm{T}}Ax}$ 可经过适当的可逆线性变换化成规范形

$$f=z_1^2+z_2^2+\cdots+z_r^2$$

且规范形是唯一的.

相应的可得到对称矩阵的合同矩阵形式.

推论 1 秩为 r 的任一复对称矩阵合同于如下形式的对角矩阵

$$\begin{pmatrix}\boldsymbol{E}_r & \boldsymbol{O}\\ \boldsymbol{O} & \boldsymbol{O}\end{pmatrix}$$

可见，复对称矩阵合同的对角阵只与矩阵的秩有关. 则有下述推论.

推论 2 两个 n 阶复对称矩阵合同的充分必要条件是它们的秩相同.

下面考虑实二次型的标准形的性质.

因为秩为 r 的任一实二次型 $f=\boldsymbol{x}^{\mathrm{T}}\boldsymbol{Ax}$ 可经过适当的可逆线性变换化成

$$f=d_1y_1^2+d_2y_2^2+\cdots+d_py_p^2-d_{p+1}y_{p+1}^2-\cdots-d_ry_r^2(d_i>0,i=1,2,\cdots,r)$$

假如再做实可逆线性变换

$$y_1=\frac{1}{\sqrt{d_1}}z_1,\cdots,\quad y_r=\frac{1}{\sqrt{d_r}}z_r,y_{r+1}=z_{r+1},\cdots y_n=z_n$$

就得到

$$f=z_1^2+\cdots+z_p^2-z_{p+1}^2-\cdots-z_r^2$$

称这一简单形式为**实二次型的规范形.**

定理6.5 (惯性定理)对于秩为r的n元实二次型$f=\boldsymbol{x}^{\mathrm{T}}\boldsymbol{A}\boldsymbol{x}$,不论用怎样的实可逆线性变换将其化为标准形,标准形中系数不为零的平方项个数为r,正项的个数p由所给的二次型唯一确定,进而其规范形唯一,规范形为

$$f=z_1^2+\cdots+z_p^2-z_{p+1}^2-\cdots-z_r^2$$

证 设秩为r的n元实二次型$f=\boldsymbol{x}^{\mathrm{T}}\boldsymbol{A}\boldsymbol{x}$经过实可逆线性变换$\boldsymbol{x}=\boldsymbol{C}\boldsymbol{y}$和$\boldsymbol{x}=\boldsymbol{B}\boldsymbol{z}$分别化为标准形

$$f=d_1y_1^2+d_2y_2^2+\cdots+d_py_p^2-d_{p+1}y_{p+1}^2-\cdots-d_ry_r^2\,(d_i>0,i=1,2,\cdots,r) \tag{6-10}$$

$$f=c_1z_1^2+c_2z_2^2+\cdots+c_qz_q^2-c_{q+1}z_{q+1}^2-\cdots-c_rz_r^2\,(c_i>0,i=1,2,\cdots,r) \tag{6-11}$$

要证明正项个数p是由二次型唯一确定,只要证明$p=q$即可.用反证法,假设$p>q$,由式(6-10)与式(6-11),有

$$d_1y_1^2+\cdots+d_py_p^2-d_{p+1}y_{p+1}^2-\cdots-d_ry_r^2=c_1z_1^2+\cdots+c_qz_q^2-c_{q+1}z_{q+1}^2-\cdots-c_rz_r^2 \tag{6-12}$$

由$\boldsymbol{x}=\boldsymbol{C}\boldsymbol{y}$和$\boldsymbol{x}=\boldsymbol{B}\boldsymbol{z}$得$\boldsymbol{z}=\boldsymbol{B}^{-1}\boldsymbol{C}\boldsymbol{y}$,设$\boldsymbol{G}=\boldsymbol{B}^{-1}\boldsymbol{C}=(g_{ij})$,则有

$$\boldsymbol{z}=\boldsymbol{G}\boldsymbol{y} \tag{6-13}$$

将$\boldsymbol{G}$表示为$\boldsymbol{G}=\begin{pmatrix}\boldsymbol{G}_{11} & \boldsymbol{G}_{12}\\ \boldsymbol{G}_{21} & \boldsymbol{G}_{22}\end{pmatrix}$,其中$\boldsymbol{G}_{11},\boldsymbol{G}_{12},\boldsymbol{G}_{21}$和$\boldsymbol{G}_{22}$分别是$q\times p,q\times(n-p),(n-q)\times p$和$(n-q)\times(n-p)$子块.

考察线性方程组

$$\begin{pmatrix}\boldsymbol{G}_{11} & \boldsymbol{G}_{12}\\ \boldsymbol{O} & \boldsymbol{E}_{n-p}\end{pmatrix}\boldsymbol{y}=\boldsymbol{0}$$

这个方程组有n个未知量,而方程的个数为$q+(n-p)=n-(p-q)<n$,所以有非零解.设$y_1=k_1,y_2=k_2,\cdots,y_p=k_p,y_{p+1}=\cdots=y_n=0$,是它的一个非零解,代入式(6-12)的左端,得到值为

$$d_1k_1^2+\cdots+d_pk_p^2>0$$

代入式(6-13),得到一组数 $z_i^{(0)}\,(i=1,2,\cdots,n)$,其中$z_1^{(0)}=z_2^{(0)}=\cdots=z_q^{(0)}=0$,再代入式(6-12)右端得到的值为

$$-c_{q+1}(z_{q+1}^{(0)})^2-\cdots-c_r(z_r^{(0)})^2\leqslant 0$$

矛盾.同理可证$q<p$也是不可能的,得$p=q$.故正项个数由二次型唯一确定.进而实二次型的规范形唯一,且

$$f=z_1^2+\cdots+z_p^2-z_{p+1}^2-\cdots-z_r^2$$

证毕

通常称p为二次型的**正惯性指数**,$r-p$为**负惯性指数**.例如,例6.1的正惯性指数是1,负惯性指数是0;例6.2的正惯性指数是2,负惯性指数是0;例6.3的正惯性指数是2,负惯性指数是1.

定理6.5的结论也可以表示成矩阵的合同关系.

推论 秩为r的n阶实对称矩阵$\boldsymbol{A}$合同于形式为

$$\operatorname{diag}(d_1,\cdots d_p,-d_{p+1},\cdots,-d_r,0,\cdots,0)\qquad d_i>0(i=1,2,\cdots,r)$$

的对角矩阵,其中p由$\boldsymbol{A}$唯一确定.且合同于形式为

$$\operatorname{diag}(\underbrace{1,\cdots,1}_{p},\underbrace{-1,\cdots,-1}_{r-p},0,\cdots,0)$$

由于实对称矩阵$\boldsymbol{A}$一定合同于$\operatorname{diag}(\lambda_1,\lambda_2,\cdots,\lambda_n)$,其中$\lambda_1,\lambda_2,\cdots,\lambda_n$是$\boldsymbol{A}$的特征值,所以可知,$\boldsymbol{A}$的正特征值的个数就是$\boldsymbol{A}$的正惯性指数,负特征值的个数就是$\boldsymbol{A}$的负惯性指数;非零特征值的个数是$\boldsymbol{A}$的秩.

例6.9 证明两个n阶实对称矩阵合同的充分必要条件是秩相等且正惯性指数相等.

证 设$\boldsymbol{A},\boldsymbol{B}$两个$n$阶实对称矩阵.

必要性:因为$\boldsymbol{A}$合同于$\boldsymbol{B}$,所以它们合同于相同的规范形矩阵,故$\boldsymbol{A}$与$\boldsymbol{B}$有相同的秩和正惯性指数.

充分性:因为$\operatorname{rank}\boldsymbol{A}=\operatorname{rank}\boldsymbol{B}$,$\boldsymbol{A}$与$\boldsymbol{B}$有相同的正惯性指数.所以$\boldsymbol{A}$与$\boldsymbol{B}$均与规范形矩阵

$$\operatorname{diag}(\underbrace{1,\cdots,1}_{p},\underbrace{-1,\cdots,-1}_{r-p},0,\cdots,0)$$

合同,故$\boldsymbol{A}$与$\boldsymbol{B}$合同.

6.3.2 正定二次型

在实二次型中,正定二次型占有特殊的地位.

定义6.3 设n元二次型$f=\boldsymbol{x}^{\mathrm{T}}\boldsymbol{A}\boldsymbol{x}$,如果对任意$\boldsymbol{x}\neq\boldsymbol{0}$都有:

(1)$f>0$,则称f为正定二次型,并称实对称矩阵$\boldsymbol{A}$为正定矩阵.

(2)$f<0$,则称f为负定二次型,并称实对称矩阵$\boldsymbol{A}$为负定矩阵.

(3) $f \geqslant 0$，则称 f 为半正定二次型，并称实对称矩阵 $\boldsymbol{A}$ 为半正定矩阵.

(4) $f \leqslant 0$，则称 f 为半负定二次型，并称实对称矩阵 $\boldsymbol{A}$ 为半负定矩阵.

(5) f 不是上面4种，则称 f 为不定二次型，并称实对称矩阵 $\boldsymbol{A}$ 为不正定矩阵.

例 6.10　已知 $\boldsymbol{A}$ 与 $\boldsymbol{B}$ 均是 n 阶正定矩阵，证明 $\boldsymbol{A}+\boldsymbol{B}$ 也是正定矩阵.

证　因为 $\boldsymbol{A}^{\mathrm{T}}=\boldsymbol{A}, \boldsymbol{B}^{\mathrm{T}}=\boldsymbol{B}$，所以 $(\boldsymbol{A}+\boldsymbol{B})^{\mathrm{T}}=\boldsymbol{A}^{\mathrm{T}}+\boldsymbol{B}^{\mathrm{T}}=\boldsymbol{A}+\boldsymbol{B}$，即 $\boldsymbol{A}+\boldsymbol{B}$ 是对称矩阵，又对任意 $\boldsymbol{x} \neq \boldsymbol{0}$，有 $\boldsymbol{x}^{\mathrm{T}}\boldsymbol{A}\boldsymbol{x}>0, \boldsymbol{x}^{\mathrm{T}}\boldsymbol{B}\boldsymbol{x}>0$，从而

$$\boldsymbol{x}^{\mathrm{T}}(\boldsymbol{A}+\boldsymbol{B})\boldsymbol{x}=\boldsymbol{x}^{\mathrm{T}}\boldsymbol{A}\boldsymbol{x}+\boldsymbol{x}^{\mathrm{T}}\boldsymbol{B}\boldsymbol{x}>0$$

即 $\boldsymbol{x}^{\mathrm{T}}(\boldsymbol{A}+\boldsymbol{B})\boldsymbol{x}$ 是正定二次型，故 $\boldsymbol{A}+\boldsymbol{B}$ 是正定矩阵.

下面讨论正定二次型的判别方法.

定理 6.6　n 元实二次型 $f=\boldsymbol{x}^{\mathrm{T}}\boldsymbol{A}\boldsymbol{x}$ 为正定的充分必要条件是，它的正惯性指数为 n.

证　设二次型 $f=\boldsymbol{x}^{\mathrm{T}}\boldsymbol{A}\boldsymbol{x}$ 经可逆线性变换 $\boldsymbol{x}=\boldsymbol{C}\boldsymbol{y}$ 化为标准形

$$f=d_1y_1^2+d_2y_2^2+\cdots+d_ny_n^2$$

充分性：已知 $d_i>0\ (i=1,2,\cdots,n)$，对于任一 $\boldsymbol{x}\neq\boldsymbol{0}$，有 $\boldsymbol{y}=\boldsymbol{C}^{-1}\boldsymbol{x}\neq\boldsymbol{0}$，得

$$f=d_1y_1^2+d_2y_2^2+\cdots+d_ny_n^2>0$$

故 $f=\boldsymbol{x}^{\mathrm{T}}\boldsymbol{A}\boldsymbol{x}$ 为正定二次型.

必要性：用反证法；假设某个 $d_l \leqslant 0$，取 $\boldsymbol{y}=(\underbrace{0,\cdots,0}_{l-1},1,0,\cdots,0)^{\mathrm{T}}=\boldsymbol{e}_l$，则有 $\boldsymbol{x}=\boldsymbol{C}\boldsymbol{e}_l\neq\boldsymbol{0}$，此时

$$f=\boldsymbol{x}^{\mathrm{T}}\boldsymbol{A}\boldsymbol{x}=\boldsymbol{e}^{\mathrm{T}}\boldsymbol{C}^{\mathrm{T}}\boldsymbol{A}\boldsymbol{C}\boldsymbol{e}=d_l\leqslant 0$$

这与 f 为正定二次型矛盾，故 $d_i>0\ (i=1,2,\cdots,n)$，即正惯性指数为 n.

证毕

由定理6.6可以推导出下述结论.

推论 1　实对称矩阵 $\boldsymbol{A}$ 为正定矩阵的充分必要条件是 $\boldsymbol{A}$ 的特征值全为正.

推论 2　如果实对称矩阵 $\boldsymbol{A}$ 为正定矩阵，则 $\boldsymbol{A}$ 的行列式 $\det\boldsymbol{A}>0$.

推论 3　实对称矩阵 $\boldsymbol{A}$ 为正定矩阵的充分必要条件是 $\boldsymbol{A}$ 与单位矩阵 $\boldsymbol{E}$ 合同.

下面，我们从矩阵的顺序主子式方面讨论矩阵正定的另一充分必要条件.

定义 6.4　方阵 $\boldsymbol{A}$ 的前 k 行前 k 列的 k^2 个元素按原位置形成的 k 阶行列式 Δ_k，称为 $\boldsymbol{A}$ 的 k 阶顺序主子式.

例如方阵 $\boldsymbol{A}=\begin{pmatrix}1 & 2 & -1\\ 2 & 2 & 1\\ -1 & 1 & 3\end{pmatrix}$ 的一、二和三阶顺序主子式分别为 $\Delta_1=1$，$\Delta_2=\begin{vmatrix}1 & 2\\ 2 & 2\end{vmatrix}=-2$，$\Delta_3=\det\boldsymbol{A}=-13$.

定理 6.7 实对称矩阵 $\boldsymbol{A}=(a_{ij})_{n\times n}$ 为正定矩阵的充分必要条件是 $\boldsymbol{A}$ 的各阶顺序主子式 $\Delta_k(k=1,2,\cdots,n)$ 均大于零.

若 f 为负定二次型，则 $-f=-\boldsymbol{x}^{\mathrm{T}}\boldsymbol{A}\boldsymbol{x}=\boldsymbol{x}^{\mathrm{T}}(-\boldsymbol{A})\boldsymbol{x}$ 是正定二次型，于是利用正定的二次型的充分必要条件，便可推出 f 是负定二次型的充分必要条件.

定理 6.8 n 元实二次型 $f=\boldsymbol{x}^{\mathrm{T}}\boldsymbol{A}\boldsymbol{x}$ 为负定的充分必要条件是下列之一成立：

(1) f 的负惯性指数为 n.

(2) $\boldsymbol{A}$ 的特征值全为负.

(3) $\boldsymbol{A}$ 与 $-\boldsymbol{E}$ 合同.

(4) $\boldsymbol{A}$ 的各阶顺序主子式负正相间，即奇数阶顺序主子式为负，偶数阶顺序主子式为正.

例 6.11 判断下列二次型的正定性.

(1) $f(x_1,x_2,x_3)=x_1^2+x_2^2+x_3^2+x_1x_2+x_2x_3+x_3x_1$

(2) $f(x_1,x_2,x_3)=-x_1^2-2x_2^2-2x_3^2+2x_1x_2-2x_2x_3+2x_3x_1$

(3) $f(x_1,x_2,x_3)=-x_1^2-2x_2^2+x_3^2+2x_1x_2-2x_2x_3+2x_3x_1$

解 (1) 二次型 f 的矩阵为

$$\boldsymbol{A}=\begin{pmatrix}1 & \frac{1}{2} & \frac{1}{2}\\ \frac{1}{2} & 1 & \frac{1}{2}\\ \frac{1}{2} & \frac{1}{2} & 1\end{pmatrix}$$

因为 $\boldsymbol{A}$ 的各阶顺序主子式为 $\Delta_1=1>0$，$\Delta_2=\begin{vmatrix}1 & \frac{1}{2}\\ \frac{1}{2} & 1\end{vmatrix}=\frac{3}{4}>0$，$\Delta_3=\det\boldsymbol{A}=\frac{1}{2}>0$. 所以 f 是正定二次型.

(2) 二次型 f 的矩阵为

$$A=\begin{pmatrix}-1 & 1 & 1\\ 1 & -2 & -1\\ 1 & -1 & -2\end{pmatrix}$$

因为A的各阶顺序主子式为$\Delta_1=-1<0,\Delta_2=\begin{vmatrix}-1 & 1\\ 1 & -2\end{vmatrix}=1>0$，$\Delta_3=\det A=-1<0$. 所以$f$是负定二次型.

(3) 二次型f的矩阵为

$$A=\begin{pmatrix}-1 & 1 & 1\\ 1 & -2 & -1\\ 1 & -1 & 1\end{pmatrix}$$

因为A的各阶顺序主子式为$\Delta_1=-1<0,\Delta_2=\begin{vmatrix}-1 & 1\\ 1 & -2\end{vmatrix}=1>0$，$\Delta_3=\det A=4>0$. 所以$f$是不定二次型.

例 6.12 当t为何值时，下面二次型是正定的.

(1) $f(x_1,x_2,x_3)=tx_1^2+tx_2^2+tx_3^2+2x_1x_2+2x_2x_3+2x_3x_1$

(2) $f(x_1,x_2,x_3)=x_1^2+x_2^2+x_3^2+2tx_1x_2+x_2x_3+x_3x_1$

解 (1) 二次型f的矩阵为

$$A=\begin{pmatrix}t & 1 & 1\\ 1 & t & 1\\ 1 & 1 & t\end{pmatrix}$$

因为A是正定的，所以的各阶顺序主子式为$\Delta_k>0(k=1,2,3)$，即

$$\begin{cases}t>0\\ t^2-1>0\\ (t+2)(t-1)^2\end{cases}，即\begin{cases}t>0\\ t>1 或 t<-1\\ t>-2\end{cases}$$

故当$t>1$时，二次型f是正定的.

(2) 二次型f的矩阵为

$$A=\begin{pmatrix}1 & t & \frac{1}{2}\\ t & 1 & \frac{1}{2}\\ \frac{1}{2} & \frac{1}{2} & 1\end{pmatrix}$$

因为A是正定的，所以的各阶顺序主子式为$\Delta_k>0(k=1,2,3)$，即

$$\begin{cases}1-t^2>0\\ -t^2+\frac{1}{2}t+\frac{1}{2}>0\end{cases},\text{即}\begin{cases}1>t>-1\\ 1>t>-\frac{1}{2}\end{cases}$$

故当 $1>t>-\frac{1}{2}$ 时，二次型 f 是正定的.

考虑二次曲线与二次曲面，可以推得，当它们的二次型部分是正定或负定的二次型时，相应的二次曲线与二次曲面分别是椭圆与椭球面.

例 6.13 判断 $3x^2+3y^2-4xy+2x+y-8=0$ 为何种二次曲线？

解 二次型部分

$$f=3x^2+3y^2-4xy$$

该二次型的矩阵为

$$\boldsymbol{A}=\begin{pmatrix}3 & -2\\ -2 & 3\end{pmatrix}$$

因为 $\boldsymbol{A}$ 的各阶顺序主子式为 $\Delta_1=3>0$，$\Delta_2=\begin{vmatrix}3 & -2\\ -2 & 3\end{vmatrix}=5>0$. 所以 f 是正定二次型. 故二次曲线为椭圆.

习 题 6.3

1. 求下列二次型的正惯性指数与负惯性指数.

(1) $f(x_1,x_2,x_3)=2x_1^2+3x_2^2+3x_3^2+4x_2x_3$

(2) $f(x_1,x_2,x_3)=2x_1^2+x_2^2-4x_1x_2-4x_2x_3$

(3) $f(x_1,x_2,x_3,x_4)=2x_1x_2+2x_3x_4$

2. 实对称矩阵 $\boldsymbol{A}=\begin{pmatrix}1 & 2 & -1\\ 2 & 1 & 0\\ -1 & 0 & 2\end{pmatrix}$ 与 $\boldsymbol{B}=\begin{pmatrix}1 & 0 & 0\\ 0 & -1 & 0\\ 0 & 0 & -1\end{pmatrix}$ 是否合同？

3. 求题 1 的实二次型的实规范形.

4. 判断下列二次型的正定性.

(1) $f(x_1,x_2,x_3)=5x_1^2+x_2^2+6x_3^2+4x_1x_2-4x_2x_3-8x_1x_3$

(2) $f(x_1,x_2,x_3)=-x_1^2-5x_2^2-5x_3^2+4x_1x_2-4x_1x_3$

5. 当 t 取何值时，下列二次型是正定的.

(1) $f(x_1,x_2,x_3)=x_1^2+2x_2^2+3x_3^2+2tx_1x_2-2x_1x_3$

(2) $f(x_1,x_2,x_3)=x_1^2+2x_2^2+4x_3^2+2x_1x_2+-2tx_2x_3+2x_1x_3$

6. 设 $\boldsymbol{A}$ 是正定矩阵，证明 $\boldsymbol{A}^{-1}$，$\boldsymbol{A}^*$ 均为正定矩阵.

7. 设 $\boldsymbol{A}$ 是 n 阶正定矩阵，$\boldsymbol{E}$ 是 n 阶单位矩阵，证明 $\det(\boldsymbol{A}+\boldsymbol{E})>1$.

总习题6

1. 判断题(对的打√，错的打×)

(1) 设矩阵 $\boldsymbol{A}=\begin{pmatrix}1 & 2 & -1\\ 0 & 1 & 0\\ -2 & 0 & 2\end{pmatrix}$，$\boldsymbol{x}=\begin{pmatrix}x_1\\ x_2\\ x_3\end{pmatrix}$，则 $f=\boldsymbol{x}^{\mathrm{T}}\boldsymbol{A}\boldsymbol{x}$ 是三元二次型. ( )

(2) 二次型 $f(x_1,x_2,x_3)=x_1^2+2x_2^2+3x_3^2-2x_1x_2+4x_2x_3$ 的矩阵为 $\boldsymbol{A}=\begin{pmatrix}1 & -2 & 0\\ 0 & 2 & 2\\ 0 & 2 & 3\end{pmatrix}$. ( )

(3) 实二次型 $f(x_1,x_2,x_3)=x_1^2+2x_2^2+3x_3^2-2x_1x_2+4x_2x_3$ 的标准形是 $f=y_1^2-y_2^2+y_3^2$. ( )

(4) 若三阶实对称矩阵 $\boldsymbol{A}$ 的特征值为 $1,0,-2$，则 $f=y_1^2-y_2^2$ 是二次型 $f=\boldsymbol{x}^{\mathrm{T}}\boldsymbol{A}\boldsymbol{x}$ 的实规范形. ( )

(5) 若三元实二次型 $f=\boldsymbol{x}^{\mathrm{T}}\boldsymbol{A}\boldsymbol{x}$ 经过正交变换化成标准形 $f=y_1^2-2y_2^2$，则 $1,-2,0$ 是 $\boldsymbol{A}$ 的特征值. ( )

(6) 若 $\boldsymbol{A}=(a_{ij})_{n\times n}$ 是正定矩阵，则 $a_{ii}>0(i=1,2,\cdots,n)$. ( )

(7) 若 n 阶方阵 $\boldsymbol{A}=(a_{ij})_{n\times n}$ 的元素 $a_{ij}>0(i=1,2,\cdots,n;j=1,2,\cdots,n)$.，则 A 是正定矩阵. ( )

(8) 若 n 阶实对称矩阵 $\boldsymbol{A}$ 满足 $\boldsymbol{A}=\boldsymbol{A}^2$，且 $\mathrm{rank}\boldsymbol{A}=r$，则二次型 $f=\boldsymbol{x}^{\mathrm{T}}\boldsymbol{A}\boldsymbol{x}$ 的正惯性指数为 $n-r$. ( )

2. 选择题

(1) 二次型 $f=\boldsymbol{x}^{\mathrm{T}}\boldsymbol{A}\boldsymbol{x}$ 的矩阵为( ).

A. $\boldsymbol{A}$　　B. $\dfrac{\boldsymbol{A}+\boldsymbol{A}^{\mathrm{T}}}{2}$　　C. $\dfrac{\boldsymbol{A}-\boldsymbol{A}^{\mathrm{T}}}{2}$　　D. $\boldsymbol{A}+\boldsymbol{A}^{\mathrm{T}}$

(2) 二次型 $f=\boldsymbol{x}^{\mathrm{T}}\boldsymbol{A}\boldsymbol{x}$ 的秩为( ).

A. $\mathrm{rank}\boldsymbol{A}$　　B. $\mathrm{rank}\,\dfrac{\boldsymbol{A}+\boldsymbol{A}^{\mathrm{T}}}{2}$　　C. $\mathrm{rank}\,\dfrac{\boldsymbol{A}-\boldsymbol{A}^{\mathrm{T}}}{2}$　　D. 不确定

(3) 设 $\boldsymbol{A}=\begin{pmatrix}1 & -2 & 0\\ 0 & 2 & 2\\ 0 & 2 & 3\end{pmatrix}$，则二次型 $f=\boldsymbol{x}^{\mathrm{T}}\boldsymbol{A}\boldsymbol{x}$ 的秩是( ).

A. 0　　B. 1　　C. 2　　D. 3

(4) 设 $\boldsymbol{A}=\begin{pmatrix}1&2&0\\2&1&0\\0&0&1\end{pmatrix}$,则 $\boldsymbol{A}$ 一定与(　　)合同.

A. $\begin{pmatrix}1&0&0\\0&0&0\\0&0&0\end{pmatrix}$　　B. $\begin{pmatrix}1&0&0\\0&-1&0\\0&0&-1\end{pmatrix}$

C. $\begin{pmatrix}1&0&0\\0&1&0\\0&0&-1\end{pmatrix}$　　D. $\begin{pmatrix}1&0&0\\0&-1&0\\0&0&0\end{pmatrix}$

(5) 设 $\boldsymbol{A}$ 为三阶实对称矩阵,1,-1,-2 是 $\boldsymbol{A}$ 的特征值,则 t 满足(　　),$\boldsymbol{A}+t\boldsymbol{E}$ 是正定矩阵.

A. $t>2$　　B. $t>1$　　C. $t<1$　　D. $t<2$

(6) 若 $\boldsymbol{A}=\begin{pmatrix}t&1&0\\1&t&0\\0&0&1\end{pmatrix}$ 与 $\boldsymbol{A}=\begin{pmatrix}1&0&0\\0&1&0\\0&0&-1\end{pmatrix}$ 合同,则 t 满足(　　).

A. $t>1$　　B. $t<-1$　　C. $|t|>1$　　D. $|t|<1$

(7) 若二次型 $f=x_1^2+x_2^2+x_3^2-2ax_1x_2$ 经正交变换 $\boldsymbol{x}=\boldsymbol{Q}\boldsymbol{y}$,化成 $\boldsymbol{f}=y_1^2+3y_2^2-y_3^2$,则 $a=$(　　).

A. ±1　　B. 0　　C. ±3　　D. ±2

(8) 二次曲线方程 $x^2+2y^2+4xy+2x-y-6=0$ 表示的曲线形状是(　　).

A. 椭圆　　B. 双曲线　　C. 抛物线　　D。两条直线

3. 填空题

(1) 二次型 $f(x_1,x_2,x_3)=x_1^2+x_2^2-x_3^2+3x_1x_2+2x_2x_3$ 的矩阵 $\boldsymbol{A}$ = ________.

(2) 二次型 $f(x_1,x_2,x_3)=x_1^2+2x_2^2-x_3^2-x_1x_2+2x_2x_3$ 的秩为________.

(3) 实二次型 $f(x_1,x_2,x_3)=x_1^2+2x_2^2-x_3^2-2x_1x_2+2x_2x_3$ 的实规范形为________.

(4) 若方阵 $\boldsymbol{A}=\begin{pmatrix}t&1&0\\1&t&0\\0&0&1\end{pmatrix}$ 是正定矩阵,则 t 满足________.

(5) 实二次型 $f(x_1,x_2,x_3)=-x_1^2-2x_2^2-2x_3^2+2tx_1x_2$ 是负定的，则 t 满足________.

(6)t 满足________二次型 $f(x_1,x_2,x_3)=x_1^2+tx_2^2+x_3^2+2x_2x_3$ 的秩为 2.

(7) 实二次型 $f(x_1,x_2,x_3)=x_1^2+x_2^2-x_3^2+3x_1x_2+2x_2x_3$ 的正惯性指数为________.

(8) 若三元二次型 $f=\boldsymbol{x}^{\mathrm{T}}\boldsymbol{A}\boldsymbol{x}$ 经正交变换化成标准形 $f=y_1^2+2y_2^2-y_3^2$，则 $\boldsymbol{A}$ 的行列式 $\det\boldsymbol{A}=$ ________.

4. 用正交变换化二次型

$$f(x_1,x_2,x_3)=x_1^2+x_2^2+x_3^2+4x_1x_2+4x_2x_3+4x_1x_3$$

为标准形，并写出所用的正交变换.

5. 已知二次型

$$f(x_1,x_2,x_3)=x_1^2+x_2^2+x_3^2+2ax_1x_2+2bx_2x_3+2x_1x_3$$

经正交变换化为标准形 $f=y_1^2+2y_2^2$，试求 a,b 的值及所用的正交变换.

6. 已知二次型 $f=\boldsymbol{x}^{\mathrm{T}}\boldsymbol{A}\boldsymbol{x}$ 经正交变换 $\boldsymbol{x}=\boldsymbol{Q}\boldsymbol{y}$ 化成标准形 $f=y_1^2+y_2^2$，又 $\boldsymbol{Q}$ 的第 3 列 $\boldsymbol{q}_3=\frac{\sqrt{3}}{3}(1,1,1)^{\mathrm{T}}$，求矩阵 $\boldsymbol{Q},\boldsymbol{A}$.

7. 设 $\boldsymbol{A}$ 是 $m\times n$ 实矩阵，且 $\operatorname{rank}\boldsymbol{A}=n$，证明 $\boldsymbol{A}^{\mathrm{T}}\boldsymbol{A}$ 是正定矩阵.

8. 设 $\boldsymbol{A}$ 是 n 阶实对称矩阵，$\boldsymbol{A}$ 的 n 个特征值为 $\lambda_1\leqslant\lambda_2\leqslant\cdots\leqslant\lambda_n$，证明对任意 n 维列向量 $\boldsymbol{x}=(x_1,x_2,\cdots,x_n)^{\mathrm{T}}$ 有 $\lambda_1\boldsymbol{x}^{\mathrm{T}}\boldsymbol{x}\leqslant\boldsymbol{x}^{\mathrm{T}}\boldsymbol{A}\boldsymbol{x}\leqslant\lambda_n\boldsymbol{x}^{\mathrm{T}}\boldsymbol{x}$.

习题答案

习题 1.1

1. (1)4,(2)－2,(3)3,(4)0,(5)24,(6)－24

2. (1)1,(2) $\frac{1}{2}$

3. (1) $x_1=-2, x_2=3$；(2) $x_1=\frac{5}{3}, x_2=\frac{2}{3}$

习题 1.2

1. (1)－5,(2)30200,(3)13,(4)－48,(5)70,(6)240

2. (1) $\left(a+\frac{n(n+1)}{2}\right)a^{n-1}$，(2) $a_1\left(1+\sum_{i=1}^{n}\frac{i}{a_i}\right)$，(3) $a^n+(-1)^{n+1}b^n$，(4) $\frac{n(n+1)}{2}$

3. (1) 提示 $f(x)=(x-2)\cdots(x-n)\prod_{n\geqslant i>j\geqslant 2}(i-j)$，(2)2,3,…,$n$

习题 1.3

1. (1) $x_1=\frac{1}{4}, x_2=\frac{1}{4}, x_3=\frac{1}{4}$，(2) $x_1=-5, x_2=1, x_2=2, x_3=3$

2. $f(x)=-3x^2+11x-7$

3. $\lambda=-5$ 或 -6

总习题 1

1. (1)√,(2)×,(3)√,(4)√,(5)√,(6)×,(7)×,(8)√

2. (1)A,(2)C,(3)C,(4)D,(5)A,(6)B

3. (1)8,(2)6,(3)4,−2,4,(4)3,5,−10,(5)−2,−2,12,(6)$t\neq\frac{1}{2}$,(7)$t=3$

4. (1)1,(2)$a(b_1c_2-b_2c_1)$,(3)48,(4)$-b^2$,(5)0,(6)$-x^3$

5. (1) 提示

$$\begin{vmatrix}1&1&1\\x_1&x_2&x_3\\x_1^2&x_2^2&x_3^2\end{vmatrix}\xlongequal[c_3-c_1]{c_2-c_1}\begin{vmatrix}1&0&0\\x_1&x_2-x_1&x_3-x_1\\x_1^2&x_2^2-x_1^2&x_3^2-x_1^2\end{vmatrix}=(x_2-x_1)(x_3^2-x_1^2)-(x_3-x_1)(x_2^2-x_1^2),$$

(2) 提示 $D\xlongequal{c_1+c_2+c_3+c_4}\begin{vmatrix}a+3&1&1&1\\a+3&a&1&1\\a+3&1&a&1\\a+3&1&1&a\end{vmatrix}=(a+3)\begin{vmatrix}1&1&1&1\\1&a&1&1\\1&1&a&1\\1&1&1&a\end{vmatrix}$

6. (1)$x_1=\frac{12}{7},x_2=-\frac{1}{7},x_3=\frac{4}{7}$,(2)$x_1=-\frac{5}{2},x_2=\frac{3}{2},x_3=3$

7. $k=1$ 或 2

习题 2.1

1. (1)$\boldsymbol{A}=\begin{pmatrix}-1&-3&-5\\0&-2&-4\end{pmatrix}$,(2)$\boldsymbol{A}=\begin{pmatrix}3&4&5\\5&6&7\\7&8&9\\9&10&11\end{pmatrix}$

2. $a=2,b=0,c=2$

3. $a=4,b=4,c=3,d=3$

习题 2.2

1. (1)$\begin{pmatrix}5&-1&2\\11&-3&8\end{pmatrix}$,(2)0,(3)$\begin{pmatrix}1&1&-1\\2&2&-2\\3&3&-3\end{pmatrix}$,(4)2

2. $\begin{pmatrix}14&-6&15\\1&-2&-6\\-1&6&14\end{pmatrix}$,$\begin{pmatrix}11&-7&19\\-3&0&-1\\8&7&13\end{pmatrix}$

3.(1) 不成立,例如 $\boldsymbol{A}=\begin{pmatrix}0 & 1\\0 & 0\end{pmatrix}\neq\boldsymbol{O}$,但 $\boldsymbol{A}^2=\boldsymbol{O}$.

(2) 不成立,例如 $\boldsymbol{A}=\begin{pmatrix}1 & 0\\0 & 0\end{pmatrix}\neq\boldsymbol{O}$,且 $\boldsymbol{A}\neq\boldsymbol{E}$,但 $\boldsymbol{A}^2=\boldsymbol{A}$.

(3) 不成立,例如 $\boldsymbol{A}=\begin{pmatrix}1 & 0\\0 & 0\end{pmatrix}$,$\boldsymbol{X}=\begin{pmatrix}1 & 0\\0 & 0\end{pmatrix}$,$\boldsymbol{Y}=\begin{pmatrix}1 & 0\\0 & 3\end{pmatrix}$,但 $\boldsymbol{AX}=\boldsymbol{AY}$

4. $\begin{pmatrix}-1 & 0\\0 & -1\end{pmatrix}$

5.(1) $\begin{pmatrix}1 & \frac{1}{2} & 3\\-1 & 3 & -\frac{1}{2}\\\frac{1}{2} & -\frac{1}{2} & 2\end{pmatrix}$,(2) $\begin{pmatrix}1 & 2 & 3\\-1 & 6 & -2\\-1 & -2 & 5\end{pmatrix}$

6.(1)165,(2)-3,(3) $\frac{8}{5}$

习题 2.3

1.(1) $\begin{pmatrix}-3 & -2\\-4 & 1\end{pmatrix}$,(2) $\begin{pmatrix}5 & -4\\1 & 3\end{pmatrix}$

2.(1) 可逆,且 $=\frac{-1}{11}\begin{pmatrix}-3 & -2\\-4 & 1\end{pmatrix}$,(2) 可逆,且 $=\frac{1}{19}\begin{pmatrix}5 & -4\\1 & 3\end{pmatrix}$,

(3) 可逆,且 $=\begin{pmatrix}1 & -\frac{1}{2} & 0\\0 & \frac{1}{2} & -\frac{1}{3}\\0 & 0 & \frac{1}{3}\end{pmatrix}$,(4) 可逆,且 $=\begin{pmatrix}\frac{1}{2} & 0 & 0\\0 & 4 & -1\\0 & -3 & 1\end{pmatrix}$

3.(1) $\begin{pmatrix}14 & -4\\-9 & 3\end{pmatrix}$,(2) $\begin{pmatrix}9 & -12\\-5 & 7\end{pmatrix}$,(3) $\begin{pmatrix}9 & -12\\13 & -17\end{pmatrix}$

4.(1)4,(2) $\frac{27}{2}$,(3) $\frac{125}{2}$,(4)2^8

习题 2.4

1. $\begin{pmatrix} 6 & 0 & 0 \\ 0 & 9 & 0 \\ 0 & 23 & 1 \end{pmatrix}$

2. $\begin{pmatrix} 1 & -2 & 0 & 0 \\ -1 & 3 & 0 & 0 \\ 0 & 0 & 1 & 1 \\ 0 & 0 & 1 & 2 \end{pmatrix}$

3. 15

4. 40

总习题 2

1. (1) ×，(2) ×，(3)√，(4) ×，(5) ×，(6)√，(7)√，(8) ×，(9) ×，(10)√

2. (1)C，(2)B，(3)B，(4)C，(5)A

3. (1)3，3，2，(2) $\frac{1}{7}$，(3)10，(4) $\frac{1}{5}(E-A)$，(5)2^5

4. $\begin{pmatrix} 4 & -1 \\ -8 & 9 \end{pmatrix}$，$\begin{pmatrix} 0 & 7 \\ 16 & -6 \end{pmatrix}$

5. $\frac{2}{3}\begin{pmatrix} -2 & 3 & -2 \\ -2 & -2 & 1 \end{pmatrix}$

6. $\frac{2}{3}\begin{pmatrix} 10 & 1 \\ -1 & 11 \end{pmatrix}$

7. $X=\begin{pmatrix} a & b \\ 0 & a-2b \end{pmatrix}$（$a$，$b$ 为任意常数）

习题 3.1

1. (1)2，(2)1，(3)2，(4)2

2. $\boldsymbol{B}$ 是行满秩矩阵，$\boldsymbol{C}$ 是列满秩矩阵，$\boldsymbol{A}$ 是满秩矩阵

3. (1) $\begin{pmatrix} 1 & 2 & -1 & 3 \\ 0 & 0 & 1 & -2 \\ 0 & 0 & 0 & 1 \end{pmatrix}$，(2) $\begin{pmatrix} 1 & 3 & 2 & 3 \\ 0 & 5 & 1 & 4 \\ 0 & 0 & 0 & 1 \end{pmatrix}$，(3) $\begin{pmatrix} 1 & -1 & 0 & 1 \\ 0 & 3 & -1 & 1 \\ 0 & 0 & 1 & 0 \\ 0 & 0 & 0 & 0 \end{pmatrix}$，

(4) $\begin{pmatrix} 1 & 0 & 2 & 1 \\ 0 & 1 & -7 & -1 \\ 0 & 0 & 8 & 1 \\ 0 & 0 & 0 & 0 \end{pmatrix}$

4. (1) $\begin{pmatrix} 1 & 2 & 0 & 0 \\ 0 & 0 & 1 & 0 \\ 0 & 0 & 0 & 1 \end{pmatrix}$, (2) $\begin{pmatrix} 1 & 0 & \frac{7}{5} & 0 \\ 0 & 1 & \frac{1}{5} & 0 \\ 0 & 0 & 0 & 1 \end{pmatrix}$, (3) $\begin{pmatrix} 1 & 0 & 0 & \frac{4}{3} \\ 0 & 1 & 0 & \frac{1}{3} \\ 0 & 0 & 1 & 0 \\ 0 & 0 & 0 & 0 \end{pmatrix}$,

(4) $\begin{pmatrix} 1 & 0 & 0 & \frac{3}{4} \\ 0 & 1 & 0 & -\frac{1}{8} \\ 0 & 0 & 1 & \frac{1}{8} \\ 0 & 0 & 0 & 0 \end{pmatrix}$

5. (1)3, (2)3, (3)3, (4)3

6. (1) $\begin{pmatrix} 1 & 0 & 0 & 0 \\ 0 & 1 & 0 & 0 \\ 0 & 0 & 1 & 0 \end{pmatrix}$, (2) $\begin{pmatrix} 1 & 0 & 0 & 0 \\ 0 & 1 & 0 & 0 \\ 0 & 0 & 1 & 0 \end{pmatrix}$, (3) $\begin{pmatrix} 1 & 0 & 0 & 0 \\ 0 & 1 & 0 & 0 \\ 0 & 0 & 1 & 0 \\ 0 & 0 & 0 & 0 \end{pmatrix}$,

(4) $\begin{pmatrix} 1 & 0 & 0 & 0 \\ 0 & 1 & 0 & 0 \\ 0 & 0 & 1 & 0 \\ 0 & 0 & 0 & 0 \end{pmatrix}$

习题 3.2

1. $\boldsymbol{P} = \begin{pmatrix} 0 & 1 \\ 1 & 0 \end{pmatrix}$, 2. $\boldsymbol{Q} = \begin{pmatrix} 1 & 3 \\ 0 & 1 \end{pmatrix}$, 3. $\boldsymbol{P} = \begin{pmatrix} 1 & 0 & 0 \\ 2 & 1 & 0 \\ 0 & 0 & 1 \end{pmatrix}$, $\boldsymbol{Q} = \begin{pmatrix} 0 & 0 & 1 \\ 0 & 1 & 1 \\ 1 & 0 & 0 \end{pmatrix}$

习题 3.3

1.(1) $\frac{1}{14}\begin{pmatrix}-4 & 3 & 3\\ 3 & -4 & 3\\ 3 & 3 & -4\end{pmatrix}$,(2) $\frac{1}{10}\begin{pmatrix}5 & 0 & 5\\ 2 & 2 & -2\\ -1 & 4 & 1\end{pmatrix}$,

(3) $\begin{pmatrix}1 & 0 & 0 & 0\\ -1 & 1 & 0 & 0\\ 1 & -1 & 1 & 0\\ -1 & 1 & -1 & 0\end{pmatrix}$,(4) $\begin{pmatrix}1 & -1 & -1 & -1\\ 0 & 1 & -1 & -1\\ 0 & 0 & 1 & -1\\ 0 & 0 & 0 & 0\end{pmatrix}$

2.(1) $\frac{1}{5}\begin{pmatrix}-1 & -10\\ -1 & 0\\ 4 & 10\end{pmatrix}$,(2) $\frac{2}{5}\begin{pmatrix}-9 & 4\\ 1 & -1\\ 6 & -1\end{pmatrix}$

总习题 3

1.(1) ×,(2)√,(3) ×,(4)√,(5)√

2.(1)A,(2)B,(3)B,(4)C,(5)A

3.(1)2,(2)1,(3)rank$\boldsymbol{A}$,(4)5,(5) $\begin{pmatrix}0 & 1 & 1\\ 0 & 1 & 0\\ 1 & 0 & 0\end{pmatrix}$

4.(1)$a=1$,rank$\boldsymbol{A}=2$;$a\neq 1$,rank$\boldsymbol{A}=3$,(2)rank$\boldsymbol{A}=3$

5.(1) $\frac{1}{2}\begin{pmatrix}-4 & -5 & 3\\ 2 & 3 & -1\\ 2 & 1 & -1\end{pmatrix}$,(2) $\frac{1}{3}\begin{pmatrix}9 & 0 & -3\\ -2 & 1 & 1\\ -4 & -1 & 2\end{pmatrix}$

6.(1) $\frac{1}{8}\begin{pmatrix}5 & -6 & 4\\ 3 & 6 & -4\\ 2 & 4 & 8\end{pmatrix}$,(2) $\begin{pmatrix}0 & 2 & 1\\ -1 & -1 & 1\\ -2 & -2 & -2\end{pmatrix}$

7.提示 $\boldsymbol{B}=\boldsymbol{E}(1,2)\boldsymbol{A}$

习题 4.1

1.(1) 有唯一解,(2) 无解,(3) 有无穷多解

2.(1) 有唯一解,(2)$a\neq 1$,有唯一解,$a=1$,无解

3.(1) 有非零解,(2)$a\neq 1$ 且 $a\neq -2$ 只有零解,否则有非零解

习题 4.2

1. (−1, −9, 17), (−4, −11, 18)

2. $a=\frac{4}{3}, b=0, c=-\frac{3}{2}$

3. $x_1\begin{pmatrix}1\\2\\-1\end{pmatrix}+x_2\begin{pmatrix}2\\-1\\3\end{pmatrix}+x_3\begin{pmatrix}-3\\2\\2\end{pmatrix}=\begin{pmatrix}1\\0\\-1\end{pmatrix}$

习题 4.3

1. $\boldsymbol{\alpha}=\boldsymbol{\alpha}_1+2\boldsymbol{\alpha}_2+4\boldsymbol{\alpha}_3+\boldsymbol{\alpha}_4$

2. (1) 线性无关,(2) 线性相关,(3) 线性相关

3. (1) 秩是 3,$\boldsymbol{\alpha}_1,\boldsymbol{\alpha}_2,\boldsymbol{\alpha}_3$ 是极大无关组,(2) 秩是 2,$\boldsymbol{\alpha}_1,\boldsymbol{\alpha}_2$ 是极大无关组,(3) 秩是 3,$\boldsymbol{\alpha}_1,\boldsymbol{\alpha}_2$ 是极大无关组

4. $a=2$

5. $k=1$

7. (1) 不等价,(2) 不等价

8. (1,0,0,0), $\frac{\sqrt{2}}{2}$(0,1,−1,0), (0,0,0,1)

习题 4.4

1. (1) 基础解系是 $\begin{pmatrix}-3\\1\end{pmatrix}$,通解为 $k\begin{pmatrix}-3\\1\end{pmatrix}$ (k 为任意数)

(2) 基础解系是 $\begin{pmatrix}2\\0\\1\end{pmatrix}$,通解为 $k\begin{pmatrix}2\\0\\1\end{pmatrix}$ (k 为任意数)

(3) 基础解系是 $\begin{pmatrix}\frac{7}{2}\\-\frac{3}{2}\\1\end{pmatrix}$,通解为 $k\begin{pmatrix}\frac{7}{2}\\-\frac{3}{2}\\1\end{pmatrix}$ (k 为任意数)

(4) 基础解系是 $\begin{pmatrix}-2\\1\\0\\0\end{pmatrix}$，$\begin{pmatrix}-\frac{5}{3}\\0\\\frac{1}{3}\\1\end{pmatrix}$，通解为 $k_1\begin{pmatrix}-2\\1\\0\\0\end{pmatrix}+k_2\begin{pmatrix}-\frac{5}{3}\\0\\\frac{1}{3}\\1\end{pmatrix}$（$k_1,k_2$ 为任意数）

2.(1) 有无穷多解，通解为 $\begin{pmatrix}\frac{5}{2}\\-\frac{1}{2}\\0\end{pmatrix}+k\begin{pmatrix}-\frac{7}{2}\\\frac{3}{2}\\1\end{pmatrix}$（$k$ 为任意数）

(2) 有唯一解

(3) 有无穷多解，通解为 $\begin{pmatrix}\frac{4}{3}\\\frac{1}{3}\\0\\0\end{pmatrix}+k_1\begin{pmatrix}-3\\1\\0\\0\end{pmatrix}+k_2\begin{pmatrix}-1\\0\\0\\1\end{pmatrix}$（$k_1,k_2$ 为任意数）

(4) 有唯一解

3. $a\neq 2$ 且 $a\neq -4$ 有唯一解，$a=2$ 无解，$a=-4$ 有无穷多解，通解为 $\begin{pmatrix}\frac{1}{3}\\\frac{7}{6}\\0\end{pmatrix}+k\begin{pmatrix}1\\1\\1\end{pmatrix}$（$k$ 为任意数）

4. $a\neq 1$ 且 $b\neq 0$ 有唯一解，$a=1$ 且 $b=0$ 无解

5.(1) $\frac{1}{2}(1,2,3)^T+k(1,1,1)^T$，(2) $\frac{1}{2}(1,2,4)^T+k(0,2,3)^T$

6. 提示：由 $\boldsymbol{AB}=\boldsymbol{O}$ 可得，$\boldsymbol{B}$ 的每个列向量都是齐次线性方程组 $\boldsymbol{Ax}=\boldsymbol{0}$ 的解

7. 9

总习题 4

1. (1)√,(2)×,(3)√,(4)×,(5)√,(6)×,(7)√,(8)×,(9)×,(10)×

2. (1)B,(2)C,(3)A,(4)C,(5)B,(6)B,(7)C,(8)B,(9)A,(10)D

3. (1) $\frac{\pi}{2}$,(2) $\frac{\sqrt{6}}{6}(1,2,1)$,(3)2,(4)$\boldsymbol{\alpha}_1,\boldsymbol{\alpha}_2$,(5)2,2,(6)$a\neq 4$,(7)$a\neq 3$,(8) $(1,2,-1)^{\mathrm{T}}$,(9)3,(10)$\boldsymbol{\eta}_1+k(\boldsymbol{\eta}_1-\boldsymbol{\eta}_2)$($k$ 任意)

4. 当 $a\neq 1$ 且 $a\neq -2$ 时,秩为 3,$\boldsymbol{\alpha}_1,\boldsymbol{\alpha}_2,\boldsymbol{\alpha}_3$ 是向量组的极大无关组;当 $a=1$ 时,秩为 1,$\boldsymbol{\alpha}_1$ 是向量组的一个极大无关组;当 $a=-2$ 时,秩为 2,$\boldsymbol{\alpha}_1,\boldsymbol{\alpha}_2$ 是向量组的一个极大无关组

5. 提示:用定义证明

6. (1) $(1,0,-1)^{\mathrm{T}}$,(2) $(1,0,-1)^{\mathrm{T}}$

7. (1) 无解,(2) $\left(\frac{5}{3},0,0,-\frac{2}{3}\right)^{\mathrm{T}}+k(-2,1,0,0)^{\mathrm{T}}$

8. 当 $a\neq 1$ 且 $a\neq 10$ 时,方程组有唯一解;当 $a=10$ 时,方程组无解;

当 $a=1$ 时,方程组有无穷多解,通解为 $(1,0,0)^{\mathrm{T}}+k_1(-2,1,0,)^{\mathrm{T}}+k_2(2,0,1)^{\mathrm{T}}$

9. 提示:$\boldsymbol{AA}^*=(\det\boldsymbol{A})\boldsymbol{E}$

习题 5.1

1. (1) 特征值为 2,-2,4,对应特征值 2 的特征向量是 $k(-8,3,1)^{\mathrm{T}}(k\neq 0)$;对应特征值 -2 的特征向量是 $k(0,-1,1)^{\mathrm{T}}(k\neq 0)$;对应特征值 4 的特征向量是 $k(0,1,1)^{\mathrm{T}}(k\neq 0)$,

(2) 特征值为 1,2,3,对应特征值 1 的特征向量是 $k(2,-2,1)^{\mathrm{T}}(k\neq 0)$;对应特征值 2 的特征向量是 $k(1,0,0)^{\mathrm{T}}(k\neq 0)$;对应特征值 3 的特征向量是 $k(0,0,1)^{\mathrm{T}}(k\neq 0)$,

(3) 特征值为 1,对应特征值 1 的特征向量是 $k(0,1,0)^{\mathrm{T}}(k\neq 0)$

2. $k=1$ 或 -2

3. 提示:用特征值的定义

4. 提示:用特征值的定义,与等式 $\boldsymbol{A}^*\boldsymbol{A}=(\det\boldsymbol{A})\boldsymbol{E}$

5. 提示:用特征值的定义

习题 5.2

1.(1)(2) 可对角化

2.提示:用迹的定义

3.提示:通过构造相似变换矩阵,用相似变换的定义证明

4. $\begin{pmatrix} 4^n+2 & 4^n-1 & 4^n-1 \\ 4^n-1 & 4^n+2 & 4^n-1 \\ 4^n-1 & 4^n-1 & 4^n+2 \end{pmatrix}$

5. $\begin{pmatrix} 1 & 0 & 0 \\ 0 & -1 & 1 \\ 0 & 1 & -1 \end{pmatrix}$

习题 5.3

1. $\boldsymbol{\alpha}_2 \perp \boldsymbol{\alpha}_3$

2. $\boldsymbol{\alpha}_1^0=\frac{1}{\sqrt{14}}(1,2,3,0)$,$\boldsymbol{\alpha}_2^0=\frac{1}{\sqrt{3}}(1,1,0,1)$,$\boldsymbol{\alpha}_3^0=\frac{1}{\sqrt{2}}(1,0,0,-1)$

3.提示:用三角不等式

4. $\boldsymbol{\alpha}_2=(1,1,0)^{\mathrm{T}}$,$\boldsymbol{\alpha}_3=(-1,1,2)^{\mathrm{T}}$

5. $\boldsymbol{A}_1$,$\boldsymbol{A}_3$

6.提示:因为 $\det(\boldsymbol{A}+\boldsymbol{E})=\det(\boldsymbol{A}+\boldsymbol{A}\boldsymbol{A}^{\mathrm{T}})=\det\boldsymbol{A}\det(\boldsymbol{E}+\boldsymbol{A}^{\mathrm{T}})$

习题 5.4

1. $k_1\ (0,1,0,)^{\mathrm{T}}+k_2\ (1,0,-1)^{\mathrm{T}}$

2.(1)$\boldsymbol{Q}=\frac{\sqrt{5}}{5}\begin{pmatrix} 2 & -1 \\ 1 & 2 \end{pmatrix}$,$\boldsymbol{Q}^{\mathrm{T}}\boldsymbol{A}\boldsymbol{Q}=\begin{pmatrix} 3 & \\ & -2 \end{pmatrix}$,

(2)$\boldsymbol{Q}=\begin{pmatrix} \frac{\sqrt{2}}{2} & \frac{\sqrt{2}}{2} & 0 \\ \frac{\sqrt{2}}{2} & -\frac{\sqrt{2}}{2} & 0 \\ 0 & 0 & 1 \end{pmatrix}$,$\boldsymbol{Q}^{\mathrm{T}}\boldsymbol{A}\boldsymbol{Q}=\begin{pmatrix} 3 & & \\ & 1 & \\ & & 1 \end{pmatrix}$

3. $\begin{pmatrix} \frac{3}{2} & 0 & -1 \\ 0 & 1 & 0 \\ -1 & 0 & \frac{3}{2} \end{pmatrix}$

4. 提示:类似证明实对称矩阵的特征值都是实数

5. (1)$a=b=0$,(2)$\boldsymbol{P}=\begin{pmatrix} 1 & 0 & 1 \\ 0 & 1 & 0 \\ -1 & 0 & 1 \end{pmatrix}$

总习题 5

1. (1) ×,(2)√,(3)√,(4) ×,(5) ×,(6) ×,(7)√,(8)√

2. (1)B,(2)C,(3)A,(4)A,(5)C,(6)C,(7)A

3. (1)2,(2) $\frac{2}{3}$,(3)0,(4)$2r$,(5) $-\frac{1}{2}$,(6) $\frac{\sqrt{2}}{2},\frac{\sqrt{2}}{2}$,(7)2,0,3

4. 1 或 -2

5. 0,0,-1,对应0的特征向量是$k_1\ (1,1,0,)^{\mathrm{T}}+k_2\ (0,0,1)^{\mathrm{T}}$($k_1,k_2$不同时为零);对应$-1$的特征向量是$k\ (1,2,3,)^{\mathrm{T}}$($k\neq 0$)

6. $\boldsymbol{Q}=\begin{pmatrix} \frac{\sqrt{3}}{3} & \frac{\sqrt{2}}{2} & \frac{\sqrt{6}}{6} \\ \frac{\sqrt{3}}{3} & -\frac{\sqrt{2}}{2} & \frac{\sqrt{6}}{6} \\ \frac{\sqrt{3}}{3} & 0 & \frac{\sqrt{6}}{3} \end{pmatrix}$,$\boldsymbol{Q}^{-1}\boldsymbol{AQ}=\boldsymbol{Q}^{\mathrm{T}}\boldsymbol{AQ}=\begin{pmatrix} 8 & & \\ & -1 & \\ & & -1 \end{pmatrix}$

7. 提示:证明 $\boldsymbol{A}$ 有 3 个线性无关的特征向量

8. $-\frac{1}{2}$

习题 6.1

1. (1),(2),(3)

2. (1)$(x,y)\begin{pmatrix} 1 & 1 \\ 1 & 2 \end{pmatrix}\begin{pmatrix} x \\ y \end{pmatrix}$,(2)$(x_1,x_2,x_3)\begin{pmatrix} 1 & 1 & 3 \\ 1 & 2 & -1 \\ 3 & -1 & -3 \end{pmatrix}\begin{pmatrix} x_1 \\ x_2 \\ x_3 \end{pmatrix}$,

(3) $(x_1,x_2,x_3)\begin{pmatrix}1&1&2\\1&2&2\\2&2&-1\end{pmatrix}\begin{pmatrix}x_1\\x_2\\x_3\end{pmatrix}$

3. (1)2,(2)3,(2)3

习题 6.2

1. (1) $\boldsymbol{x}=\boldsymbol{Q}\boldsymbol{y},\boldsymbol{Q}=\frac{\sqrt{2}}{2}\begin{pmatrix}1&1\\-1&1\end{pmatrix},f=2y_1^2$

(2) $\boldsymbol{x}=\boldsymbol{Q}\boldsymbol{y},\boldsymbol{Q}=\begin{pmatrix}1&0&0\\0&\frac{\sqrt{2}}{2}&\frac{\sqrt{2}}{2}\\0&-\frac{\sqrt{2}}{2}&\frac{\sqrt{2}}{2}\end{pmatrix},f=2y_1^2+y_2^2+5y_3^2$

(3) $\boldsymbol{x}=\boldsymbol{Q}\boldsymbol{y},\boldsymbol{Q}=\begin{pmatrix}\frac{\sqrt{3}}{3}&-\frac{\sqrt{2}}{2}&\frac{\sqrt{6}}{6}\\\frac{\sqrt{3}}{3}&\frac{\sqrt{2}}{2}&\frac{\sqrt{6}}{6}\\\frac{\sqrt{3}}{3}&0&-\frac{\sqrt{6}}{3}\end{pmatrix},f=-3y_1^2+3y_2^2+3y_3^2$

2. (1) $\boldsymbol{x}=\boldsymbol{C}\boldsymbol{y},\boldsymbol{C}=\begin{pmatrix}1&1\\0&1\end{pmatrix},f=y_1^2$

(2) $\boldsymbol{x}=\boldsymbol{C}\boldsymbol{y},\boldsymbol{C}=\begin{pmatrix}1&0&0\\0&1&-\frac{2}{3}\\0&0&1\end{pmatrix},f=2y_1^2+3y_2^2+\frac{5}{3}y_3^2$

(3) $\boldsymbol{x}=\boldsymbol{C}\boldsymbol{y},\boldsymbol{C}=\begin{pmatrix}1&-2&-2\\0&1&-2\\0&0&1\end{pmatrix},f=y_1^2-3y_2^2+9y_3^2$

3. (1) $\boldsymbol{x}=\boldsymbol{C}\boldsymbol{y},\boldsymbol{C}=\begin{pmatrix}1&1\\0&1\end{pmatrix},f=y_1^2$

(2) $\boldsymbol{x}=\boldsymbol{C}\boldsymbol{y}$, $\boldsymbol{C}=\begin{pmatrix}1 & 0 & 0\\ 0 & 1 & -\frac{2}{3}\\ 0 & 0 & 1\end{pmatrix}$, $f=2y_1^2+3y_2^2+\frac{5}{3}y_3^2$

(3) $\boldsymbol{x}=\boldsymbol{C}\boldsymbol{y}$, $\boldsymbol{C}=\begin{pmatrix}1 & -2 & -2\\ 0 & 1 & -2\\ 0 & 0 & 1\end{pmatrix}$, $f=y_1^2-3y_2^2+9y_3^2$

4. $a=b=0$, $\boldsymbol{x}=\boldsymbol{Q}\boldsymbol{y}$, $\boldsymbol{Q}=\begin{pmatrix}0 & 1 & 0\\ \frac{\sqrt{2}}{2} & 0 & \frac{\sqrt{2}}{2}\\ -\frac{\sqrt{2}}{2} & 0 & \frac{\sqrt{2}}{2}\end{pmatrix}$, $f=y_2^2+2y_3^2$

习题 6.3

1. (1)3,0,(2)1,1,(3)2,2
2. 不合同
3. (1) $f=z_1^2$,(2) $f=z_1^2+z_2^2+z_3^2$
4. (1) 正定,(2) 不定
5. (1) $|t|<\frac{2}{\sqrt{3}}$,(2) $-1-\sqrt{3}<t<-1+\sqrt{3}$
6. 提示:$\boldsymbol{A}$ 正定的充分必要条件是它的特征值都大于 0
7. 提示:因为若 $\boldsymbol{A}\boldsymbol{x}=\lambda\boldsymbol{x}$,则 $(\boldsymbol{A}+\boldsymbol{E})\boldsymbol{x}=(\lambda+1)\boldsymbol{x}$,所以 $\lambda+1$ 是 $\boldsymbol{A}+\boldsymbol{E}$ 的特征值

总习题 6

1. (1)√,(2)×,(3)√,(4)√,(5)√,(6)√,(7)×,(8)×
2. (1)B,(2)B,(3)D,(4)C,(5)A,(6)D,(7)D,(8)B
3. (1) $\begin{pmatrix}1 & \frac{3}{2} & 0\\ \frac{3}{2} & 1 & 1\\ 0 & 1 & -1\end{pmatrix}$,(2)3,(3) $f=z_1^2+z_2^2-z_3^2$,(4) $t>1$,(5) $\sqrt{2}>t>-\sqrt{2}$,(6) $t=1$,(7)1,(8) -2

4. $\boldsymbol{x}=\boldsymbol{Q}\boldsymbol{y},\boldsymbol{Q}=\begin{pmatrix}\frac{\sqrt{3}}{3} & -\frac{\sqrt{2}}{2} & \frac{\sqrt{6}}{6}\\ \frac{\sqrt{3}}{3} & \frac{\sqrt{2}}{2} & \frac{\sqrt{6}}{6}\\ \frac{\sqrt{3}}{3} & 0 & -\frac{\sqrt{6}}{3}\end{pmatrix},f=5y_1^2-y_2^2-y_3^2$

5. $a=b=0,\boldsymbol{x}=\boldsymbol{Q}\boldsymbol{y},\boldsymbol{Q}=\begin{pmatrix}0 & \frac{\sqrt{2}}{2} & \frac{\sqrt{2}}{2}\\ 1 & 0 & 0\\ 0 & \frac{\sqrt{2}}{2} & -\frac{\sqrt{2}}{2}\end{pmatrix}$

6. $\boldsymbol{Q}=\begin{pmatrix}-\frac{\sqrt{2}}{2} & \frac{\sqrt{6}}{6} & \frac{\sqrt{3}}{3}\\ \frac{\sqrt{2}}{2} & \frac{\sqrt{6}}{6} & \frac{\sqrt{3}}{3}\\ 0 & -\frac{\sqrt{6}}{3} & \frac{\sqrt{3}}{3}\end{pmatrix},\boldsymbol{A}=\frac{1}{3}\begin{pmatrix}2 & -1 & -1\\ -1 & 2 & -1\\ -1 & -1 & 2\end{pmatrix}$

7. 提示:用正定的定义

8. 提示:因为存在正交变换 $\boldsymbol{x}=\boldsymbol{Q}\boldsymbol{y}$,将二次型化为标准形

$$f=\lambda_1 y_1^2+\lambda_2 y_2^2+\cdots+\lambda_n y_n^2\leqslant\lambda_n(y_1^2+y_2^2+\cdots+y_n^2)$$

参 考 文 献

[1] 西北工业大学线性代数编写组.线性代数[M].2 版..北京:科学出版社,2010.

[2] 同济大学数学系.线性代数[M].6 版.北京:高等教育出版社,2014.